Marco Langer

Klimawandel in Nordostfinnland

Marco Langer

Klimawandel in Nordostfinnland

Dynamik von Sommerniederschlägen sowie Bedeutung von stratenspezifischer Interzeption borealer Waldvegetation auf den Landschaftswasserhaushalt

Südwestdeutscher Verlag für Hochschulschriften

Impressum/Imprint (nur für Deutschland/ only for Germany)
Bibliografische Information der Deutschen Nationalbibliothek: Die Deutsche Nationalbibliothek verzeichnet diese Publikation in der Deutschen Nationalbibliografie; detaillierte bibliografische Daten sind im Internet über http://dnb.d-nb.de abrufbar.

Alle in diesem Buch genannten Marken und Produktnamen unterliegen warenzeichen-, marken- oder patentrechtlichem Schutz bzw. sind Warenzeichen oder eingetragene Warenzeichen der jeweiligen Inhaber. Die Wiedergabe von Marken, Produktnamen, Gebrauchsnamen, Handelsnamen, Warenbezeichnungen u.s.w. in diesem Werk berechtigt auch ohne besondere Kennzeichnung nicht zu der Annahme, dass solche Namen im Sinne der Warenzeichen- und Markenschutzgesetzgebung als frei zu betrachten wären und daher von jedermann benutzt werden dürften.

Verlag: Südwestdeutscher Verlag für Hochschulschriften Aktiengesellschaft & Co. KG
Dudweiler Landstr. 99, 66123 Saarbrücken, Deutschland
Telefon +49 681 37 20 271-1, Telefax +49 681 37 20 271-0
Email: info@svh-verlag.de
Zugl.: Bremen, Universität, Diss., 2009

Herstellung in Deutschland:
Schaltungsdienst Lange o.H.G., Berlin
Books on Demand GmbH, Norderstedt
Reha GmbH, Saarbrücken
Amazon Distribution GmbH, Leipzig
ISBN: 978-3-8381-1826-0

Imprint (only for USA, GB)
Bibliographic information published by the Deutsche Nationalbibliothek: The Deutsche Nationalbibliothek lists this publication in the Deutsche Nationalbibliografie; detailed bibliographic data are available in the Internet at http://dnb.d-nb.de.

Any brand names and product names mentioned in this book are subject to trademark, brand or patent protection and are trademarks or registered trademarks of their respective holders. The use of brand names, product names, common names, trade names, product descriptions etc. even without a particular marking in this works is in no way to be construed to mean that such names may be regarded as unrestricted in respect of trademark and brand protection legislation and could thus be used by anyone.

Publisher: Südwestdeutscher Verlag für Hochschulschriften Aktiengesellschaft & Co. KG
Dudweiler Landstr. 99, 66123 Saarbrücken, Germany
Phone +49 681 37 20 271-1, Fax +49 681 37 20 271-0
Email: info@svh-verlag.de

Printed in the U.S.A.
Printed in the U.K. by (see last page)
ISBN: 978-3-8381-1826-0

Copyright © 2010 by the author and Südwestdeutscher Verlag für Hochschulschriften Aktiengesellschaft & Co. KG and licensors
All rights reserved. Saarbrücken 2010

Danksagung

Den folgenden Institutionen und Personen möchte ich für die zahlreiche und verschiedenartige Unterstützung dieser Arbeit herzlich danken:
- der Forschungsstation Oulanka (Pirkko Siikamäki, Ari-Pekka Huhta, Juho Palosaari, Raija Kivelä, Antti Huttunen, Maarit Kokkonen) für die Möglichkeit, die Untersuchungen im Bereich des Oulanka Nationalparks durchzuführen, das Labor und den Geländebus zu benutzen sowie der finanziellen Unterstützung (LapBIAT II) während der Untersuchungsperiode IV,
- der Universität Bremen für mehrfache finanzielle Reise- und Sachunterstützung durch den Forschungspool,
- Herrn Prof. Dr. rer. nat. J.-F. Venzke für die Schaffung der Freiräume am Institut für Geographie sowie der Betreuung dieser Arbeit,
- Frau Prof. Dr. rer. nat. Uta Berger für die Betreuung dieser Arbeit sowie ihrer und Falko Bergers nette Gastfreundschaft und intensiven Gespräche,
- der Arbeitsgruppe „Physiogeographie" (Universität Bremen) für die Hilfsbereitschaft und sachlichen Gespräche (Prof. Dr. rer. nat. J.-F. Venzke, PD Dr. rer. nat. Karin Steinecke, Dr. rer. nat. Steffen Schwantz, Dr. rer. nat. Ralf Hartmann, Dr. rer. nat. Stephan Holsten, Dipl.-Geogr. Carsten Borowy, Dipl.-Geogr. Andreas Born sowie Bruni Hans und Iren Collet),
- den tatkräftigen Helfern bei diversen Geländearbeiten während der 4 Untersuchungsperioden in den Jahren 2006 und 2007 (Diana Milz, Andrea Schorr, Maria Zharkova, Erkki Kilpivaara, Ismo Yli-Tuomi, Aimo Jaakkonen, Jan Gronemann, Philipp Thölken und Steffen Schwantz)
- meinen Eltern und Partnern (Angelika & Gerhard Starklauf; Julia & Matthias Langer), meiner Schwester Losang Kyindzom (Tina Langer), meinen Großeltern (Christa & Günter Langer), meinen Verwandten und Freunden für die moralische Unterstützung dieser Arbeit.

Ein ganz besonderer Dank gilt meiner Freundin Diana Milz für das stete Verständnis und der fleißigen Unterstützung dieser Arbeit sowie meinem Freund Erkki Kilpivaara, der mir Oulanka zu einem wichtigen Bestandteil meines Herzens gemacht hat.

Bremen, im Dezember 2009   Marco Langer

Kiitos

Seuraavat laitokset ja ihmiset haluan kiittää teitä lukuisia ja monipuolista tukea tätä työtä:

- tutkimuksen Oulangan (Pirkko Siikamäki, Ari-Pekka Huhta, Juho Palosaari, Raija Kivelä, Antti Huttunen, Maarit Kokkonen) mahdollisuudesta tehdä tutkimuksia alan Oulangan kansallispuisto, laboratorio ja käyttää kaikki, maasto, sekä taloudellinen tuki (LAPBIAT II) tutkimuksen aikana IV
- University of Bremen useita taloudellista ja aineellista tukea matkustamista tutkimusallas,
- Prof Dr. rer. nat. J.-F. Venzke luomaan avoimen tilojen instituutin maantieteen ja tukea tätä työtä,
- Prof Dr. rer. nat. Uta Berger ja tukea tätä työtä ja lämmin vieraanvaraisuus ja Falko Berger ja tiiviitä keskusteluja,
- työryhmän Fyysinen maantiede (Bremen yliopisto) hyödyllisiä ja todelliseen keskusteluun (Prof. Dr. rer. nat. J.-F. Venzke, PD Dr. rer. nat. Karin Steinecke, Dr. rer. nat. Steffen Schwantz, Dr. rer. nat. Ralf Hartmann, Dr. rer. nat. Stephan Holsten, Dipl.-Geogr. Carsten Borowy, Dipl.-Geogr. Andreas Born ja Bruni Hans und Iren Collet),
- energinen vapaaehtoisia eri kenttätyötä aikana 4 opintojaksojen vuosina 2006 ja 2007 (Diana Milz, Andrea Schorr, Maria Zharkova, Erkki Kilpivaara, Ismo Yli-Tuomi, Aimo Jaakkonen, Jan Gronemann, Philipp Thölken ja Steffen Schwantz)
- vanhempani ja kumppanit (Angelika & Gerhard Starklauf; Julia & Matthias Langer), siskoni Losang Kyindzom (Tina Langer), minun isovanhemmat (Christa & Günter Langer), minun sukulaisia ja ystäviä heidän moraalista tukea tätä työtä.

Aivan erityinen kiitos ystävälleni Diana Milz hänen ymmärtävä ja ahkera tukea tätä työtä ja ystäväni Erkki Kilpivaara, joka kertoi minulle Oulangan teki tärkeä osa sydäntäni.

Bremen, joulukuu 2009   Marco Langer

Inhaltsverzeichnis

1 Einleitung und Fragestellungen der Arbeit 23
   1.1 Einleitung 23
   1.2 Fragestellungen 26
      1.2.1 Untersuchungen zur Struktur und Dynamik der Sommerniederschläge in Finnisch-Lappland 26
      1.2.2 Untersuchungen zum stratenspezifischen Interzeptionsvermögen 27

2 Naturräumliche Gliederung des Untersuchungsgebietes 29
   2.1 Topographische Lage und administrative Zuordnung 29
   2.2 Geologie und Geomorphologie 30
   2.3 Klima und Hydrologie 32
      2.3.1 Die Klimaverhältnisse in Fennoskandien 32
         2.3.1.1 Temperatur 32
         2.3.1.2 Niederschlag 34
         2.3.1.3 Weitere Einflussfaktoren 35
      2.3.2 Hydrologie 37
         2.3.2.1 Das Abflussverhalten 37
         2.3.2.2 Evapotranspiration 37
   2.4 Pedologie 38
   2.5 Vegetation 39
   2.6 Forstwirtschaftliche Nutzung 42
   2.7 Anthropogene Einflüsse 46

3 Angewandte Methoden und Struktur der Versuchsflächen 49
   3.1 Struktur und Dynamik der Sommerniederschläge in Finnisch-Lappland 49
      3.1.1 Datenauswahl 49
   3.2 Geländearbeit zu Bestandsinterzeptionsvermögen 54
      3.2.1 Geländeklimatologie 55
         3.2.1.1 Strahlungsbilanz 56
         3.2.1.2 Lufttemperatur und Relative Feuchte 57
         3.2.1.3 Erdoberflächentemperatur 57
         3.2.1.4 Bodentemperatur 57
         3.2.1.5 Windverhältnisse 57
         3.2.1.6 Niederschlag 58

3.2.1.7 Potentielle Evaporation 59

3.2.1.8 Datenspeicherung 59

3.2.2 Messung der Bestandsniederschläge 61

3.2.3 Bodenwasserhaushalt 64

    3.2.3.1 Textur 65

    3.2.3.2 Porenvolumen 66

    3.2.3.3 Bodensaugspannung/Matrixpotenzial 67

3.2.4 Beschreibung der Vegetationsstruktur 68

3.4 Aufbau und Struktur der Versuchsflächen 69

    3.4.1 Versuchsfläche Aufforstung (VF Auf) 70

    3.4.2 Versuchsfläche Altbestand (VF Alt) 73

4 Studien zur Struktur und Dynamik der Sommerniederschläge in Finnisch-Lappland 75

4.1 Zeitreihenanalyse der Temperatur 75

    4.1.1 Jahresmitteltemperatur 75

    4.1.2 Jahreszeitentemperatur 82

    4.1.3 Temperaturen in Vegetationsperiode (Mai-September) 89

    4.1.4 Zusammenfassung Temperatur 92

4.2 Zeitreihenanalysen der Niederschlagsverhältnisse 93

    4.2.1 Niederschlagssumme 94

        4.2.1.1 Jahressummen 94

        4.2.1.2 Jahreszeitensummen 98

    4.2.2 Niederschlagsintensität 111

        4.2.2.1 Gesamtanzahl an Niederschlagstagen 111

        4.2.2.2 Niederschlagstage geringer, mittlerer und hoher Mengen 119

    4.2.3 Die sommerliche Trockenperiode 130

    4.2.4 Zusammenfassung Niederschlag 133

4.3 Niederschlag in Abhängigkeit ermittelter Klimamessgrößen 135

4.4 Entwicklung sommerlichen Niederschläge als Folge veränderter atmosphärischer Zirkulationsdynamik 138

    4.4.1 Änderung der Großwetterlagen in Europa 139

        4.4.1.1 Zonale Zirkulationsformationen 140

        4.4.1.2 Meridionale Zirkulationsformationen 142

        4.4.1.3 Gemischte Zirkulationsformationen 144

    4.4.2 Niederschlagsvariabilität und Telekonnektionen 146

4.4.2.1 NAO-Index 147
4.4.2.2 AO-Index 148
4.4.2.3 SCAND-Index 149

5 Studien zum Bestandsinterzeptionsvermögen borealer Waldflächen **152**

5.1 Niederschlagsverhältnisse 152
   5.1.1 Tagesniederschläge 152
   5.1.2 Niederschlagsereignisse 154
5.2 Bestandsniederschlag und -interzeption 157
   5.2.1 Deckungsgrad 157
   5.2.2 Summe der Bestandsniederschläge und Interzeptionsvermögen 163
   5.2.3 Bestandsinterzeptionsvermögen in Messperiode I-IV 165
   5.2.4 Bestandsinterzeptionsvermögen in Niederschlagsereignisklassen 169
      5.2.4.1 Klassentyp 1.X 169
      5.2.4.2 Klassentyp 2.X 173
      5.2.4.3 Klassentyp 3.X 177
      5.2.4.4 Klassentyp 4.X 181
   5.2.5 Bestandsinterzeptionsvermögen in Abhängigkeit erhobener Messparameter 183
      5.2.5.1 Niederschlagssumme 183
      5.2.5.2 Ereignisdauer 185
      5.2.5.3 Intensität 187
      5.2.5.4 Intrastratenspezifisches Interzeptionsvermögen 187
      5.2.5.5 Wind 188
      5.2.5.6 Temperaturen 191
      5.2.5.7 Potentielle Evaporation 194
      5.2.5.8 Relative Feuchte 196
5.3 Der Wasserhaushalt im Oberboden 199
   5.3.1 Bodenphysikalische Parameter 199
   5.3.2 Sickerwassergang und Bodenfeuchte 200
      5.3.2.1 Periode I 200
      5.3.2.2 Periode II 203
      5.3.2.3 Periode III 206
      5.3.2.4 Periode IV_1 208
      5.3.2.5 Periode IV_2 211
      5.3.2.6 Periode IV_3 214

6 Bedeutung des Bestandsinterzeptionsvermögens für die wetterlagenabhängige Grundwasser- und Abflussbildung im Sommer 217

7 Ableitung möglicher zukünftiger Forststrukturmaßnahmen zur Verbesserung des Landschaftswasserhaushaltes bei sich verändernden klimatischen Verhältnissen 221

8 Zusammenfassung 229

9 Summary and concluding assessment of the results 234

10 Literaturverzeichnis 238

10.1 Literatur allgemein 238

10.2 Weitere Datengrundlagen 258

Abbildungsverzeichnis

Abbildung 1: Topographische Lage des Untersuchungsgebietes innerhalb Fennoskandiens .. 29

Abbildung 2: Topographische Lage des Untersuchungsgebietes in der finnischen Region Koillismaa 30

Abbildung 3: Mittlere Jahrestemperatur [°C] sowie mittlerer Jahresniederschlag [mm] in Finnland während des Beobachtungszeitraumes 1971-2000 (verändert nach TVEITO et al. 2001) 33

Abbildung 4: Jährliche Volumenzunahme in Nordfinnland unter derzeitigen und veränderten Klimabedingungen (TALKKARI 1995) 44

Abbildung 5: Mittlerer jährlicher Ernteertrag in Nordfinnland unter derzeitigen und veränderten Klimabedingungen (TALKKARI 1995) 45

Abbildung 6: Auswahl der untersuchten Stationen in Finnisch-Lappland sowie einiger angrenzender lappländischer Stationen in Norwegen, Schweden und Russland .. 51

Abbildung 7: Versuchsfläche Altbestand (VF Alt; Aufnahmedatum: 21.09.2006) 54

Abbildung 8: Versuchsfläche Aufforstung (VF Auf; Aufnahmedatum: 21.09.2006) 55

Abbildung 9: Schematischer Aufbau einer Klimamessstation (aus SCHWANTZ 1999, verändert) 56

Abbildung 10: Piche-Evaporimeter auf VF Auf in 10 cm Höhe (Aufnahmedatum: 18.07.2006) 59

Abbildung 11: Eigenbau-Kunststoffpluviometer und PE-Regenrinne als Standardauffangtrog auf VF Auf (Aufnahmedatum: 21.09.2006) 61

Abbildung 12: Stammabflussvorrichtung in 1,3 m Brusthöhe für VF Auf (Aufnahmedatum: 21.09.2006) 62

Abbildung 13: Installation von Kunststoffpluviometern unterhalb von Baumschicht (1,0 m Höhe), Strauchschicht (0,5 m Höhe) und Krautschicht (in 0,2 m Höhe) für VF Auf (Aufnahmedatum: 09.06.2006) 63

Abbildung 14: Auffangbehälter für Bestandsniederschlag unterhalb der Moosschicht (links) und unterhalb der Streuschicht (rechts) für VF Auf (Aufnahmedatum: 09.06.2006) 64

Abbildung 15: Entnahme von jeweils vier Stechzylindern [100 cm^3] pro Bodentiefe zur Bestimmung des Porenvolumens auf VF Alt (Aufnahmedatum: 18.07.2006) 66

Abbildung 16: Topographische Lage von VF Auf und VF Alt im Untersuchungsraum Oulanka 69

Abbildungsverzeichnis

Abbildung 17: Verteilung der Messinstrumente sowie Bedeckung des Kronenraumes in VF Auf 71

Abbildung 18: Korngrößenfraktionen des Feinbodens in 10, 30 und 50 cm Bodentiefe von VF Auf 72

Abbildung 19: Bleicherde- und Eluvialhorizont im Oberboden von VF Auf (Aufnahmedatum: 18.07.2006) 72

Abbildung 20: Verteilung der Messapparatur sowie Kronenbedeckung in VF Alt 73

Abbildung 21: Anteil der Feinbodenfraktionen in 10 cm, 30 cm und 50 cm Bodentiefe von VF Alt 74

Abbildung 22: Mittlere Jahrestemperatur [°C] in D1, D2 und D3 sowie mittlere jährliche Temperaturänderung (jV) [K] (rot=Temperaturzunahme; blau=Temperaturabnahme) 77

Abbildung 23: Verlauf der mittleren Jahrestemperatur [°C], Trendlinie (fett) sowie Mittelwertlinie (fett gestrichelt) für Finnland, Norwegen, Schweden und Russland zwischen 1978 und 2007 81

Abbildung 24: Anzahl der Extremereignisse sowie Eintrittsjahr im Frühjahr, Sommer, Herbst und Winter anhand 29 untersuchter Stationsdatenreihen Lapplands innerhalb des Bezugszeitraumes 1978-2007 (schwarz=Minima; grau=Maxima) 88

Abbildung 25: Anzahl der Extremereignisse sowie Eintrittsjahr in den Monaten Mai, Juni, Juli, August und September aller 29 untersuchten Stationsdatenreihen des nördlichen Skandinaviens innerhalb des Bezugszeitraumes 1978-2007 (schwarz=Minima; grau=Maxima) 92

Abbildung 26: Mittlere Jahressummen [mm] in D1-D3 sowie mittlere jährliche Veränderung (jV) der Niederschlagssumme [mm; rot=Abnahme; blau=Zunahme] im Untersuchungszeitraum 1978-2007 95

Abbildung 27: Mittlere Niederschlagsmenge im Frühjahr [mm] in D1-D3 sowie deren mittlere jährliche Veränderung (jV) [mm; rot=Abnahme; blau=Zunahme] im Untersuchungszeitraum 1978-2007 98

Abbildung 28: Mittlere Niederschlagsmenge im Sommer [mm] in D1-D3 sowie mittlere jährliche Veränderung (jV) der Niederschlagsmenge [mm; rot=Niederschlagsabnahme; blau=Niederschlagszunahme] im Untersuchungszeitraum 1978-2007 100

Abbildungsverzeichnis

Abbildung 29: Verlauf der jährlichen Sommerniederschlagssumme sowie Trendlinie in Finnisch-Lappland (Mittel aus 12 finnischen Stationsdatenreihen) innerhalb des Untersuchungszeitraumes 1978-2007 102

Abbildung 30: Mittlere Niederschlagsmenge im Herbst [mm] in D1-D3 sowie mittlere jährliche Veränderung (jV) der Niederschlagsmenge [mm; rot=Abnahme; blau=Zunahme] im Untersuchungszeitraum 1978-2007 103

Abbildung 31: Mittlere Niederschlagsmenge im Winter [mm] in D1-D3 sowie mittlere jährliche Veränderung der Niederschlagsmenge [mm; rot=Abnahme; blau=Zunahme] im Untersuchungszeitraum 1978-2007 105

Abbildung 32: Verlauf der jährlich registrierten Niederschlagsmenge für Mai-September sowie linearer Trend mit Gleichung über den Beobachtungszeitraum 1978-2007 (Mittel aus 12 ausgewählten nordfinnischen Stationen) 107

Abbildung 33: Mittlere Anzahl an jährlichen Niederschlagstagen in D1-D3 sowie jährliche Veränderung (jV) in Finnisch-Lappland (rot=Abnahme; blau=Zunahme) im Beobachtungszeitraum 1978-2007 112

Abbildung 34: Mittlere jährliche Anzahl an Niederschlagstagen für die Regionen Finnland (Mittel aus 12 Stationen), Norwegen (Mittel aus 3 Stationen), Schweden (Mittel aus 7 Stationen) und Russland (Mittel aus 7 Stationen), lineare Trendlinien bzw. Trendgleichungen sowie T/R-Verhältnisse der jeweiligen Regionen im Untersuchungszeitraum 1978-2007 113

Abbildung 35: Mittlerer jährlicher Trend in der Anzahl registrierter Niederschlagstage pro Jahreszeit in Finnisch-Lappland (rot=Abnahme; blau=Zunahme) im Untersuchungszeitraum 1978-2007 116

Abbildung 36: Mittlere Anzahl an Niederschlagstagen für Mai-September in D1-D3 sowie Signifikanzniveaus (t-Werte) anhand sieben ausgewählter Datenreihen nordfinnischer Stationen 119

Abbildung 37: Relative Anteile registrierter Niederschlagstage (NST) mit geringer (0,1-1,0 mm), mittlerer (1,1-10 mm) und hoher Intensität (>10 mm) während D1, D2 und D3 in der verschiedenen Jahreszeiten in Finnisch-Lappland (Mittel aus 12 ausgewählten Stationsdatenreihen) 120

Abbildung 38: Relative Anteile registrierter Niederschlagstage (NST) mit geringer (0,1-1,0 mm), mittlerer (1,1-10 mm) und hoher Menge (>10 mm) im Frühjahr von D1-D3 für die Untersuchungsregionen Finnland, Norwegen, Schweden und Russland 121

Abbildungsverzeichnis

Abbildung 39: Relative Anteile registrierter Niederschlagstage (NST) mit geringer (0,1-1,0 mm), mittlerer (1,1-10 mm) und hoher Menge (>10 mm) im Sommer von D1-D3 für die Untersuchungsregionen Finnland, Norwegen, Schweden und Russland 121

Abbildung 40: Relative Anteile registrierter Niederschlagstage (NST) mit geringer (0,1-1,0 mm), mittlerer (1,1-10 mm) und hoher Menge (>10 mm) im Herbst von D1-D3 für die Untersuchungsregionen Finnland, Norwegen, Schweden und Russland 123

Abbildung 41: Relative Anteile registrierter Niederschlagstage (NST) mit geringer (0,1-1,0 mm), mittlerer (1,1-10 mm) und hoher Menge (>10 mm) im Winter von D1-D3 für die Untersuchungsregionen Finnland, Norwegen, Schweden und Russland 123

Abbildung 42: Mittlere Anzahl an Niederschlagstagen geringer (0,1-1,0 mm), mittlerer (1,0-10 mm) sowie hoher Tagesmenge (>10 mm) in Finnisch-Lappland (Mittel aus 12 Stationsdatenreihen) für Mai bis September in D1-D3 125

Abbildung 43: Abweichung der mittleren Anzahl an Niederschlagstagen geringer (0,1-1,0 mm) sowie mittlerer (1,1-10,0 mm) Tagesmenge zwischen D1 und D3 für die Monate Mai bis September anhand sieben ausgewählter nordfinnischer Station 127

Abbildung 44: Statistischer Zusammenhang zwischen mittlerer Anzahl aller registrierten Niederschlagstage (x-Achse) sowie mittlerer Anzahl aller Niederschlagstage geringer Mengen (0,1-1,0 mm) (y-Achse) von Mai-September für Finnland, Norwegen, Schweden und Russland im Beobachtungszeitraum 1978-2007 (Signifikanzniveau ≥95%).. 129

Abbildung 45: Statistischer Zusammenhang zwischen mittlerer Anzahl aller registrierten Niederschlagstage (x-Achse) sowie mittlerer Anzahl aller Niederschlagstage geringer Mengen (1,1-10,0 mm) (y-Achse) von Mai-September für Finnland, Norwegen, Schweden und Russland im Beobachtungszeitraum 1978-2007 (Signifikanzniveau ≥95%).. 129

Abbildung 46: Relative Beziehung zwischen mittlerer Anzahl registrierter Niederschlagstage (x-Achse) und mittlerer Dauer aufeinander folgender Tage ohne Niederschlag (y-Achse) für die Monate Mai bis September während der Untersuchungsperiode 1978-2007 in Finnisch-Lappland (Mittel aus acht nordfinnischen Stationen [r=Korrelationskoeffizient; t=Signifikanzwert]) 132

Abbildung 47: Verlauf der jährlichen Abweichung von Niederschlagssumme (NSs) [mm] und relativem Anteil zonaler Zirkulationsformationen (zZF) [%] sowie relative Korrelationskoeffizienten r für Mai-September (D1-D3) in Finnisch-Lappland 141

Abbildung 48: Verlauf der jährlichen Abweichung von Niederschlagssumme (NSs) [mm] und relativem Anteil meridionaler Zirkulationsformationen (mZF) [%] sowie relative Korrelationskoeffizienten r für Mai-September (D1-D3) in Finnisch-Lappland 143

Abbildung 49: Verlauf der jährlichen Abweichung von Niederschlagssumme (NSs) [mm] und relativem Anteil gemischter Zirkulationsformationen (gZF) [%] sowie relative Korrelationskoeffizienten r für Mai-September (D1-D3) in Finnisch-Lappland 145

Abbildung 50: Verlauf der jährlichen Abweichung von Niederschlagssumme (NSs) [mm] und NAO-Index sowie relative Korrelationskoeffizienten r für Mai-September (D1-D3) in Finnisch-Lappland 147

Abbildung 51: Verlauf der jährlichen Abweichung von Niederschlagssumme (NSs) [mm] und AO-Index sowie relative Korrelationskoeffizienten r für Mai-September (D1-D3) in Finnisch-Lappland.................. 149

Abbildung 52: Verlauf der jährlichen Abweichung von Niederschlagssumme (NSs) [mm] und SCAND-Index sowie relative Korrelationskoeffizienten r für Mai-September (D1-D3) in Finnisch-Lappland 150

Abbildung 53: Verteilung der Tagesniederschläge in Messperiode I (24.05.06–11.06.06), Messperiode II (17.07.06 – 03.08.06) und Messperiode III (13.09.06-02.10.06) sowie Angabe über Anzahl an Niederschlagstagen mit geringen, mittleren und hohen Mengen bzw. Gesamtsumme.................. 153

Abbildung 54: Tagesniederschläge während Messperiode IV (11.06.07 – 06.09.07) sowie Differenzierung in Niederschlagstage mit geringen, mittleren und hohen Mengen bzw. Gesamtsumme.................. 154

Abbildung 55: Verteilung aller 92 registrierter Niederschlagsereignisse hinsichtlich ihrer Klasseneinteilung nach Menge und Dauer bzw. Entstehungstyp.................. 156

Abbildung 56: Mittlerer Kronenraum und Deckungsgrad für Baumschicht in VF Auf (nach BRAUN-BLANQUET 1964) 157

Abbildung 57: Mittlerer Kronenraum und Deckungsgrad für Baumschicht in VF Alt (nach BRAUN-BLANQUET 1964).................. 158

Abbildung 58: Mittlerer Kronenraum und Deckungsgrad für Strauchschicht in VF Auf (nach BRAUN-BLANQUET 1964).................. 158

Abbildung 59: Mittlerer Kronenraum und Deckungsgrad für Krautschicht in VF Auf (nach BRAUN-BLANQUET 1964).................. 159

Abbildung 60: Mittlerer Kronenraum und Deckungsgrad für Krautschicht in VF Alt (nach BRAUN-BLANQUET 1964).................. 159

Abbildung 61: Mittlerer Kronenraum und Deckungsgrad für Moosschicht in VF Auf (nach BRAUN-BLANQUET 1964) 160

Abbildung 62: Mittlerer Kronenraum und Deckungsgrad für Moosschicht in VF Alt (nach BRAUN-BLANQUET 1964) 160

Abbildung 63: Mittlerer Kronenraum und Totholzbedeckung in VF Auf (nach BRAUN-BLANQUET 1964) 161

Abbildung 64: Mittlerer Kronenraum und Totholzbedeckung in VF Alt (nach BRAUN-BLANQUET 1964) 161

Abbildung 65: Summe aller Bestandsniederschläge in den entsprechenden Vegetationsstockwerken sowie stratenspezifische Interzeptionsverluste während des Gesamtuntersuchungszeitraumes auf VF Aufforstung und VF Altbestand.. 165

Abbildung 66: Interzeptionsverluste in Baum-, Strauch-, Kraut-, Moos- und Streuschicht von Messperiode I-IV für VF Auf und VF Alt mit Angabe über Anzahl an Niederschlagstagen sowie Gesamtniederschlagsmenge 167

Abbildung 67: Interzeptionsverluste in Baum-, Strauch-, Kraut-, Moos- und Streuschicht in den Ereignisklassen 1.1_zyk, 1.1_kon, 1.2 und 1.3 für VF Auf bzw. VF Alt mit Angabe über Anzahl an Niederschlagsereignissen sowie Gesamtniederschlagsmenge 169

Abbildung 68: Angabe zu Windrichtung bzw. Windstärke in den Ereignisklassen 1.1_zyk und 1.1_kon für VF Auf und VF Alt (innerer Kreis = 0,5 m/s; mittlerer Kreis = 1,0 m/s; äußerer Kreis = 1,5 m/s) 172

Abbildung 69: Angabe zu Windrichtung bzw. Windstärke in den Ereignisklassen 1.2 und 1.3 für VF Auf und VF Alt (innerer Kreis = 0,5 m/s; mittlerer Kreis = 1,0 m/s; äußerer Kreis = 1,5 m/s) 173

Abbildung 70: Interzeptionsverluste in Baum-, Strauch-, Kraut-, Moos- und Streuschicht in den Ereignisklassen 2.1_zyk, 2.1_kon, 2.2, 2.3 und 2.4 für VF Auf bzw. VF Alt mit Angabe über Anzahl an Gesamtniederschlagsmenge 174

Abbildung 71: Angabe zu Windrichtung bzw. Windstärke in den Ereignisklassen 2.1_zyk und 2.1_kon für VF Auf und VF Alt (innerer Kreis = 0,5 m/s; mittlerer Kreis = 1,0 m/s; äußerer Kreis = 1,5 m/s) 176

Abbildung 72: Angabe zu Windrichtung bzw. Windstärke in den Ereignisklassen 2.2 und 2.3 für VF Auf und VF Alt (innerer Kreis = 0,5 m/s; mittlerer Kreis = 1,0 m/s; äußerer Kreis = 1,5 m/s) 176

Abbildung 73: Interzeptionsverluste in Baum-, Strauch-, Kraut-, Moos- und Streuschicht in den Ereignisklassen 3.2, 3.3 und 3.4 für VF Auf bzw. VF Alt mit Angabe über Anzahl an Niederschlagsereignissen sowie Gesamtniederschlagsmenge 178

Abbildung 74: Angabe zu Windrichtung bzw. Windstärke in den Ereignisklassen 2.4 und 3.2 für VF Auf und VF Alt (innerer Kreis=0,5 m/s; mittlerer Kreis=1,0 m/s; äußerer Kreis=1,5 m/s) 180

Abbildung 75: Angabe zu Windrichtung bzw. Windstärke in den Ereignisklassen 3.3 und 3.4 für VF Auf und VF Alt (innerer Kreis=0,5 m/s; mittlerer Kreis=1,0 m/s; äußerer Kreis=1,5 m/s) 180

Abbildung 76: Interzeptionsverluste in Baum-, Strauch-, Kraut-, Moos- und Streuschicht in den Ereignisklassen 4.3 und 4.4* (aufgrund eines Einzelereignisses nicht weiter analysiert) für VF Auf bzw. VF Alt mit Angabe über Anzahl an Niederschlagsereignissen sowie Gesamtniederschlagsmenge 181

Abbildung 77: Angabe zu Windrichtung bzw. Windstärke in Ereignisklasse 4.3 und 4.4 für VF Auf und VF Alt (innerer Kreis = 0,5 m/s; mittlerer Kreis = 1,0 m/s; äußerer Kreis = 1,5 m/s) 183

Abbildung 78: Regressionsgeraden und dazugehörige Korrelationskoeffizienten r für Beziehung zwischen Referenzniederschlag [mm] (x) und mittlerem Interzeptionsverlust [mm] (y) in den jeweiligen Straten für VF Auf (Raute + durchgezogene Trendlinie) sowie VF Alt (Rechteck + gestrichelte Linie) 185

Abbildung 79: Regressionsgeraden und dazugehörige Korrelationskoeffizienten r für Beziehung zwischen Ereignisdauer [h] (x) und mittlerem Interzeptionsverlust [%] (y) von Baum- bis Streuschicht in VF Auf (Raute + durchgezogene Trendlinie) sowie VF Alt (Rechteck + gestrichelte Linie) 186

Abbildung 80: Angabe über Anzahl an Niederschlagsereignissen mit vorherrschender Windrichtung, mittlerer Windgeschwindigkeit [m/s], Niederschlagssumme [mm] sowie mittlerer Interzeptionsverlust bei Kalmen (WG<0,5 m/s) in Baum-, Strauch-, Kraut-, Moos- und Streuschicht für VF Auf bzw. VF Alt 188

Abbildung 81: Interzeptionsverluste in Baum-, Strauch-, Kraut-, Moos- und Streuschicht während Niederschlagsereignisse aus den vier zu unterscheidenden Windsektoren Nord (N), Ost (E), Süd (S) und West (W) für VF Auf bzw. VF Alt 189

Abbildung 82: Regressionsgeraden und dazugehörige Korrelationskoeffizienten r (Signifikanzniveau α>95%) für Beziehung zwischen Lufttemperatur (LT) [°C] (x), Erdoberflächentemperatur (EOT) [°C] (y), Bodentemperatur 1 (BT_1) [°C] (y), Bodentemperatur 2 (BT_2) [°C] (y) sowie Bodentemperatur 3 (BT_3) [°C] (y) für VF Auf (Raute + durchgezogene Trendlinie) und VF Alt (Rechteck + gestrichelte Linie) 192

Abbildung 83: Interzeptionsverluste in Baum-, Strauch-, Kraut-, Moos- und Streuschicht hinsichtlich einer thermischen Differenzierung aller 92 registrierten Niederschlagsereignisse für VF Auf bzw. VF Alt 194

Abbildung 84: Regressionsgeraden und dazugehörige Korrelationskoeffizienten r (Signifikanzniveau >95%) für Beziehung zwischen potentieller Evaporation in 10 cm Höhe (E1) [mm], potentieller Evaporation in 50 cm Höhe (E2) [mm] sowie potentieller Evaporation in 2 m Höhe (E3) [mm] für VF Auf und VF Alt (E1/E2: Raute + durchgezogene Linie; E1/E3: Rechteck + gestrichelte Linie; E2/E3: Dreiecke + gepunktete Linie) 194

Abbildung 85: Regressionsgeraden und dazugehörige Korrelationskoeffizienten r (Signifikanzniveau >95%) für Beziehung zwischen Trockendauer [h] (x) und potentielle Evaporation in 10 cm Höhe (E1) [mm], potentielle Evaporation in 50 cm Höhe (E2) [mm] sowie potentielle Evaporation in 2 m Höhe (E3) [mm] jeweils auf (y)-Achse für VF Auf und VF Alt (E1: Raute + durchgezogene Linie; E2: Rechteck + gestrichelte Linie; E3: Dreiecke + gepunktete Linie) 195

Abbildung 86: Potentielle Evaporation [mm] (y) während der 92 Niederschlagsereignisse (x) für VF Auf bzw. VF Alt (oben: pot. Evaporation in 2 m Höhe; Mitte: pot. Evaporation in 50 cm Höhe; unten: pot. Evaporation in 10 cm Höhe) 196

Abbildung 87: Regressionsgerade und dazugehörige Korrelationskoeffizienten r (Signifikanzniveau >95%) für Beziehung zwischen Relativer Luftfeuchte auf VF Auf [%] (x) und Relativer Luftfeuchte in VF Alt [%] (y) 197

Abbildung 88: Interzeptionsverluste in Baum-, Strauch-, Kraut-, Moos- und Streuschicht hinsichtlich einer Differenzierung aller 92 registrierten Niederschlagsereignisse in Klassen unterschiedlicher Feuchte für VF Auf bzw. VF Alt 198

Abbildung 89: Saugspannungskurven bzw. Wasservolumen [%] für drei Bodentiefen (10 cm, 30 cm, 50 cm) sowie relativer Anteil an weiten Grobporen (WGP), engen Grobporen (EGP), Mittelporen (MP) und Feinporen (FP) mit entsprechenden pF-Werten in Klammern für VF Auf (links) und VF Alt (rechts) 199

Abbildung 90: Angaben zu Interzeptionsverlust [mm], Bestandsniederschlag [mm], Sickerwasseranteil [mm] sowie Bodenwasserveränderung [%] während Periode I für VF Auf 201

Abbildungsverzeichnis

Abbildung 91: Angaben zu Interzeptionsverlust [mm], Bestandsniederschlag [mm], Sickerwasseranteil [mm] sowie Bodenwasserveränderung [%] während Periode I für VF Alt 201

Abbildung 92: Verlauf der Bodensaugspannungen in 10 cm, 30 cm sowie 50 cm [hPa] Bodentiefe während Periode I für VF Auf bzw. VF Alt 202

Abbildung 93: Angaben zu Interzeptionsverlust [mm], Bestandsniederschlag [mm], Sickerwasseranteil [mm] sowie Bodenwasserveränderung [%] während Periode II für VF Auf 204

Abbildung 94: Angaben zu Interzeptionsverlust [mm], Bestandsniederschlag [mm], Sickerwasseranteil [mm] sowie Bodenwasserveränderung [%] während Periode II für VF Alt 205

Abbildung 95: Verlauf der Bodensaugspannungen in 10 cm, 30 cm sowie 50 cm [hPa] Bodentiefe während Periode II für VF Auf bzw. VF Alt 205

Abbildung 96: Angaben zu Interzeptionsverlust [mm], Bestandsniederschlag [mm], Sickerwasseranteil [mm] sowie Bodenwasserveränderung [%] während Periode III für VF Auf 206

Abbildung 97: Angaben zu Interzeptionsverlust [mm], Bestandsniederschlag [mm], Sickerwasseranteil [mm] sowie Bodenwasserveränderung [%] während Periode III für VF Alt 207

Abbildung 98: Verlauf der Bodensaugspannungen in 10 cm, 30 cm sowie 50 cm [hPa] Bodentiefe während Periode III für VF Auf bzw. VF Alt 208

Abbildung 99: Angaben zu Interzeptionsverlust [mm], Bestandsniederschlag [mm], Sickerwasseranteil [mm] sowie Bodenwasserveränderung [%] während Periode IV_1 für VF Auf 209

Abbildung 100: Angaben zu Interzeptionsverlust [mm], Bestandsniederschlag [mm], Sickerwasseranteil [mm] sowie Bodenwasserveränderung [%] während Periode IV_1 für VF Alt 209

Abbildung 101: Verlauf der Bodensaugspannungen in 10 cm, 30 cm sowie 50 cm [hPa] Bodentiefe während Periode IV_1 für VF Auf bzw. VF Alt 210

Abbildung 102: Angaben zu Interzeptionsverlust [mm], Bestandsniederschlag [mm], Sickerwasseranteil [mm] sowie Bodenwasserveränderung [%] während Periode IV_2 für VF Auf 212

Abbildung 103: Angaben zu Interzeptionsverlust [mm], Bestandsniederschlag [mm], Sickerwasseranteil [mm] sowie Bodenwasserveränderung [%] während Periode IV_2 für VF Alt 212

Abbildung 104: Verlauf der Bodensaugspannungen in 10 cm, 30 cm sowie 50 cm [hPa] Bodentiefe während Periode IV_2 für VF Auf bzw. VF Alt 213

Abbildung 105: Angaben zu Interzeptionsverlust [mm], Bestandsniederschlag [mm], Sickerwasseranteil [mm] sowie Bodenwasserveränderung [%] während Periode IV_3 für VF Auf 215

Abbildung 106: Angaben zu Interzeptionsverlust [mm], Bestandsniederschlag [mm], Sickerwasseranteil [mm] sowie Bodenwasserveränderung [%] während Periode IV_3 für VF Auf 216

Abbildung 107: Verlauf der Bodensaugspannungen in 10 cm, 30 cm sowie 50 cm [hPa] Bodentiefe während Periode IV_3 für VF Auf bzw. VF Alt 216

Abbildung 108: Wachstumsverhalten aller Baumarten nach derzeitigen Klimaverhältnissen sowie Wachstum unter veränderten Klimabedingungen: a) derzeitiges jährliches Wachstum (m³/ha); prozentuale Veränderung für b) 1991-2020, c) 2021-2050 und d) 2070-2099 (nach KELLOMÄKI et al. 2008b) 224

Tabellenverzeichnis

Tabelle 1: Niederschlags- und Temperaturverhältnisse für die Klimastationen Kuusamo und Kiutaköngäs (Oulanka) (KOUTANIEMI 1983, WYSZKOWSKI 1987, STRÄSSER 1998) 34

Tabelle 2: Signifikanzklassifizierung dieser Arbeit nach dem Trend-Rausch-Verhältnis (T/R) 53

Tabelle 3: Deskriptive Statistik zu Temperatur im Bezugszeitraum 1978-2007; xm=Mittelwert, mina=absolutes Minimum, maxa=absolutes Maximum, Jahr=Eintrittsjahr, s=Standardabweichung, R=Spannweite 76

Tabelle 4: Trendanalyse der Jahresmitteltemperatur im Bezugszeitraum 1978-2007 80

Tabelle 5: Mittlere Frühjahrstemperaturen [°C] im Beobachtungszeitraum 1978-1987, 1988-1997 und 1998-2007 anhand 11 ausgewählter Stationsdatenreihen Finnisch-Lapplands 82

Tabelle 6: Regionale Statistik der Temperaturentwicklung im Frühjahr innerhalb des Bezugszeitraumes 1978-2007; xm = mittlere Temperatur; mina = Temperaturminima; maxa = Temperaturmaxima; s = Standardabweichung, R = Spannweite; lin. Trend = linearer Trend; T/R = Trend-Rausch-Verhältnis; t-Wert = Irrtumswahrscheinlichkeit 83

Tabelle 7: Mittlere Sommertemperaturen [°C] im Beobachtungszeitraum 1978-1987, 1988-1997 und 1998-2007 anhand 11 ausgewählter Stationsdatenreihen Finnisch-Lapplands 83

Tabelle 8: Regionale Statistik der Temperaturentwicklung im Sommer innerhalb des Bezugszeitraumes 1978-2007; xm=mittlere Temperatur; mina=Temperaturminima; maxa=Temperaturmaxima; s=Standardabweichung, R=Spannweite; lin. Trend=linearer Trend; T/R=Trend-Rausch-Verhältnis; t-Wert=Irrtumswahrscheinlichkeit 84

Tabelle 9: Mittlere Herbsttemperaturen [°C] im Beobachtungszeitraum 1978-1987, 1988-1997 und 1998-2007 anhand 11 ausgewählter Stationsdatenreihen Finnisch-Lapplands 85

Tabelle 10: Regionale Statistik der Temperaturentwicklung im Herbst innerhalb des Bezugszeitraumes 1978-2007; xm=mittlere Temperatur; mina=Temperaturminima; maxa=Temperaturmaxima; s=Standardabweichung,

Tabellenverzeichnis

R=Spannweite; lin. Trend=linearer Trend; T/R=Trend-Rausch-Verhältnis; t-Wert=Irrtumswahrscheinlichkeit 85

Tabelle 11: Mittlere Wintertemperaturen [°C] im Beobachtungszeitraum 1978-1987, 1988-1997 und 1998-2007 anhand 11 ausgewählter Stationsdatenreihen Finnisch-Lapplands 86

Tabelle 12: Regionale Statistik der Temperaturentwicklung im Winter innerhalb des Bezugszeitraumes 1978-2007; xm=mittlere Temperatur; mina=Temperaturminima; maxa=Temperaturmaxima; s=Standardabweichung, R=Spannweite; lin. Trend=linearer Trend; T/R=Trend-Rausch-Verhältnis; t-Wert=Irrtumswahrscheinlichkeit 87

Tabelle 13: Regionale Statistik der Temperaturentwicklung in den Monaten Mai bis September innerhalb des Bezugszeitraumes 1978-2007 für die Stationsdatenreihen Finnlands, Norwegens, Schwedens und Russlands; xm=mittlere Temperatur; mina=Temperaturminima; maxa=Temperaturmaxima; s=Standardabweichung, R=Spannweite; lin. Trend=linearer Trend; T/R=Trend-Rausch-Verhältnis; t-Wert=Irrtumswahrscheinlichkeit 90

Tabelle 14: Deskriptive Statistik zum Niederschlagsverhalten im Bezugszeitraum 1978-2007; xm=Mittelwert, mina=absolutes Minimum, maxa=absolutes Maximum, Jahr=Eintrittsjahr, s=Standardabweichung, R=Spannweite 96

Tabelle15: Trendanalyse der Niederschläge im Bezugszeitraum 1978-2007 97

Tabelle 16: Regionale Statistik der Niederschlagssummenentwicklung im Frühjahr innerhalb des Bezugszeitraumes 1978-2007; xm=mittlere Niederschlagssumme; mina=Niederschlagssummenminima; maxa=Niederschlagssummenmaxima; s=Standardabweichung, R=Spannweite; lin. Trend=linearer Trend; T/R=Trend-Rausch-Verhältnis; t-Wert=Irrtumswahrscheinlichkeit 99

Tabelle 17: Regionale Statistik der Niederschlagssummenentwicklung im Sommer innerhalb des Bezugszeitraumes 1978-2007; xm=mittlere Niederschlagssumme; mina=Niederschlagssummenminima; maxa=Niederschlagssummenmaxima; s=Standardabweichung, R=Spannweite; lin. Trend=linearer Trend; T/R=Trend-Rausch-Verhältnis; t-Wert=Irrtumswahrscheinlichkeit 101

Tabelle 18: Regionale Statistik der Niederschlagssummenentwicklung im Herbst innerhalb des Bezugszeitraumes 1978-2007; xm=mittlere Niederschlagssumme; mina=Niederschlagssummenminima; maxa=Niederschlagssummenmaxima;

s=Standardabweichung, R=Spannweite; lin. Trend=linearer Trend; T/R=Trend-Rausch-Verhältnis; t-Wert=Irrtumswahrscheinlichkeit 104

Tabelle 19: Regionale Statistik der Niederschlagssummenentwicklung im Winter innerhalb des Bezugszeitraumes 1978-2007; xm=mittlere Niederschlagssumme; mina=Niederschlagssummenminima; maxa=Niederschlagssummenmaxima; s=Standardabweichung, R=Spannweite; lin. Trend=linearer Trend; T/R=Trend-Rausch-Verhältnis; t-Wert=Irrtumswahrscheinlichkeit 106

Tabelle 20: Veränderung der mittleren Niederschlagsmenge [%] in den Monaten Mai bis September innerhalb des Untersuchungszeitraumes 1978-2007 anhand 12 ausgewählter Stationen in Finnisch-Lappland (graues Kästchen = Niederschlagszunahme; weißes Kästchen = Niederschlagsabnahme; fett = t-Wert <0,5; fett+einfache Unterstreichung = t-Wert <0,2; fett+doppelte Unterstreichung = t-Wert <0,1) 107

Tabelle 21: Regionale Statistik der Niederschlagsentwicklung in den Monaten Mai bis September innerhalb des Bezugszeitraumes 1978-2007 für die jeweiligen Stationsdatenreihen Finnlands, Norwegens, Schwedens und Russlands; xm=mittlere Niederschlagssumme; mina=Summenminima; maxa=Summenmaxima; s=Standardabweichung, R=Spannweite; lin. Trend=linearer Trend; T/R=Trend-Rausch-Verhältnis; t-Wert=Irrtumswahrscheinlichkeit 110

Tabelle 22: Regionale Statistik zur Entwicklung der Niederschlagstage in Frühjahr, Sommer, Herbst und Winter innerhalb des Bezugszeitraumes 1978-2007 für die jeweiligen Stationsdatenreihen Finnlands, Norwegens, Schwedens und Russlands; xm=mittlere Anzahl an Niederschlagstagen; mina=minimale Anzahl an Niederschlagstagen; maxa=maximale Anzahl an Niederschlagstagen; s = Standardabweichung, R=Spannweite; lin. Trend=linearer Trend; T/R=Trend-Rausch-Verhältnis; t-Wert=Irrtumswahrscheinlichkeit 114

Tabelle 23: Regionale Statistik zur Entwicklung der Anzahl an Niederschlagstagen in den Monaten Mai bis September innerhalb des Bezugszeitraumes 1978-2007 für die jeweiligen Stationsdatenreihen Finnlands, Norwegens, Schwedens und Russlands; xm = mittlere Anzahl an Niederschlagstagen; mina = minimale Anzahl an Niederschlagstagen; maxa = maximale Anzahl an Niederschlagstagen; s = Standardabweichung, R = Spannweite; lin. Trend = linearer Trend; T/R = Trend-Rausch-Verhältnis; t-Wert = Irrtumswahrscheinlichkeit 118

Tabellenverzeichnis

Tabelle 24: Mittlere T/R-Werte aus den Trends zur Entwicklung der Niederschlagstage geringer, mittlerer sowie hoher Menge für die entsprechenden meteorologischen Jahreszeiten in den vier Untersuchungsregionen im Beobachtungszeitraum 1978-2007 (fett=Signifikanzniveau >0,5) 122

Tabelle 25: Mittlere T/R-Werte aus den Trends zur Entwicklung der Niederschlagstage geringer und mittlerer Menge für die Monate Mai bis September in den vier Untersuchungsregionen im Beobachtungszeitraum 1978-2007 (fett=Signifikanzniveau >0,5) 125

Tabelle 26: Mittlere Anzahl an Niederschlagstagen geringer, mittlerer und hoher Mengenangaben für die Untersuchungsregionen Norwegen (Mittel aus drei Stationsdatenreihen), Schweden (Mittel aus sieben Stationsdatenreihen) sowie Russland (Mittel aus sieben Stationsdatenreihen) in D1-D3 126

Tabelle 27: Mittlere T/R-Werte für das Trendverhalten registrierter Niederschlagstage (NST) geringer sowie mittlerer Menge in den Monaten Mai bis September innerhalb der Untersuchungsperiode 1978-2007 anhand sieben ausgewählter nordfinnischer Stationsdatenreihen (fett = Signifikanzniveau >50%) 127

Tabelle 28: Mittlere (Mit) bzw. maximale (Max) Dauer an aufeinander folgenden Tage ohne Niederschlag für die Monate Mai bis September in D1, D2 und D3, t-Werte (fett=Signifikanzniveau >50%) sowie mittlere Standardabweichungen (Stabw) an acht ausgewählten Stationsdatenreihen über den Gesamtuntersuchungszeitraum 1978-2007 131

Tabelle 29: Relative Korrelationskoeffizienten r zwischen mittlerer Niederschlagssumme und mittlerer Anzahl aller Niederschlagstage für Januar-Dezember im Untersuchungszeitraum 1978-2007 anhand 13 ausgewählter nordfinnischer Stationen (fett=Signifikanzniveau ≥95%) 136

Tabelle 30: Relative Korrelationskoeffizienten r (nach Pearson) zwischen mittlerer Niederschlagssumme und mittlerer Anzahl aller Niederschlagstage mit geringen Mengen für Januar-Dezember im Untersuchungszeitraum 1978-2007 anhand 13 ausgewählter nordfinnischer Stationen (fett=Signifikanzniveau ≥95%)............ 137

Tabelle 31: Relative Korrelationskoeffizienten r (nach Pearson) zwischen mittlerer Niederschlagssumme und mittlerer Anzahl aller Niederschlagstage mit mittleren Mengen für Januar-Dezember im Untersuchungszeitraum 1978-2007 anhand 13 ausgewählter nordfinnischer Stationen (fett=Signifikanzniveau ≥95%)............ 137

Tabellenverzeichnis

Tabelle 32: Relative Korrelationskoeffizienten r (nach Pearson) zwischen mittlerer Niederschlagssumme und mittlerer Anzahl aller Niederschlagstage mit hohen Mengen für Januar-Dezember im Untersuchungszeitraum 1978-2007 anhand 13 ausgewählter nordfinnischer Stationen (fett=Signifikanzniveau ≥95%)............ 138

Tabelle 33: Relative Korrelationskoeffizienten r für Wechselbeziehung zwischen Anzahl aller Niederschlagstage (GNT), Niederschlagstage geringer Mengen NT (0,1-1,0 mm) und Niederschlagstage mittlerer Mengen NT (1,1-10 mm) sowie relativem Anteil zonaler Großwetterlagen (D1-D3) für Mai-September in Finnisch-Lappland (fett = Signifikanzniveau ≥95%).. 142

Tabelle 34: Relative Korrelationskoeffizienten r für Wechselbeziehung zwischen Anzahl aller Niederschlagstage (GNT), Niederschlagstage geringer Mengen NT (0,1-1,0 mm) und Niederschlagstage mittlerer Mengen NT (1,1-10 mm) sowie relativem Anteil meridionaler Großwetterlagen (D1-D3) für Mai-September in Finnisch-Lappland (fett = Signifikanzniveau ≥95%).. 143

Tabelle 35: Relative Korrelationskoeffizienten r für Wechselbeziehung zwischen Anzahl aller Niederschlagstage (GNT), Niederschlagstage geringer Mengen NT (0,1-1,0 mm) und Niederschlagstage mittlerer Mengen NT (1,1-10 mm) sowie relativem Anteil gemischter Großwetterlagen (D1-D3) für Mai-September in Finnisch-Lappland (fett = Signifikanzniveau ≥95%).. 146

Tabelle 36: Mittlerer Bedeckungsgrad (%) und Standardabweichung für Baum-, Strauch-, Kraut-, Moos- und Streuschicht sowie mittlere Mächtigkeit der Moos- und Streuschicht (cm) auf VF Aufforstung und VF Altbestand innerhalb der vier Untersuchunsgperioden (n.a. = nicht ausgeprägt)............................. 163

Tabelle 37: Angaben zu Dauer, Menge, Trockenheit und meteorologischen Kenngrößen während der Ereignisklassen 1.1_zyk, 1.1_kon, 1.2 und 1.3 auf VF Auf & VF Alt (WG=Windgeschwindigkeit; WR=Windrichtung; LT_2m=Lufttemperatur in 2 m Höhe; EOT_5cm=Erdoberflächentemperatur in 5 cm Höhe) 170

Tabelle 38: Angaben zu Dauer, Menge, Trockenheit und meteorologischen Kenngrößen während der Ereignisklassen 2.1_zyk, 2.1_kon, 2.2, 2.3 und 2.4 auf VF Auf & VF Alt (WG=Windgeschwindigkeit; WR=Windrichtung; LT_2m=Lufttemperatur in 2 m Höhe; EOT_5cm=Erdoberflächentemperatur in 5 cm Höhe) 175

Tabelle 39: Angaben zu Dauer, Menge, Trockenheit und meteorologischen Kenngrößen während der Ereignisklassen 3.2, 3.3 und 3.4 auf VF Auf & VF Alt

Tabellenverzeichnis

(WG=Windgeschwindigkeit; WR=Windrichtung; LT_2m=Lufttemperatur in 2 m Höhe; EOT_5cm=Erdoberflächentemperatur in 5 cm Höhe) 179

Tabelle 40: Angaben zu Dauer, Menge, Trockenheit und meteorologischen Kenngrößen während der Ereignisklassen 4.3 und 4.4* (siehe Abb. 79) auf VF Auf & VF Alt (WG=Windgeschwindigkeit; WR=Windrichtung; LT_2m=Lufttemperatur in 2 m Höhe; EOT_5cm=Erdoberflächentemperatur in 5 cm Höhe) 182

Tabelle 41: Mittlere Korrelationskoeffizienten r für Wechselbeziehung zwischen Interzeptionsvermögen in den jeweiligen Straten beider Versuchsflächen (fett=stat. Signifikanz α>95%) 187

Tabelle 42: Angaben zu Trockenheit und meteorologischen Kenngrößen während Niederschlagsereignisse in den vier zu unterscheidenden Windsektoren sowie in Kalmen (WG<0,5 m/s) für VF Auf & VF Alt (LT_2m=Lufttemperatur in 2 m Höhe; EOT_5cm=Erdoberflächentemperatur in 5 cm Höhe) 191

Tabelle 43: Korrelationskoeffizienten für Wechselbeziehung zwischen Lufttemperatur (LT) [°C], Erdoberflächentemperatur (EOT) [°C], Bodentemperatur 1 (BT_1) [°C], Bodentemperatur 2 (BT_2) [°C] und Bodentemperatur 3 (BT_3) [°C] und Anteil interzipierter Niederschläge in Baum-, Strauch-, Kraut-, Moos- und Streuschicht für VF Auf bzw. VF Alt 193

Tabelle 44: Angabe zu Anzahl, Summe [mm] und mittlerer Feuchte [%] innerhalb der vier zu untersuchenden Feuchtigkeitsklassen für VF Auf und VF Alt 197

Tabelle 45: Angabe zu Volumenprozent bzw. Gewichtsprozent für weite Grobporen (WGP), enge Grobporen (EGP), Mittelporen (MP) und Feinporen (FP) mit entsprechenden pF-Werten in Klammern für 10 cm, 30 cm und 50 cm Bodentiefe in VF Auf & VF Alt 200

1 Einleitung und Fragestellungen der Arbeit

1.1 Einleitung

Die zukünftige Erwärmung der Atmosphäre ist mittlerweile unbestritten und durch tragfähige Modelle (u. a. CGCM2, CSM_1.4, ECHAM4/OPYC3, GFDL-R30_c, HadCM3) belegt (vgl. zusammenfassend z. B. KÄLLÉN & KATTSOV 2005 und LECKEBUSCH et al. 2006). In diesen Modellrechnungen wird deutlich, dass die höheren Breitengrade vom *Global Warming* stärker betroffen sein werden als der Rest der Erde: Während die Prognosen für die gesamte Erde bei einem Anstieg zwischen 3 und 5 K liegen, sagen sie für Gebiete nördlich von 60° N einen Anstieg von 4 bis 7 K bis zum Jahr 2100 voraus. Eine Erwärmung der Atmosphäre wird in der Folge durch veränderte Bedingungen für Verdunstung sowie Niederschlagsbildung und -verteilung erhebliche Auswirkungen u. a. auf den Landschaftswasserhaushalt haben.

Aufgrund des globalen Wachstums von Bevölkerung, Industrie und Landwirtschaft ist das Interesse am Wasser so groß wie niemals zuvor. Meist kann der Bedarf an größeren Wassermengen in vielen Fällen nur schwer gedeckt werden. Daher ist die Erforschung der einzelnen Faktoren, die den Wasserhaushalt beeinflussen, von großer Bedeutung. Mit ihrer Kenntnis ist es möglich, eine richtige und vorausschauende Wasserbewirtschaftung durchzuführen (DELFS 1955, BARNER 1961, BAUMGARTNER 1979).

Dabei spielt der Wald für die Wasserspeicherung in den meisten humiden Ländern eine sehr wichtige Rolle. Der Einfluss der Waldvegetation auf den Wasserkreislauf besteht unter anderem darin, dass nur ein gewisser Teil des Niederschlags durch den Kronenraum auf den Waldboden gelangt, während der andere Teil von den Blättern, Nadeln, Zweigen und Stämmen zurückgehalten wird und verdunstet. Diesen Prozess nennt man Interzeption. Als ein steuerndes Element des globalen Wasserkreislaufs rückt die Interzeption (Niederschlagszurückhaltung) als Forschungsobjekt immer häufiger in den Mittelpunkt vieler wissenschaftlicher Arbeiten (vgl. z. B. frühere Arbeiten von HOPPE 1896, HORTON 1919, KITTREDGE et al. 1941, LAW 1957, WILM 1943, WITTICH 1954, DELFS 1955, DELFS et al. 1958, LEYTON & CARLISLE 1959, PATRIC 1966, RUTTER 1963,WEIHE 1959, WEIHE 1976, BRECHTEL 1969, MITSCHERLICH 1971, BAUMGARTNER 1979, VENZKE 1990, BEIER & HANSEN 1993, CROCKFORD & RICHARDSON 2000, HASHINO et al. 2002, ZENG et al. 2000, HUANG et al. 2004, HERWITZ & SLYE 1995, SERRATO & DIAZ 1998, NAKAI 1999a, NAKAI

1999b, LUNDBERG & KOIVUSALO 2003, POMEROY & HEDSTROM 1998, POMEROY et al. 1998, POMEROY et al. 2002, HALL 2003, HASHINO et al. 2002).

In den allermeisten Fällen werden dabei Thesen entwickelt, in die die allgemeine Abhängigkeit der Interzeption von meteorologischen Faktoren wie Temperatur-, Luftfeuchtigkeits-, Wind-, Verdunstungs- und Niederschlagsverhältnissen eingeht. Zudem fließen Parameter wie Jahreszeit, Zurückhaltung von Schnee, Einfluss von Baumarchitektur, Bestandesaufbau, -alter und Standraum in die wissenschaftlichen Betrachtungsweisen von Interzeption hinein (BURGER 1943, 1945 & 1954, CASPARIS 1959, EIDMANN 1961, GRUNOW 1959 & 1965, KIRWALD 1952, & 1965, SCHUBERT 1914 & 1917, SCHMIDT, W. 1921, SCHMIDT, H. 1953). Die Ergebnisse bisheriger Messungen beschränken sich zumeist auf Einzelbäume. Deutlich weniger Beachtung findet in diesen Forschungsarbeiten hingegen der Einfluss von Kraut-, Gras- und Moosvegetation sowie Streuschicht auf das Interzeptionsvermögen. In diese Richtung weisende Untersuchungen aus den 1940-er Jahren (STÅLFELT, 1944) zeigen aber, dass die Größe der Interzeption eines Bestandes ganz entscheidend durch eine dichte Gras- und Zwergstrauchdecke beeinflusst werden kann. Ebenso bilden Moos- und Flechtendecke des Waldes eine entscheidende Einflussgröße des Wasserkreislaufs dar (MÄGDEFRAU & WUTZ, 1951).

Der Wassergehalt des Waldbodens wird vor allem durch vier Faktoren bestimmt: durch die Transpiration, die Evaporation, den Oberflächenabfluss und die Interzeption. Folglich kann eine Beeinflussung des Wasserabflusses durch Herabsetzung der Interzeption in Gebieten mit Wassermangel durch die Umwandlung von Wäldern, die viel Wasser in ihren Kronen auffangen, in solche, die weniger Wasser zurückhalten, erreicht werden. Andererseits könne in humiden Gebieten mit starken Niederschlägen der Anbau von Holzarten mit hoher Interzeption und starker Transpiration zu einer Reduktion des Oberflächenabflusses führen. Zudem spielen die winterlichen Schneeniederschläge, die für die sommerliche Wassernachlieferung von Bedeutung sind, eine große Rolle. Aus der Sicht der heutigen Forstwirtschaft werden Bestände angestrebt, die zum einen viel Schnee auf den Boden gelangen lassen, ihn andererseits aber auch länger vor der Sonneneinstrahlung schützen und bei der Schneeschmelze möglichst lange zurückhalten. Optimal eignen sich Mischbestände von Laub- und Nadelwald, da das Laubholz viel Schnee auf den Boden gelangen lässt und das Nadelholz im Frühling Strahlungsschutz vor der Sonne gibt (vgl. DELFS 1955).

Inwieweit die Bodenvegetationsdecke in ihren unterschiedlich mächtigen Stockwerken (Strauch-, Kraut-, Moos- und Humusschicht) einen Einfluss auf die optimale Ausnutzung der Wasserkapazitäten ausübt, liegt in wissenschaftlichen Arbeiten bislang nicht vor.

Natürlich gibt es umfangreiche wissenschaftliche Studien zum Thema Interzeption im Waldbestand der borealen Landschaftszone (vgl. FORD & DEANS 1978, LAW 1957, HEDSTROM & POMEROY 1998). Allerdings existieren nur Untersuchungen innerhalb eines Vegetationsbestandes (v. a. Baumschicht). Aufgrund der semi-ariden Verhältnisse in den Sommermonaten NO-Finnlands, die nur zeitweilig von stärkeren Konvektivniederschlägen unterbrochen werden, ist die Verfügbarkeit von Bodenwasser zur Reduktion der sommerlichen Trocknis äußerst wichtig. Wie hoch der Anteil des Bodenwassers am Gesamtniederschlag beträgt, kann durch Erfassungen von einer Vegetationsschicht nicht beurteilt werden. Demnach besteht wissenschaftlicher Handlungsbedarf in einer detaillierten Analyse des einfallenden Niederschlags auf dem gesamten Vegetationsbestand bzw. in einer Erfassung des Niederschlags in der vertikalen Abfolge: obere Baumschicht – Strauchschicht – Krautschicht – Moosschicht - Streuschicht – humoser Oberboden. Bei einem Wechsel von einer Vegetationsschicht zur nächsten ändert sich die chemische Zusammensetzung der Inhaltsstoffe des gefallenen Niederschlags. Folglich können Auswaschungseffekte in den Kronenbereichen erfolgen, während Vegetationsschichten unterhalb mit Nährstoffen angereichert werden (vgl. SEMKIN et al. 2002). Inwieweit der hydrochemische Zyklus in der vertikalen Vegetationsabfolge von meteorologischen bzw. phänologischen Kenngrößen abhängt, bleibt bislang offen und bietet daher einen weiteren wissenschaftlichen Handlungsspielraum.

1.2 Fragestellungen

1.2.1 Untersuchungen zur Struktur und Dynamik der Sommerniederschläge in Finnisch-Lappland

Um eine gute wissenschaftliche Kenntnis der Ausprägung und Veränderungsprozesse des Klimas und seiner Ursache-Wechselbeziehungen und Rückkopplungen mit den hydrologisch-ökologischen Prozessen zu erhalten, ist es unverzichtbar, das Klimageschehen der Vergangenheit mit einzubeziehen. Angesichts der für den Untersuchungsraum bisher nur in geringem Umfang durchgeführter Grundlagenforschung bezüglich regionaler Erscheinungsformen globaler Klimaänderungen und nicht zuletzt unter dem Gesichtspunkt der besonderen klimatischen und hydrologischen Verhältnisse wurde zunächst eine Studie zur Struktur und Dynamik der Sommerniederschläge in Finnisch-Lappland und seiner angrenzenden Untersuchungsregionen Norwegen, Schweden und Russland erstellt. Als primäres Ziel rückt dabei die statistische Auswertung von Klimazeitreihen und im Ergebnis dessen eine detaillierte Bestandsaufnahme des räumlich wie zeitlich differenzierten Niederschlagsgeschehens in den Mittelpunkt des Interesses. Die Interpretation der Trends ist einerseits für wasserwirtschaftliche Fragestellungen als auch für Abschätzungen regionaler Folgewirkungen globaler Klimaänderungen von großer Bedeutung.

Die Umsetzung der eingangs formulierten Zielstellungen erfordert die Auswahl und Anwendung verschiedener Methoden, mit der Trendanalyse als wesentlichen Schwerpunkt. Daraus ableitend können für diese Studie folgende Arbeitsschritte festgehalten werden:

- Statistische Aufbereitung gemessener Temperatur- und Niederschlagsreihen ausgewählter lappländischer borealer Klimastationen
- Analyse des Trendverhaltens von Jahres-, Monats- und Tagestemperaturen sowie Jahres- und Monatsniederschlägen auf Basis unterschiedlicher Betrachtungszeiträume und Untersuchungsintervalle

Auf dieser Grundlage der aufgeführten Arbeitsschritte lassen sich einige wesentliche Fragestellungen formulieren:
1.) Wie sind die Sommerniederschläge in Nordfinnland hinsichtlich ihrer Menge und Intensität strukturiert?

2.) Welche strukturellen Veränderungen lassen sich während der Zeit der Instrumentenmessungen erkennen?

3.) Welchen Einfluss üben veränderte Wetterlagen als Ausdruck von *Global Climate Change* auf die Niederschlagsdynamik aus?

1.2.2 Untersuchungen zum stratenspezifischen Interzeptionsvermögen

Im zweiten Teil des geplanten Forschungsprojektes, das dieser Arbeit zugrunde liegt, geht es darum, die Relevanz von standörtlich differenzierten Vegetationsabfolgen im borealen Bereich von oberer Baumschicht über Strauch,- Kraut-, Moos- und Streuschicht bis hin zum humosen Oberboden bei unterschiedlichen meteorologischen sowie phänologischen Verhältnissen für die Interzeption zu untersuchen. Die dabei verfolgte Arbeitshypothese ist, dass die Wasserverfügbarkeit für Pflanzen und Boden entgegen aller früheren Arbeiten nicht nur von der hydrometeorologischen Betrachtungsweise einer Vegetationsschicht - nämlich der Baumschicht - abhängt. Die infolge der vertikalen Vegetationsabfolge sich ändernden Interzeptionsverhältnisse üben einen mindestens ebenso, wenn nicht sogar größeren Einfluss auf den Wasserhaushalt eines borealen Bestands aus.

Dabei sollen zunächst allgemeine Fragestellungen behandelt werden:

1.) Wie verteilt sich die Interzeption nach einem Niederschlagsereignis auf die jeweiligen Vegetationsschichten?

2.) Ist eine Abhängigkeit der Interzeption (jeder Vegetationsschicht) von Art (zyklonal, konvektiv), Intensität (Nieselregen, Starkregen, Wolkenbruch) und Dauer des Niederschlags zu erkennen?

3.) Inwieweit üben meteorologische Parameter (Wind, Temperatur, Luftfeuchte) Einfluss auf die Interzeptionswerte der einzelnen Vegetationsstockwerke aus?

Besonders in Regionen mit intensiver Forstwirtschaft lassen sich diese Problemfelder durch weitere Fragestellungen ergänzen:

4.) Übt der Bestockungsgrad bzw. die Art der Pflanze Einfluss auf die Wasserverfügbarkeit der unterhalb gelegenen Vegetationsschichten bzw. des Bodens aus?

5.) Führt eine offene Kronendichte der oberen Baumschicht zur Erhöhung der Wasserverfügbarkeit bzw. zur Abnahme von Verdunstungsverlusten?

Die räumliche Niederschlagsverteilung in der oberen Pedosphäre ist eng mit horizontalen und vertikalen Wasserstrombewegungen verbunden. Die Einbindung des Sickerwasseranteils in die Niederschlagsverteilung stellt einen zusätzlichen Analyseschritt im Rahmen der Erforschung klimawirksamer Elemente dar. Die Umsetzung dieser Zielstellung erfordert die Auswahl und Anwendung verschiedener Methoden, die im folgenden Themenkomplex erarbeitet werden:

6.) Wie hoch ist der anfallende Sickerwassereintrag bei verschiedenen wetterlagenabhängigen Niederschlagsereignissen?

2 Naturräumliche Gliederung des Untersuchungsgebietes

Zunächst erfolgt ein Überblick über die naturräumliche Gliederung des Untersuchungsgebietes hinsichtlich ihrer physisch-geographischen Charakteristika.

2.1 Topographische Lage und administrative Zuordnung

Das Untersuchungsgebiet liegt im nordöstlichen Teil der Republik Finnland etwa 20 km südlich des Polarkreises (66° 20') nahe der russischen Grenze (29° 22') und ist administrativ der Provinz Oulun Lääni zugeordnet (Abb. 1 & 2).
Die Versuchsflächen *Aufforstung* (VF Auf) und *Altbestand* (VF Alt) befinden sich in einem Untersuchungsraum etwa 200 km nordöstlich der Provinzhauptstadt Oulu und 40 km nordöstlich von Kuusamo, Zentrum der Verwaltungsgemeinschaft Koillismaa (finn. = Nordostland). Naturräumlich gehört der Untersuchungsraum zum „Kuusamo-Hochland" östlich der Maanselkä-Hauptwasserscheide zwischen Bottnischem Meerbusen im Westen und Weißem Meer im Osten, in welches die Fließgewässer dieser Region entwässern (KOUTANIEMI 1983).

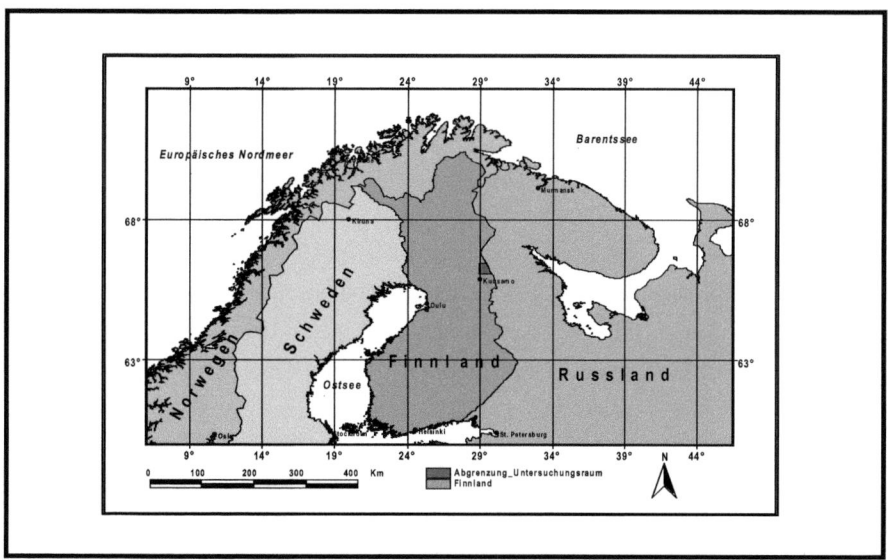

Abbildung 1: Topographische Lage des Untersuchungsgebietes innerhalb Fennoskandiens

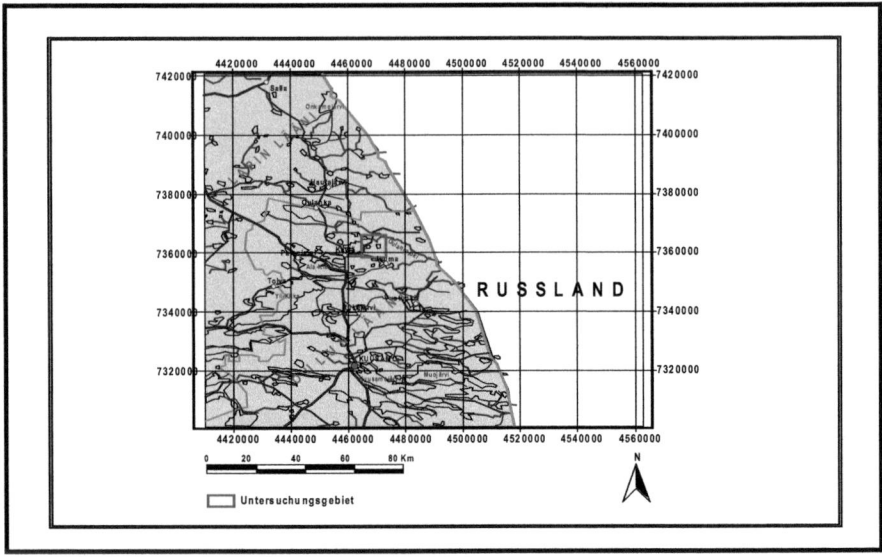

Abbildung 2: Topographische Lage des Untersuchungsgebietes in der finnischen Region Koillismaa

2.2 Geologie und Geomorphologie

Das Relief des Untersuchungsraumes lässt sich in das bereits erwähnte Kuusamo-Hochland und das Tal des Oulankajoki unterteilen. Der geologische Untergrund des Hochlandes, das im Mittel zwischen 240 und 320 m ü. NN liegt, baut sich aus dem Grundgebirge des sog. Baltischen Schildes auf (RIKKINEN 1992). Es besteht zum größten Teil aus kataklastischen, nach ihrer mineralischen Zusammensetzung nach granodioritischen und granitischen Orthogneisen sowie aus von ihnen intrudierten Schiefern (SIMONEN 1971). Das radiogene Alter dieser archaischen Gesteinskomplexe beträgt 2600 bis 2800 Millionen Jahre (KOUVU 1958, WETHERILL et al. 1962, KORSMON et al. 1997). Zudem setzt sich die Lithologie aus präsvekokarelidischen Gneiskomplexen aus der sog. belomoridischen Orogenese (2000 bis 2500 Millionen Jahre) sowie aus Orthoquartziten, Arkosen, Amphibolschiefern und Dolomiten aus der sog. Svekokarelidischen Orogenese (1800 bis 1950 Millionen Jahre) zusammen (SIMONEN 1971, KOUTANIEMI 1999). Der geologische Untergrund ragt je nach petrologischer Härteresistenz unterschiedlich an der Erdoberfläche heraus. In der Region Koillismaa tritt dies in Form nicht bewaldeter Bergkuppen (finn. = tunturi) zu Tage, wie z. B. am Rukatunturi, Riisitunturi und Pyhätunturi (GEOLOGINEN TUTKIMUSLAITOS 1981,

SILVENNOINEN 1991). Demgegenüber offenbaren sich Kuppen der inselberghaft anstehenden Gesteinshärtlinge bewaldet (finn. = vaara), wie z. B. Kiutavaara, Iivaara und Valtavaara (mit 492 m NN höchste Erhebung in diesem Raum). Als weitere landschaftsprägende Elemente finden sich die vom abschmelzenden Eis hinterlassenden Oser, bei denen es sich um langgestreckte wallartige subglazial angelegte Schmelzwasserablagerungen aus Schottern, Kiesen und Sanden handelt, die mit einer Länge von mehreren Kilometern häufig für den Bau von Straßen herangezogen werden (MILITZ 2002). Zum glazial/subglazialen Formenschatz dieser Region gehören auch zusätzlich eine Vielzahl von Drumlins (sog. Drumlin-Felder) und Kames (GLÜCKERT 1973, SÄPPÄLÄ 1984).

Im Vergleich zum Kuusamo-Hochland liegt das mit mittleren Höhen zwischen 135 und 160 m NN zwischen den Bergkuppen eingebettete Tal des Oulankajoki deutlich tiefer. Die in Form eines Grabenbruches während der Svekokarelidischen Orogenese (1800 bis 1950 Millionen Jahre) entstandene Störungszone verläuft in einer NW-SO-Achse (Granit- und Gneiskomplexe sowie Basalte und Tuffite [HÄRME 1986, SILVENNOINEN 1972]; Fortsetzung auf der russischen Seite in Form des tektonisch angelegten Grabensees Paanajärvi und des Flusses Olangajoki [KOUTANIEMI 1979, HÄNNINEN 1912]). Etwa drei Kilometer westlich der Grenze mündet der Kitkajoki von Südwesten in den Oulankajoki. Der Oberlauf des Kitkajoki zeichnet sich durch eine canyonartige Struktur mit annähernd senkrecht aufragenden Uferbereichen aus. Die beiden Fließgewässer sind zudem durch beachtliche Höhenunterschiede zwischen Hochland und Tallage charakterisiert (MATUSZKIEWICZ et al. 1995). Demnach beträgt der mittlere Höhenunterschied des Oulankajoki 100 m (Maximum am Kiutavaara: 225 m); des Kitkajoki zwischen 70 und 100 m. Die Talsohle am Zusammenfluss beider Flüsse markiert das tiefstgelegene Gebiet in Ostfinnland im Umkreis von 600 km (KOUTANIEMI 1984). Da die Richtung verschiedener Vorstöße und Rückzüge des Inlandeises während des Pleistozäns in etwa den Störungsachsen folgten, waren die Erosionsvorgänge besonders effektiv und führten zu Tieferlegungen des Oulankajoki-Tales (AARIO et al. 1974, KOUTANIEMI 1979). Im Holozän vor 9500 Jahren wurde das Landschaftsbild durch glazifluviatile und marine Prozesse weiter verändert (HYVÄRINEN 1973, HEIKKINEN & KURIMO 1977, AARIO 1977, AARIO & FORSSTRÖM 1979, HIRVAS et al. 1981, SEPPÄLÄ 1984). Die im Regressionsstadium befindlichen Gletscher füllten für einen kurzen Zeitraum von 150 bis 200 Jahren den Talboden des Oulankajoki mit glazifluviatilen Sedimenten auf, bevor rein fluviale bzw. äolische Prozesse in der Landschaftsgestaltung dominant waren (KOUTANIEMI 1979). Dazu gehört u. a. die Dünenbildung, die in weiten Teilen des Oulankajoki-Tales bis heute erhalten geblieben ist (KOUTANIEMI 1979). Die infolge der isostatischen Landhebung erhöhte Erosionskraft der Fließgewässer führte zu einer weiteren Tieferlegung der Talsohle. Dabei wurden die postglazialen Sedimente des Oulankajoki zu dieser Zeit um bis zu 35 m tief eingeschnitten (KOUTANIEMI 1979). Im Zuge der Entstehung des Litorinameeres und demnach verringerten Landhebung vor 1500 bis 1600 Jahren fand zunehmend Lateralerosion statt, die in Form von abgetrennten Mäandern noch heute sichtbar ist (z. B. Altarme [KOUTANIEMI & RONKAINEN 1983, KOUTANIEMI 1987]).

2.3 Klima und Hydrologie

2.3.1 Die Klimaverhältnisse in Fennoskandien

Das Klima Finnlands und somit auch des Untersuchungsraumes wird im Wesentlichen aus der nördlichen Breite der Region und den damit jahreszeitlichen Schwankungen im Strahlungs- und Temperaturhaushalt bestimmt. Darüber hinaus ist die Lage Fennoskandiens im System der allgemeinen atmosphärischen Zirkulation in Verbindung mit der relativen Nähe zum Atlantik und der Ostsee im Westen sowie zur eurasiatischen Landmasse im Osten von großer Bedeutung (WALLÉN 1974, SCHWEDLER 1993).

Nach KOUTANIEMI (1999) gehört die Untersuchungsregion gemäß der Klimaklassifizierung von KÖPPEN & GEIGER (1936) makroklimatisch zum kalten Schneewaldklima (Dfc). Dabei beträgt die Durchschnittstemperatur des wärmsten Monats mindestens +10 °C und die des kältesten Monats maximal -3 °C. Zudem sind die Niederschlagsmengen in allen Jahreszeiten gemäßigt (Abb. 3) (KÖPPEN & GEIGER 1936).

2.3.1.1 Temperatur

Die Jahresmitteltemperatur beträgt in Kuusamo -0,6 °C und im Tal des Oulankajoki (Kiutaköngäs) -0,9 °C (Tab. 1). Primär unterscheidet sich das Klima von dem Mitteleuropas darüber hinaus durch größere jahreszeitliche thermische Gegensätze; so liegt die maximale Jahresamplitude der Temperatur im Kuusamo-Hochland bei 70 K und im Tal des Oulankajoki bei 80 K. Die geringsten bzw. höchsten je gemessenen Temperaturen am Kiutaköngäs (Oulanka) lagen bei +31,1 °C und -48,0 °C (KOUTANIEMI 1999).

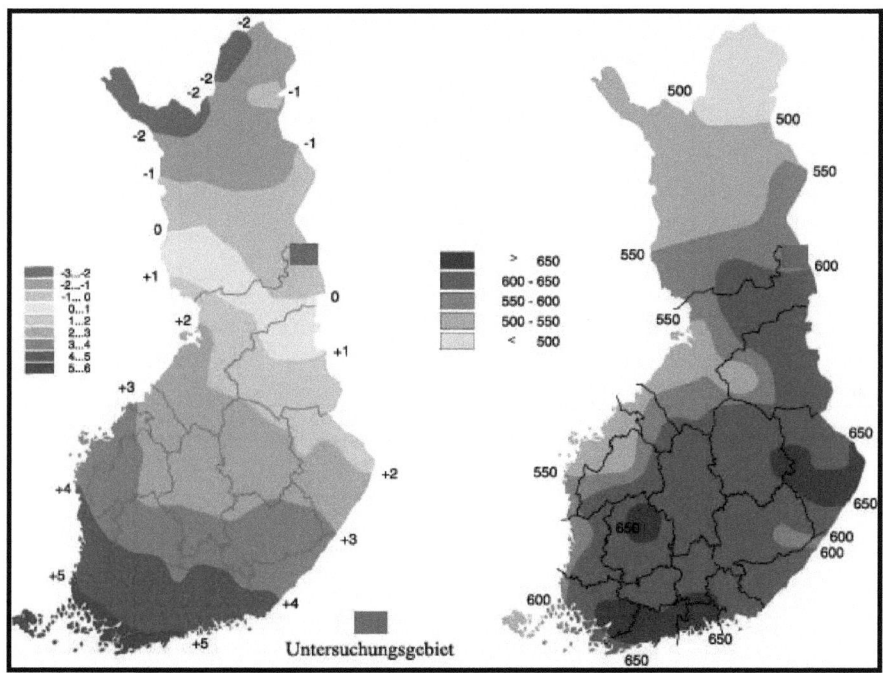

Abbildung 3: Mittlere Jahrestemperatur [°C] sowie mittlerer Jahresniederschlag [mm] in Finnland während des Beobachtungszeitraumes 1971-2000 (verändert nach TVEITO et al. 2001)

Die thermische Gliederung Finnlands spiegelt sich zudem in der Länge der Vegetationsperiode wieder. Diese wird in den Ländern Fennoskandiens über die Anzahl der Tage mit einer mittleren Temperatur von mindestens +5 °C bestimmt (TVEITO et al. 2001). Demnach beginnt die Vegetationsperiode im Südwesten Finnlands in der zweiten Aprilhälfte (16.04.-30.04.), während sie im Norden erst einen Monat später einsetzt (16.05.-31.05.) (TVEITO et al. 2001). Nach lediglich 75 Tagen (16.09.-30.09.) endet die Vegetationsperiode im Hohen Norden Finnlands, während die Photosyntheseaktivität im Süden bzw. Südwesten bis 200 Tage andauern kann (16.10.-31.10.) (TVEITO et al. 2001). Zudem wirken die Höhenlagen in Lappland reduzierend auf die Länge der Vegetationsperiode.

Tabelle 1: Niederschlags- und Temperaturverhältnisse für die Klimastationen Kuusamo und Kiutaköngäs (Oulanka) (KOUTANIEMI 1983, WYSZKOWSKI 1987, STRÄSSER 1998)

	Niederschlag (mm)			Temperatur (°C)		
	Kuusamo (1931-1960)	Kuusamo (1967-1980)	Kiutaköngäs (1967-1980)	Kuusamo (1931-1960)	Kuusamo (1967-1980)	Kiutaköngäs (1967-1980)
Januar	30	32	30	-12,4	-14,0	-15,6
Februar	26	25	24	-12,4	-13,1	-14,8
März	24	28	28	-8,9	-7,3	-7,8
April	30	37	34	-2,0	-2,9	-2,1
Mai	33	37	38	4,6	4,5	4,6
Juni	63	53	51	11,2	11,9	12,2
Juli	64	70	68	14,7	14,4	14,7
August	71	70	69	12,5	11,9	12,0
September	57	65	67	6,6	5,8	6,0
Oktober	48	52	51	0,1	-1,1	-1,2
November	40	50	48	-4,9	-6,4	-7,1
Dezember	32	36	34	-8,9	-10,8	-12,0
Jahressumme/-mittel	518	555	542	0,0	-0,6	-0,9

2.3.1.2 Niederschlag

Im Vergleich zu Mitteleuropa fallen in Finnland weniger Niederschlagsmengen. Die höchsten Jahressummen werden mit annähernd 700 mm im Süden bzw. Südosten Finnlands erreicht (vgl. Abb. 3). Entlang der Süd-Nord-Achse Finnlands nehmen die Niederschlagsmengen nach Norden hin ab und erreichen im Lee des Skandinavischen Gebirges 400 mm (MAANMITTAUSHALLITUS 1988). Aufgrund der räumlichen Ausdehnung Finnlands (von Norden nach Süden ca. 1100 km) sind die Unterschiede von etwa 300 mm relativ gering und liegt in den fehlenden orographischen Gegebenheiten in weiten Teilen des Landes begründet. Demzufolge wirken selbst geringe Landschaftserhebungen wie der Endmoränenkomplex des „Salpausselkä"-Stadiums im Süden Finnlands zu erhöhten Niederschlagsmengen (vgl. Abb. 3). Ausgehend vom Küstenraum des Bottnischen Meerbusens ist ein Anstieg der Niederschlagsmengen in östlicher Richtung zu verzeichnen, der sich durch sommerliche Konvektionsregen infolge erwärmter Landmassen erklärt (JOHANNESSEN 1970). Im gesamten finnischen Raum tritt das Niederschlagsmaximum in den Sommermonaten Juli und August auf (SCHWEDLER 1993). Die jährlichen Niederschlagsmengen im Untersuchungsraum betragen für Kuusamo 555 mm und für Oulanka (Kiutaköngäs) 542 mm (vgl. Tab. 1).

Etwa 30-40% des Jahresniederschlags fallen als Schnee und bilden im Winter eine geschlossene Schneedecke für einen Zeitraum von 80 bis 140 Tagen in den südlichen Landesteilen sowie bis zu 250 Tagen in Finnisch-Lappland (TVEITO et al. 2001). Dabei betragen die Schneemächtigkeiten insbesondere in den Luvlagen der nordostfinnischen Mittelgebirge bis zu 80 cm, zu denen auch das Kuusamo-Hochland hinzugezählt wird (HANNELIUS & KUUSELA 1995).

2.3.1.3 Weitere Einflussfaktoren

Zu den klimabestimmenden Einflussfaktoren zählen zum einen die relative Nähe der Ostsee und des Atlantischen Ozeans mit dem Golfstrom im Westen als auch die große Eurasische Landmasse im Osten (WALLEŃ 1974, SCHWEDLER 1993). Dabei haben Ostsee und Golfstrom ausgleichende Wirkung auf die Temperaturen. Die Durchschnittstemperatur liegt demnach in Finnland um bis zu 10 K über der Durchschnittstemperatur entsprechender Gebiete gleicher geographischer Breite wie etwa Alaska, Kanada, Süd-Grönland oder Nord-Sibirien (MILITZ 2002). Die Klimagunst Fennoskandiens entsteht primär durch den weitgehenden Ausgleich des Strahlungsdefizits durch Advektion wärmerer Luftmassen aus südlichen bzw. südwestlichen Richtungen und der Freisetzung von latenter Wärmeenergie durch Kondensationsprozesse (NORDSETH 1987, SCHWEDLER 1993). Der Lufttransport liegt in der Lage Finnlands in der außertropischen Westwindzone, die sich etwa von 30-60° nördlicher Breite erstreckt, und der sich im Norden anschließenden Polarfront, begründet. In diesem Grenzbereich über dem Atlantik entstehen Zyklonen, die aufgrund ihrer östlichen Zugrichtung wetterbestimmend für Fennoskandien sind (MARTYN 1992). Folglich werden milde und feuchte Luftmassen aus den aus südlicher bzw. südwestlicher Richtung ziehenden Zyklonen herantransportiert, die in den Wintermonaten für Klimamilderung sorgen, in den Sommermonaten jedoch abkühlend wirken (SCHWEDLER 1993). Je nach Zugrichtung der Zyklonen entwickeln sich regional unterschiedliche Wetterlagen. So können beispielsweise Zyklonen aus südwestlicher Richtung relativ ungehindert über Dänemark und dem südlichen Ostseeraum nach Finnland einfließen, während die Skanden als Gebirgsform eine orographische Barriere für Frontensysteme bilden und somit ein Aufgleiten der feuchten Luftmassen mit anschließender Niederschlagsbildung an der Luv-Seite begünstigen. Im östlichen Lee-Bereich der Skanden entwickeln sich unter Wolkenauflösung hingegen Föhnwinde (AARIO 1966, KOUTANIEMI 1983, SCHWEDLER 1993).

Die zonalen Zirkulationssysteme werden zeitweise von meridionalen Zirkulationsmustern, die eine Blockierung der Hauptwindrichtung in den oberen Luftschichten durch Antizyklone bzw. Tiefdruckrinnen und Hochdruckrücken bewirken, abgelöst (WALLEŃ 1974, SCHWEDLER 1993). Die daraus resultierenden Wetterlagen hängen von der Lage der Antizyklone ab (JOHANNESSON 1970, WEISCHET 1991). Als Beispiele für meridionale Zirkulationssysteme werden frühjährliche Wetterlagen aufgeführt, bei denen stabile Antizyklonen über dem Atlantik zu Kaltlufteinbrüchen polarer Luftmassen in Fennoskandien führen und landwirtschaftliche Schäden verursachen. Derartige Kaltlufteinbrüche in Interaktion mit der bereits erwärmten Erdoberfläche nach Ende der Schneeschmelze bewirken ständig wechselnde Wetterlagen mit trockenen Abschnitten und konvektiven Niederschlägen. Aufgrund der Dominanz von Antizyklonen zwischen Zentralrussland und Fennoskandien werden die sommerlichen Hochdruckwetterlagen oft von längeren und warmen Perioden begleitet, während im Winter Hochdruckrücken von Sibirien bis Fennoskandien sehr kalte Luftmassen heranführen können (KOUTANIEMI 1983). Trotz dominanten zonalen Zirkulationsgeschehen ist ein häufiger Wechsel mit meridionaler Strömung unverkennbar. Diese interannualen Variationen führen in gewissem Maße zu deutlichen Schwankungen des Klimas in Finnland bzw. Fennoskandien (WALLEŃ 1974).

Ein weiterer Faktor, der auf die klimatischen Verhältnisse dieses Raumes modifizierend wirkt, stellt die aufgrund der hohen geographischen Breite bedingt saisonal unterschiedlich starke Sonneneinstrahlung dar. Der während der Sommermonate auftretende Strahlungsüberschuss unter Langtag- (ohne Berücksichtigung der Dämmerung) bzw. Dauertagbedingungen (Polartag) ist für Vegetation und Landwirtschaft von großer Bedeutung, jedoch wird das winterliche Strahlungsdefizit nur bedingt kompensiert (TRETER 1993) Aufgrund des geringen Einfallwinkels der Sonne wird ein Großteil der Sonnenstrahlung zudem bereits in der Atmosphäre absorbiert bzw. reflektiert (SCHWEDLER 1993). Somit entsteht ein jährliches Strahlungsdefizit zwischen 523 KWh/m² in den südlichen Landesteilen Finnlands und 779 KWh/m² in Lappland (NORDSETH 1987). Für den Untersuchungsraum ergibt sich ein jährliches Strahlungsdefizit von 700 KWh/m².

2.3.2 Hydrologie

2.3.2.1 Das Abflussverhalten

Eine wichtige hydrologische Kenngröße eines Landschaftsraumes bildet der Jahresabfluss von Fließgewässern. Dabei wird der boreale Abflussgang von einem extrem winterlichen Abflussminimum, in dem der größte Teil des Wassers in Form von Schnee und Eis gebunden ist, charakterisiert. Demgegenüber steht ein durch die Schneeschmelze bedingtes sommerliches Maximum (TRETER 1993). Zudem wirken unterschiedliche Reliefverhältnisse modifizierend auf das größtenteils nivale Abflussgeschehen im fennoskandischen Großraum (GOTTSCHALK et al. 1978). Demnach können in den höheren Mittelgebirgslagen sowie in den ihnen vorgelagerten Regionen u. U. mehrere Schmelzwassermaxima im Abflussgang in Abhängigkeit vom höhenstufenspezifischen Einsetzen der Schneeschmelze auftreten (nivales Abflussregime), während sich dieses Sommermaximum in den kontinentaleren Regionen Nordskandinaviens (Nordfinnland) aufgrund der abnehmenden Niederschläge, aber auch wegen der steigenden Gebietsverdunstung, stetig verringert (KRASOVSKAIA 1995). Zudem führen die im Sommer periodisch auftretenden konvektiven Regenereignisse zu Flutungen kleiner Fliessgewässer, deren Abflussspende die der sommerlichen Schneeschmelze übertreffen kann (NORDSETH 1987). Der mittlere jährliche Abfluss für Oulankajoki beträgt 23 m³/s (Einzugsfläche: 1955 km²), für Kitkajoki 19,3 m³/s (1740 km²) bzw. für Kuusinkijoki 8,7 m³/s (830 km²) (KOUTANIEMI 1987). Die daraus errechnete mittlere jährliche Abflussspende in m³/s/km² beträgt demnach für Oulankajoki 11,8, für Kitkajoki 11,1 und für Kuusinkijoki 10,5 (KOUTANIEMI 1987).

2.3.2.2 Evapotranspiration

Neben Niederschlag und Abfluss stellt die Verdunstung (Evapotranspiration) ein wichtiges Teilglied der Wasserbilanz einer Region dar. Aufgrund der saisonal unterschiedlichen Einstrahlungsverhältnisse und Wasserdargebote können auf Freiflächen im klimatisch günstigeren Süden Finnlands jährlich über 600 mm Wasser verdunsten, in den nordborealen Bereichen Finnlands weniger als 200 mm (TUHKANEN 1984). Dabei ergeben sich regional je nach Landschaftstypus unterschiedliche Verdunstungskapazitäten. Wissenschaftliche

Untersuchungen zum Evapotranspirationsverhalten auf offenen Moorlandschaften und geschlossenen Waldarealen in der Kuusamo-Region belegen ein doppelt so hohes Verdunstungspotenzial für Moore (514 mm) im Vergleich zu Waldarealen (257 mm) (SOLANTIE & JOUKOLA 2001). Die Koinzidenz einer hohen Evapotranspiration verbunden mit einer geringen Anzahl von Niederschlagsereignissen in Mai und Juni kann zu sommerlicher Trocknis führen, welche erhebliche Auswirkungen auf die Landwirtschaft nachzieht (NORDSETH 1984).

2.4 Pedologie

Mit dem Rückzug der quartären Gletschereismassen im Postglazial begann die Pedogenese in Finnland. Das Ausgangssubstrat setzt sich dabei aus verwittertem Schutt abgetragenen anstehenden Gesteins sowie aus Geschiebe zusammen, das aus vom Eis transportierten und erodierten Gesteinsmaterialien besteht (RIKKINEN 1992). Die Mächtigkeit dieser Bodensubstrate variiert zwischen wenigen Zentimetern und etwa 110 m am Rande der Salpausselkä-Eisrandzone (RIKKINEN 1992). Aufgrund der unzureichenden Verwitterung des kristallinen Materials (meist silikatreich) der Moränen sind die gebildeten Böden zumeist durch Basen- und Nährstoffarmut sowie durch eine schwache Pufferkapazität gekennzeichnet (AALTONEN 1952). Zu den charakteristischen Böden zählen flachgründige Syroseme, saure und nährstoffarme Ranker und Podsole, dem zonalen Bodentyp der borealen Landschaftszone (RIKKINEN 1992, TRETER 1993, SCHULTZ 2002, RICHTER 2001). In dessen Profilaufbau drücken sich die für diese Zone typischen pedogenetischen Prozesse wie hohe Perkolation unter humiden Klimabedingungen, hoher Eintrag von organischen Säuren aus der Koniferen- und Zwergstrauchschicht sowie die aufgrund der thermisch eingeschränkten bodenbiologischen Aktivität relativ geringen Streuabbauraten aus (SCHULTZ 2002). Zudem führt die eingeschränkte Kationenaustauschkapazität, bei der etwa ein Viertel durch Nährstoffionen abgedeckt ist, zu einer hohen Bodenazidität (pH-Werte: 4,0-4,5).

In den kontinentaleren Regionen, zu welchen auch das Untersuchungsgebiet gezählt werden darf, werden Podsole von Rasenpodsolböden mit verbesserten bodenbiologischen Bedingungen oder Braunerden abgelöst (sog. Cambisole) (SCHULTZ 2002). Entwicklungsphasen von Bodenbildungen auf Karbonatgesteinen, die zur Ausprägung intrazonaler Rendzinenböden führen könnten, sind im Untersuchungsgebiet nicht beobachtet worden (SEIFFERT 1981). Vielmehr handelt es sich hierbei um Kalke und Dolomite mit wechselnden, erheblichen Anteilen von karbonatisch gebundenem Eisen (SEIFFERT 1981).

Neben den in der borealen Landschaftszone dominanten Podsolen (bzw. teils Braunerden) treten insbesondere an grundwasser- und stauwasserbeeinflussten Standorten azonale hydromorphe Böden wie Pseudogleye, Gleye und Auenböden auf (MILITZ 2002). Dabei beanspruchen Moorböden (Histosole) den größten Flächenanteil in diesen Regionen. In der nordborealen Zone Finnlands nehmen Histosole >70% der Landesfläche ein (DIERSSEN 1996). In Finnland werden prinzipiell zwei morphologische Moorkomplex-Großtypen unterschieden: Hochmoor und Aapamoore (Strangmoore), deren regionale Verteilung im Wesentlichen von Temperatur und Feuchtigkeit abhängt (SEPPÄ 1996). Während die Verbreitung der zumeist ombrotrophen Hochmoorkomplexe, die genetisch in Plateau-Hochmoor, konzentrisches Hochmoor und exzentrisches Hochmoor zu unterscheiden sind, auf feuchten Standorten in Regionen südlich des 63. Breitengrades beschränkt ist, schließen sich nördlich davon die minerotrophen Moortypen, Aapamoore und Palsenmoore, an (SEPPÄ 1996). Aapamoore, die einen speziellen Typ eines Zwischenmoores darstellen, zeichnen sich durch einen in der Landschaft deutlichen Reliefwechsel dar. Dabei werden die höheren, trockenen Stränge (länglich geformte Bulten) von den tiefer liegenden, nassen Schlenken (finn. rimpis) unterschieden (SEPPÄ 1996). Während die Bulten überwiegend ombrotroph sind, werden die nassen Schlenken mit Grundwasser versorgt (DIERSSEN & DIERSSEN 2001). Grundlegend wird der Untersuchungsraum der Aapamoorzone von Peräpohjola zugeordnet (RUUHIJÄRVI 1960, EUROLA & RUUHIJÄRVI 1961), deren Nährstoffeintrag vorwiegend aus der Frühjahrsüberflutung erfolgt (HANNELIUS & KUUSELA 1995).

2.5 Vegetation

Der größte Teil Finnlands gehört zur borealen Nadelwaldzone (Taiga), die sich auf der Nordhemisphäre zirkumpolar über Eurasien und den nördlichen Bereich Nordamerikas auf einer Breite von 700 bis maximal 2000 km erstreckt. Lediglich die baumlosen Gipfel der lappländischen Berge zählen zur alpinen Höhenstufe, die der arktischen Zone weitgehend ähnelt (RIKKINEN 1992, TRETER 1993, SCHULTZ 2002). Die herausragenden Merkmale der borealen Wälder, die immerhin einen Anteil von 70% an der Gesamtfläche Finnlands beanspruchen, sind die eindeutige Dominanz der Koniferen und eine dadurch bedingte physiognomische Homogenität sowie die Artenarmut in der Baumschicht als auch in der

Bodenvegetation (TRETER 1993). Innerhalb des großräumigen Areals der borealen Waldländer sind nur vier Koniferengattungen (*Picea*, *Pinus*, *Abies* und *Larix*) mit jeweils nur wenigen Arten vertreten (TRETER 1993). Laubbäume, die trotz der Dominanz an Koniferen ein kennzeichnendes Element borealer Nadelwälder bilden, treten in nur wenigen Gattungen (*Betula*, *Alnus*, *Salix* und *Populus*) mit ebenfalls nur wenigen Arten auf. Diese Artenarmut liegt in dem relativ späten Rückzug des Skandinavischen Inlandeises vor 10000 Jahren begründet, in dem erst wenige Arten aus nicht vereisten Regionen wieder eingewandert sind (MOEN 1999).

Die großräumige Verbreitung von charakteristischen Waldformationen, die in unmittelbarer Abhängigkeit von groß- und regionalklimatischen Verhältnissen stehen, führt zu einer Unterteilung der borealen Nadelwaldformationen in phytogeographische Regionen (Vegetationszonen):
- die nördliche Taiga (umfasst die Waldtundra sowie das offene Waldland),
- die mittlere Taiga (eigentliche Kernraum der borealen Zone) und
- die südliche Taiga (z. T. auch Übergänge zu südlichen Laubwaldformationen [hemiboreale Zone]) (HÄMET-AHTI 1981, RIKKINEN 1992, DIERSSEN 1996, MOEN 1999).

Ein von Nord nach Süd innerhalb dieser Zonen vollziehender kontinuierlicher Wandel, der sich in einem veränderten Arteninventar, in einer größeren Dichte und Höhe der Bestände sowie in einer Zunahme der Produktivität der Wälder zeigt, wird zudem von einem sektoralen bzw. meridionalen Wandel, der durch den Kontinentalitätsgradienten hervorgerufen wird, überlagert (TRETER 1993).

Trotz der Baumartenarmut sind die borealen Nadelwälder von eine strukturellen Vielfalt und räumlichen Heterogenität gekennzeichnet. Die größtenteils mosaikähnlich ausgeprägten, räumlich eng benachbarten Waldformationen unterschiedlicher Dichte, Höhe, Schichtung und Altersklassen, repräsentieren die verschiedensten Phasen der Regeneration bzw. Stadien der Bestandssukzession. Auslöser bilden hierbei insbesondere Feuer, Forstschädlinge, Windwurf und Kahlschlag (TRETER 1993). Aufgrund der zeitlichen Variabilität der Störungsereignisse gewinnt der von Artenarmut geprägte monotone Charakter eines borealen Waldes durch die strukturelle und räumliche Diversität ein belebendes Element hinzu.

Eine grundlegende Einteilung der finnischen Waldtypen geht auf frühere Arbeiten von CAJANDER (1909, 1949) zurück. Dabei wurden insbesondere die auf Mineralböden ausgeprägten Waldformationen hinsichtlich ihrer Vegetationsdecke (von nährstoffreich nach nährstoffarm) unterschieden:

- *Oxalis-Maianthemum*-Typ,
- *Oxalis-Myrtillus*-Typ,
- *Vaccinium*-Typ,
- *Calluna-Typ* und
- *Cladonia-Typ* (CAJANDER 1949).

Diese Strukturtypen wurden durch Angaben zu dominanten Kraut- und Kryptogamenschichten ergänzt (KALELA 1958, 1961, KUJALA 1961, 1979). Zudem geben die seit Beginn der 1920-er Jahren periodisch ablaufenden finnischen Waldinventurmaßnahmen Informationen zu Nutzungsstrukturen administrativer und ökonomischer Art (Kapitalintensivierung der natürlichen und aufgeforsteten Waldnutzungsflächen) sowie Fragen nach den Eigentümerverhältnissen von forstwirtschaftlich genutzten Flächen (FINNISH STATISTICAL YEARBOOK OF FORESTRY 2007).

In der mit größtenteils Zwergsträuchern, Moosen und Flechten vorherrschenden Bodenvegetation sind wie in der darüberliegenden nur wenige Arten flächendeckend dominant und aspektbestimmend. Unter den Zwergsträuchern dominieren die *Ericaceae* (*Vaccinium*, *Ledum*, *Arctostaphylos*, *Empetrum*), von denen vor allem die zahlreichen *Vaccinium*-Arten überwiegen. Zudem tritt die für Nordeuropa charakteristische *Betula nana* hinzu. Die Bodenvegetation der borealen Nadelwälder in Nordeuropa wird zudem durch die zirkumpolaren Federmoose *Pleurozium schreberi* und *Hylocomium splendens* (auf mäßig feuchten und sauren Standorten), *Sphagnum*-Arten und Flechten der Gattungen *Cladonia* und *Cladina* (bei zunehmender Trockenheit und Nährstoffarmut auf meist trockenen, sandigen Substraten) ergänzt (TRETER 1993).

Der Oulanka Nationalpark (in unmittelbarer Nähe zum Untersuchungsgebiet) ist aufgrund seines floristischen Artenreichtums seit mehreren Generationen Ziel zahlreicher Expeditionen gewesen (vgl. SÖYRINKI 1961, 1970, SAARI 1978, 1984, VASARI 1969). Das diesen Untersuchungen gewonnene Untersuchungsmaterial aus den 1960-er und 1970-er Jahren konnte eine wissenschaftliche Basis schaffen, aus der taxonomische Entscheidungen getroffen worden sind. Die speziell auf die Beobachtungen von Gefäßpflanzen ausgerichtete

Bestandsaufnahme erbrachte 429 Arten und 49 Hybriden (SÖYRINKI & SAARI 1980). Neben den günstigen edaphischen Bedingungen (anstehendes Kalkgestein, Moränenmaterial, alluviale Ablagerungen des Oulankajoki) spielen auch die topographische Lage und die Geomorphologie eine wichtige Rolle für den floristischen Artenreichtum in der Kuusamo-Region. Dabei ermöglicht die Nähe des Untersuchungsgebietes zu den Hochflächen der Halbinsel Kola über ostwärts offene Flusstäler optimale Einwanderungsmöglichkeiten östlicher beheimateter Pflanzenarten. Die nach Norden und Nordosten geneigten Felswände der schluchtartigen Täler, die auch tagsüber beschattet sind und demgemäß kühl und feucht sind, schaffen somit mikroklimatische Verhältnisse, die jenigen der weiten Hochflächen Fennoskandiens erinnern (SÖYRINKI & SAARI 1980). Zu diesen charakteristischen Hochflächenpflanzen zählen u. a. *Dryas octopetala* und einige Arten der *Saxifraga*-Gattung. Neben den Relikten der Landeisschmelze gehören auch einige Vertreter der kälteresistenten und lichten Steppenflora, wie z. B. *Draba cinerea*, zum Arteninventar der Kuusamo-Region. Diese konnten sich vorwiegend an den Dolomitfelsen und kiesigen Flussufern neue Zufluchtsstätten suchen. Das zahlenmäßig größte Einwanderungselement der Flora im Oulanka Nationalpark bilden die sog. Taiga-Pflanzen. Zu ihnen gehören u. a. *Diplazium sibiricum, Calypso bulbosa, Eriophorum brachyanterum, Carex capitata, Carex heleonastes, Carex laxa, Daphne mezereum, Viola selkirkii, Epilobium davuricum, Galium trifolium* und *Rosa majalis* (SÖYRINKI & SAARI 1980). Einen weiteren Grundstock der floristischen Varietät bilden die während der nacheiszeitlich eingewanderten ozeanischen bzw. indifferenten Arten, wie z. B. einige Vertreter der *Salix*- und *Equisetum*-Gattungen sowie *Parnassia palustris* und *Petasites frigidus* (SÖYRINKI & SAARI 1980). Relikte einer im Spätglazial von Nordosten her erfolgten Einwanderungsbewegung kontinentaler Steppenpflanzen, wie z. B. *Silene tatarica* und *Erigeron acer*, konnten sich aufgrund veränderter klimatischer Verhältnisse (Subatlantikum), die zu großräumigen schattigen Fichtenwäldern und zu einer Intensivierung führten, nur an besonders günstigen Standorten halten (Karbonatböden; hainartige, lichte Wälder; trockene Uferbereiche) (SÖYRINKI & SAARI 1980).

2.6 Forstwirtschaftliche Nutzung

Finnland gehört mit einer forstwirtschaftlichen Nutzfläche von derzeit 23 Millionen Hektar neben Kanada, den USA, Deutschland, Schweden, Russland und Frankreich zu den führenden Holzlieferanten der Welt (FINNISH STATISTICAL YEARBOOK OF FORESTRY 2007). Dabei wird insbesondere auf den enormen Holzreichtum der borealen Nadelwälder zurückgegriffen, aus denen eine jährlich Rohholzmenge von 70 Millionen m³ entnommen wird (FINNISH STATISTICAL YEARBOOK OF FORESTRY 2007). Der stetig wachsende Holzverbrauch (1920: 35 Millionen m³; 2006: 82,6 Millionen m³) in den Holz-, Zellstoff- und Papierindustrien findet in deren Erzeugnissen insbesondere auf den mitteleuropäischen Märkten zunehmend Abnehmer. Aufgrund der Gebietsabtretungen nach dem finnisch-sowjetischen Winterkrieg 1939/1940 (13% der damaligen finnischen Waldfläche: Südostkarelien, Salla und Petsamo) sind Kompensationsmaßnahmen forstwirtschaftlich nutzbarer Flächen auf finnischem Terrain auferlegt worden, die zu einem Anstieg des Eigenbedarfs in der finnischen Bevölkerung ab den 1950-er Jahren führte (FINNISH STATISTICAL YEARBOOK OF FORESTRY 2007). Der systematische Aufbau einer großräumigen Forstindustrie (jährliche Holzergiebigkeit: >1 m³/ha), dessen Produktionsbestand um 30 Millionen m³ pro Jahr anwächst (1921-1924: 1,59 Mrd. m³; 2004-2006: 2,19 Mrd. m³), impliziert die räumliche Verlagerung von forstwirtschaftlich nutzbaren Flächen in z. T. klimatische Ungunstregionen (z. B. Moore). Weit über die Hälfte der ehemals neun Millionen Hektar großen Moorfläche Finnlands wurden bzw. werden durch intensive Drainage-Maßnahmen in produktives Waldland überführt (FINNISH STATISTICAL YEARBOOK OF FORESTRY 2007). Zudem weisen zahlreiche Waldareale, deren damaliger Baumbestand eine homogene Altersstruktur offenbarte (mittlerer Anteil der 150-jährigen Bäume 1921-1924: 20%; mittlerer Anteil der 10- bis 50-jährigen Bäume zwischen 1921-1924: 35%), signifikante Verjüngungstendenzen auf (mittlerer Anteil der 150-jährigen Bäume zwischen 2004-2006: 8%; mittlerer Anteil der 10- bis 50-jährigen Bäume zwischen 2004-2006: 80%), die das Ergebnis einer jahrzehntelang andauernden Phase intensiver Rodungen (Kahlschlag) und Wiederaufforstung darstellen (FINNISH STATISTICAL YEARBOOK OF FORESTRY 2007). Die Bestandesstruktur der forstwirtschaftlich nutzbaren Flächen baut sich überwiegend aus Arten der für die borealen Regionen Nordeuropas charakteristischen Gattungen *Pinus* (*Pinus sylvestris* 65,5%), *Picea* (*Picea abies* 23,7%) und *Betula* (*Betula pendula* 2,7% & *Betula pubescens* 6,1%) auf. Hinzu kommen nemorale Arten wie *Populus tremula* und *Alnus spec.*, die einen jeweiligen Anteil von 0,3% aufweisen (FINNISH STATISTICAL YEARBOOK OF FORESTRY 2007).

So wie sich die großräumige Zusammensetzung und Verteilung der Vegetation im Zuge früherer klimatischer Umbrüche immer wieder geändert hat, sind auch unter dem derzeitigem globalen Klimawandel nennenswerte Veränderungen der weltweiten Vegetationsverbreitung und der daran gekoppelten Ökosystemprozesse zu erwarten (GERTEN 2008). Eine Reaktion natürlicher terrestrischer Waldökosysteme stellt die aufgrund der in diesen Regionen besonders deutlich ansteigenden Temperaturen und einer damit einhergehenden verlängerten Wachstumsperiode, die im Zusammenhang mit erhöhten Niederschlägen und erhöhter CO_2-Konzentration zu gesteigerter Biomasseproduktion führen, polwärtige Wanderung der borealen Waldgrenze dar (SCHAPHOFF et al. 2006). Errechnungen spiegeln den Befund wieder, dass pro Grad Temperaturerhöhung die Ökozonen hypothetisch um nahezu 200 km polwärts bzw. 200 m in die Höhe wandern (DE GROOT 1987, OZENDA & BOREL 1990, KELLOMÄKI 1995, TALKKARI 1998, BRICEÑO-ELIZONDO et al. 2006a, GARCIA-GONZALO et al. 2007a, PUDAS et al. 2008). Im Gegensatz zum zunehmenden Waldanteil am nördlichen Rand der borealen Zone deutet sich für die zentrale und südliche boreale Zone an, dass die derzeit dominanten Nadelwälder streckenweise zugunsten von nemoralen Arten zurückgedrängt werden (GERTEN et al. 2005, SCHOLZE et al. 2006). Die infolge des Klimawandels verbesserten Wachstumsbedingungen für viele Baumarten in der borealen Nadelwaldzone schaffen ein zusätzliches Potential zukünftig nutzbaren Holzes. Modellrechnungen, die die Auswirkung verschiedener Klimaszenarien auf das Wachstumspotential der borealen Baumarten simuliert, ergaben eine Verdreifachung der jährlich anwachsenden Holzmenge unter veränderten Klimabedingungen, während der jährliche Zuwachs unter derzeitigen klimatischen Verhältnissen stagniert (Abb. 4).

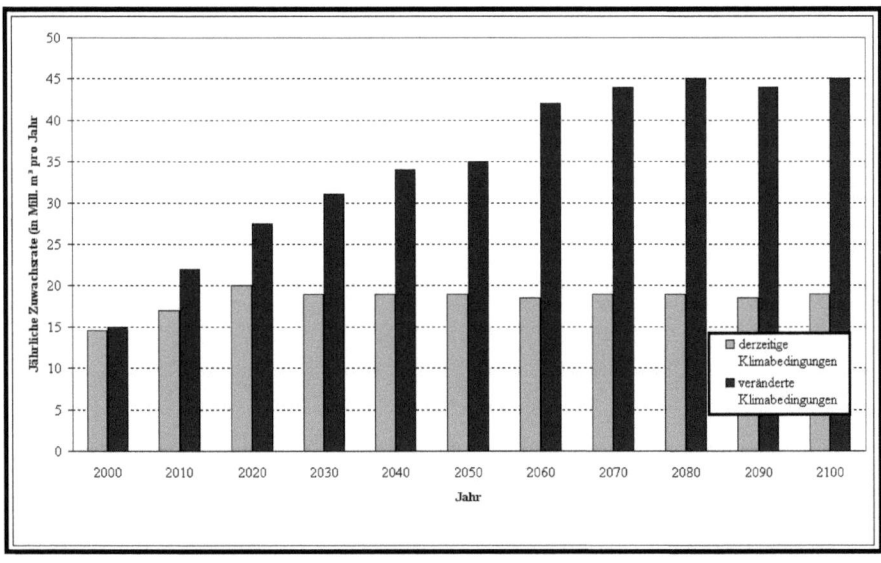

Abbildung 4: Jährliche Volumenzunahme in Nordfinnland unter derzeitigen und veränderten Klimabedingungen (TALKKARI 1995)

Für die Forstökonomie von weitaus größerer Bedeutung stellt die Nutzholzeffizienz borealer Nadelwälder unter veränderten Klimaverhältnissen dar. Modellrechnungen ergaben eine deutliche Zunahme der jährlich anfallenden Holzerntemenge von 5 Millionen m³ im Jahre 2010 auf etwa 40 Millionen m³ im Jahre 2100 (Abb. 5). Demgegenüber steht ein vergleichsweise geringer Zuwachs an jährlich anfallender Erntemenge bei derzeitigen Witterungseinflüssen (Abb. 5).

Neben Volumenzunahme bzw. Ernteertragssteigerung von Nutzholz können klimaändernde Faktoren erhebliche Einflüsse auf die Bestandsstruktur von borealen Wäldern in Nordfinnland ausüben. Dabei nimmt nicht nur die Menge des borealen Baumbestandes von 400 Millionen m³ (2010) auf 900 Millionen m³ (2100) zu, sondern unterliegt zudem einem signifikanten Umgestaltungsprozess (TALKKARI 1995). Demnach dürfte am Ende des 21. Jahrhunderts die Dominanz der Koniferen in borealen Waldarealen zunehmend zugunsten von nemoralen Arten wie *Betula pendula* zurückgehen (SYKES & PRENTICE 1995).

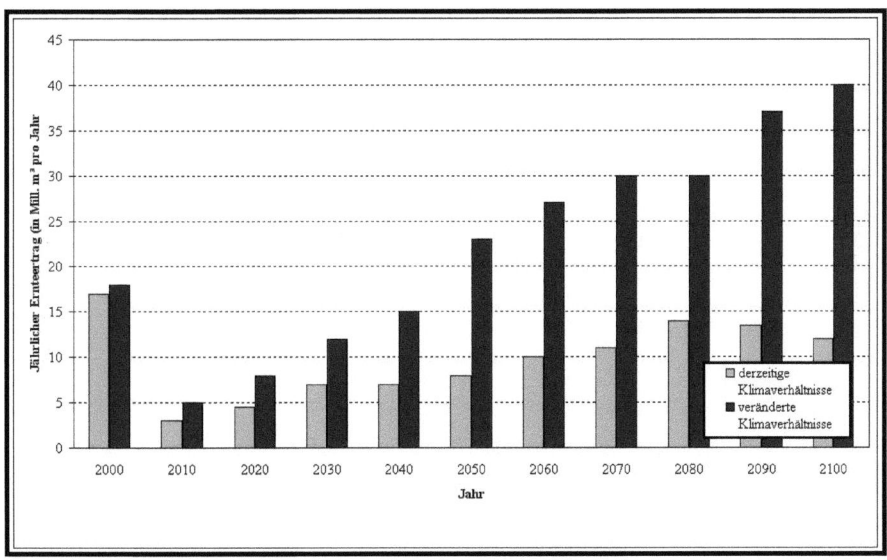

Abbildung 5: Mittlerer jährlicher Ernteertrag in Nordfinnland unter derzeitigen und veränderten Klimabedingungen (TALKKARI 1995)

Nach derzeitigen Berechnungen zukünftiger Temperatur- und Niederschlagsverhältnisse ergeben sich insbesondere für den nordfinnischen Raum neue Perspektiven einer forstwirtschaftlichen Inwertsetzung großräumiger Holzvorräte. Der Umstand, dass 27,8% der nordborealen Fläche Finnlands (2,5 Millionen m³) unter Naturschutz steht (im Vergleich: hemiboreale Zone: 0,9%; südliche boreale Zone: 0,7%; mittlere boreale Zone: 2,9%), dürfte forstwirtschaftlichen Expansionsbestrebungen z. T. beeinträchtigen.

2.7 Anthropogene Einflüsse

Die ältesten Spuren einer menschlichen Besiedlung Finnlands stammen aus der Zeit nach dem Ende der letzten Eiszeit um 8500 v. Chr. Die folgenden Jahrtausende sind zunehmend von zuwandernden Völkern v. a. aus dem Baltikum (indogermanischer Sprachraum) und dem Ural (ugrischer Sprachraum) geprägt (MILITZ 2002). Im Untersuchungsraum lebten ab dem Mesolithikum ausschließlich Sámi, die in halbnomadisierender Wirtschaftsweise von der Jagd, dem Fischfang und der Haltung kleinerer Rentierherden lebte (VASARI 1990). Eine dauerhafte Besiedlung der Region erfolgte etwa im 17. Jahrhundert im Zuge der ostfinnischen Expansionspolitik. Mit Hilfe der Brandrodung, die für den ostfinnischen Raum bis auf das 5. Jahrhundert zurückdatiert wird (vgl. VUORELA & KANKAINEN 1993), konnten neue Ackerflächen gewonnen werden, die den Anbau von Roggen und Gerste für einen Zeitraum von 40 bis 50 Jahren, wenn auch mit abnehmenden Erfolg, ihren Nutzern ermöglichte (VASARI 1990). Der Besiedlungsdruck und die Brandrodung führten zu einer Verdrängung der Sámi bis 1720 und zu einer Vernichtung der Primärwälder im Zeitraum 1680-1870, von der auch einige Flächen des heutigen Nationalparks betroffen waren. Mit dem Ausklingen des 19. Jahrhunderts endete die Brandrodung durch staatliche Sanktionen und fehlende Primärwälder, die zu einer Zunahme der Viehhaltung und in deren Folge zur Heugewinnung in trockeneren Mooren führte (VASARI 1990).

Unter Einflussnahme menschlicher Aktivitäten stand die Region um den Oulankajoki am Ende des 19. Jahrhunderts, als im Zuge des Eisenbahnbaus der Strecke Murmansk–St. Petersburg große Holzmengen benötigt wurden. Aufgrund der west-ost-gerichteten tektonischen Störungszone des Oulankajoki konnte der Abtransport des geschlagenen Holzguts ohne größere Probleme per Flößerei auf dem Wasserweg via Paanajärvi, Olangajoki und Paajärvi hin zum Weißen Meer erfolgen (SIMULA & LAHTI 2005). Die intensiven Einschläge im 19. Jahrhundert führten zu einer weitgehenden Dezimierung des Altbestandes im heutigen Bereich des Oulanka Nationalparks (SIMULA & LAHTI 2005).

Naturräumliche Gliederung des Untersuchungsgebietes

Die Region um den Oulankajoki wurde bereits im 19. Jahrhundert Gegenstand von Diskussionen um die Bewahrung seiner geomorphologischen und botanischen Besonderheiten. Im Jahre 1910, nachdem bereits 1897 erste Forderungen nach der Einrichtung eines Nationalparks im Umland von Kuusamo gestellt worden sind (KALLIOLA 1980), wurde das Oulankajoki-Savinajoki-Kitkajoki-Gebiet als einer von drei möglichen Nationalparks vorgeschlagen (SIMULA & LAHTI 2005). Obwohl bereits 1928 ein Antrag zur Einrichtung eines Nationalparks im Oulankajoki- und Kitkajokigebiet vorlag, zogen sich die weiteren Verhandlungen aufgrund von ungeklärten Eigentümerverhältnissen zusehends hin. Die Gründung des nach dem Oulankjoki benannten Nationalparks erfolgte erst 1956 im Zuge einer Ausweisung von landesweit zwölf Naturreservaten und sieben Nationalparks durch den Beschluss des finnischen Parlaments, nachdem noch in den frühen 1950-er Jahren über die hydro-elektrische Nutzung aus dem Oulanka- und Kitkajoki spekuliert wurde (SIMULA & LAHTI 2005). Die Flächen des 107 km² großen Nationalparks unterlagen aber bereits zuvor den grundlegenden Prinzipien des Naturschutzes (SÖYRINKI & SAARI 1980). Die Erweiterung des Parks in den Jahren 1982 und 1989 umfasste die nördlichen Moorbereiche und die Flächen im Unterlauf des Kitkajoki. Heute weist der Oulanka Nationalpark eine Fläche von 269 km² auf (SIMULA & LAHTI 2005). Im Jahre 2006 feierte der Nationalpark sein 50-jähriges Bestehen, dessen steigende Bedeutung in die Ausweisung eines internationalen PAN-Parkes (zusammen mit dem Paanajärvi Nationalpark auf der russischen Seite) wertgeschätzt wurde. Im Nationalpark betreibt die Universität Oulu seit 1966 eine Forschungsstation, auf deren Gelände eine Wetterstation steht.

Heute wird die Untersuchungsregion hauptsächlich von der Forst- und Landwirtschaft sowie vom Tourismus genutzt. Aufgrund des Infrastrukturausbaus gewinnt der touristische Sektor zunehmend an Bedeutung (VASARI 1990). Zu diesen gehören u. a. die Wintersportanlagen am Rukamassiv, die Raftingstrecken auf dem Kitkajoki sowie die Kanutouren auf dem Oulankajoki. Der Nationalpark ist überregional durch den etwa 80 km langen „Bärenpfad" (Karhunkierros) und mehreren kürzeren Wanderrouten sowie einem Natur- und einem historischen Lehrpfad bekannt. Das südlich der Forschungsstation gelegene Informationszentrum der Nationalparkverwaltung trägt überdies mit Schautafeln und wechselnden Ausstellungen zum Verständnis der naturräumlichen Gegebenheiten bei (SCHWANTZ 2004). Wissenschaftliche Studien zum Tourismusverhalten im Oulanka Nationalpark ergaben für 2006 eine Besucherzahl von 173000 (TÖRN et al. 2007).

Landwirtschaftliche Nutzflächen beanspruchen 2% des Untersuchungsraumes, das etwa dem Durchschnitt der Gemeinde Kuusamo entspricht (VASARI 1990). Diese Flächen werden primär zur Heugewinnung als Viehfutter genutzt (HÄKKILÄ 1999). Zudem existiert im Untersuchungsraum die Rentierhaltung, deren Beweidung auch nicht abgezäunte Flächen unterliegen.

Neben der Landwirtschaft gehört die Holzwirtschaft zu den augenfälligsten Nutzungen in der Untersuchungsregion. Bis in das frühe 20. Jahrhundert waren auch zahlreiche Flächen des heutigen Nationalparks vom Einschlag betroffen (SÖYRINKI & SAARI 1980). Mit der Schließung der Grenze nach Russland nach dem Zweiten Weltkrieg und den damit verbundenen Ende der Flößwege endete die Einschlagstätigkeit. Rezent wird aufgrund des enormen Holzbedarfs außerhalb des Nationalparks gerodet und anschließend meist aufgeforstet, wobei auch Flächen in Gewässernähe und in höheren Lagen einbezogen werden (KOUTANIEMI 1983, TOLVANEN & KUBIN 1990). Zudem hat sich in der europäischen Borealis eine Plantagenwirtschaft durchgesetzt, in der sich Einschlag, Bodenmelioration, Aufforstung sowie erneuter Einschlag zyklenweise abwechseln (HEIKKINEN 1988, ÖSTLUND et al. 1997).

3 Angewandte Methoden und Struktur der Versuchsflächen

3.1 Struktur und Dynamik der Sommerniederschläge in Finnisch-Lappland

Vor dem Hintergrund veränderter hydrologischer Messparameter wurden zunächst Sommerniederschläge hinsichtlich ihrer Struktur und Dynamik in Finnisch-Lappland mit Hilfe von Daten ausgewählter Klimastationen (keine Gebirgsstationen) über einen möglichst langen Zeitraum untersucht.

3.1.1 Datenauswahl

Obwohl bereits in der zweiten Hälfte des 19. Jahrhunderts erste Atlanten über die Temperatur- und Niederschlagsverhältnisse Finnlands in sorgfältiger Handarbeit erstellt wurden, beschränkte sich die seinerzeit verfügbare Datenmenge zunächst nur auf wenige Klimastationen in Süd-Finnland (vgl. VESELOWSKY 1857, WILD 1887, HEINO 1978). Die Anzahl der nordfinnischen Beobachtungsstationen erhöhte sich von vier Messstationen im Jahre 1928 auf 33 im Jahre 1960; lag dennoch hinter den südfinnischen Stationen (1960: 168) zurück (vgl. HELIMÄKI 1967, HEINO 1983, KOLKKI 1981). Der in den 1970-er und 1980-er Jahren kontinuierliche Ausbau manuell betriebener sowie automatisch registrierender Wetterstationen führte zu einer Verdichtung des meteorologischen Messnetzes in Finnland (FMI 2008a, 2008b). Zum gegebenen Zeitpunkt (28.08.2008) verfügt der finnische Wetterdienst über 453 Wetteraufzeichnungsstationen, die hinsichtlich ihrer Messbestimmung in Wetterstationen (47), automatisch registrierende Stationen (147), Klimastationen (15), Niederschlagssammler (195), Maststationen (7), Vorrichtungen zur Bestimmung der Sonnenscheindauer bzw. der Solarbilanz (31), Radiosonden (3) und Wetterradare (48) unterschieden werden (FMI 2008a-2008h). Demgegenüber stehen 720 Stationen, die seit Beginn der Wetteraufzeichnung aufgegeben worden sind (FMI 2008i-2008p). Insbesondere die Standorte mit den Niederschlagssammlern, die ab den 1960-er Jahren errichtet worden sind, verloren in den frühen 1990-er Jahren zunehmend an Bedeutung (486), so dass eine lückenlose Aufzeichnung der Daten zum Niederschlagsverhalten in Finnland nur an wenigen Standorten verfügbar ist bzw. sich der Zeitraum auf 30 Jahre (1978-2007) beschränkt (FMI 2008l).

Aufgrund eines nur im begrenzten Umfange bereit stehenden meteorologischen Messnetzes in Finnisch-Lappland konnte eine Analyse des sommerlichen Niederschlagsregimes daher nur an 12 Messstationen erfolgen (Abb. 6). Diesbezüglich wurden Daten einiger angrenzender lappländischer Stationen Norwegens (Anzahl: 3 Stationen), Schwedens (7 Stationen) und Russlands (7 Stationen) in die Betrachtung mit einbezogen (Abb. 6). Das auf Tagesbasis umfangreiche Datenmaterial der insbesondere nordfinnischen Klimastationen ist den klimatologisch/meteorologischen Jahrbüchern entnommen (HELIMÄKI 1967, KOLKKI 1981, HEINO & HELSTEN 1983, HEINO 1991). Zusätzliche Angaben konnten über die Dienste eines internationalen digitalen Klimadatenbankbetreibers N(ational) C(limate) D(ata) C(enter) in Form des „G(lobal) S(urface) S(ummary) of D(ay) D(ata)"-Paketes, die eine Nutzung ihrer weltweit gesammelten Klimadaten gewährleistet, in Anspruch genommen werden (NCDC 2008). Diese Daten wurden bereits einer Fehlerwertsuche, einem Ausreißertest und einer Stationaritätsprüfung unterzogen, dem eine Homogenitätsprüfung mit Hilfe verschiedener numerischer und graphischer Methoden folgte.

Zur Beschreibung der mittleren Ausprägung der untersuchten Klimaelemente Temperatur und Niederschlag sind für jeden Datensatz einer Klimastation die Mittel- und die Exremwerte herangezogen worden. Darüber hinaus gibt die jeweilige Spannweite der Extreme an, inwieweit diese Ausprägung Schwankungen unterliegt. Standardabweichung und Variationskoeffizienten geben Auskunft über die Variationsmaße der Klimaelemente. Eine Veränderung der Klimamessgrößen wird schließlich anhand einer Trendanalyse überprüft.

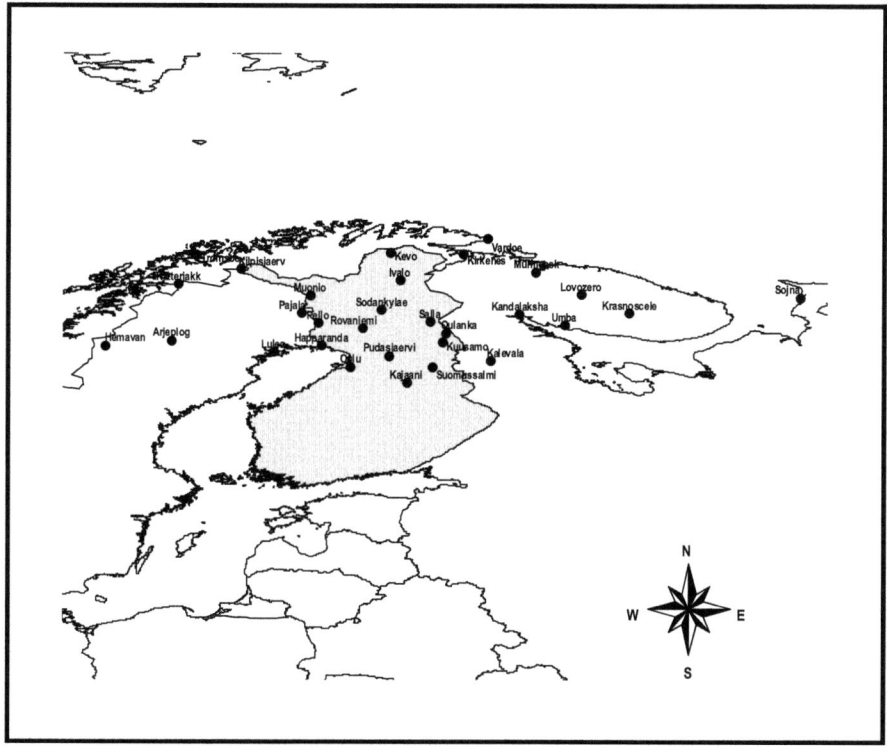

Abbildung 6: Auswahl der untersuchten Stationen in Finnisch-Lappland sowie einiger angrenzender lappländischer Stationen in Norwegen, Schweden und Russland

Die umfangreichen statistischen Berechnungen zu Zeitreihenanalysen sind mit Hilfe von Microsoft Excel erstellt worden. Die anschließende Regionalisierung der Klimaelemente erfolgte mittels geostatistischer Verfahren unter Anwendung eines Regressionsmodells. Die GIS-basierte Regionalisierung und Auswertung der Daten wurde mit ESRI ArcView 3.3 angelegt.

Folgende Messparameter unterlagen dabei einer statistischen Überprüfung:

1.) Temperatur [°C]:
    a. Mitteltemperatur
    b. Maximaltemperatur
    c. Minimaltemperatur

2.) Niederschlag:
   a. Regenmenge [mm]
   b. Anzahl aller Regentage [≥0,1 mm]
   c. Anzahl der Regentage geringer Mengen [0,1–1,0 mm]
   d. Anzahl der Regentage mittlerer Mengen [1,1-10,0 mm]
   e. Anzahl der Regentage hoher Mengen [>10,0 mm]
   f. Anzahl aufeinander folgender Tage ohne Niederschlag

Die auf Tagesbasis erhobenen Niederschlags- bzw. Temperaturdaten wurden monatlich, saisonal (Frühling: Mittel aus März, April und Mai; Sommer: Mittel aus Juni, Juli und August; Herbst: Mittel aus September, Oktober und November bzw. Winter: Mittel aus Dezember, Januar und Februar), jährlich und in Dekaden ermittelt.

Zur Bestimmung der mittleren Ausprägung der Datenreihen dient der *arithmetische Mittelwert* (x_m). Ferner gibt die *Spannweite* (R) Auskunft über die Variationsbreite der mittleren Ausprägung der Extremwerte (vgl. SCHÖNWIESE 2000).

Variationsmaße geben Auskunft über die Stärke der Variabilität innerhalb einer untersuchten Zeitreihe. Dementsprechend findet die Berechnung der *Standardabweichung* (s), die als die mittlere quadratische Abweichung der ermittelten Werte vom arithmetischen Mittelwert definiert wird, Einzug in die deskriptive Statistik (SCHÖNWIESE 2000).
Um die mittlere Abweichung in Prozent des arithmetischen Mittels angeben zu können, bedarf es der Anwendung des *Variationskoeffizienten* (v) (SCHÖNWIESE 2000).

Da Klimaelemente zeitlichen Variationen unterliegen, müssen diese nach der Dauer der Fluktuationen differenziert werden. Die Klimatologie verbindet daher mit dem Fachterminus „Trend" die langfristige, einheitliche Veränderung eines Klimaelements in eine bestimmte Richtung, d.h. eine Niveauverschiebung der mittleren Klimaverhältnisse (RAPP & SCHÖNWIESE 1996, RAPP 2000). Dabei sollten Zeitreihenlängen unter 30 Jahren möglichst vermieden werden. Die von der WMO für die Mitteilung der Klimaelemente eingeführte Dauer der Klimanormalperioden von 30 Jahren ist auch für Trendabschätzungen als sinnvoller Wert anzusehen (RAPP 1996).

Alle untersuchten Messparameter erfahren in dieser Studie demzufolge eine Trendanalyse in jahreszeitlicher bzw. monatlicher Auflösung. Die Erfassung bzw. Quantifizierung von Trends erfolgt dabei unter Anwendung linearer Trends.

Eine anschließende Signifikanzprüfung liefert eine qualitative Aussage über das Maß der Annäherung von Regression und Zeitreihe. Zur Überprüfung der Signifikanz der ermittelten Trendwerte wird das *Trend-Rausch-Verhältnis* (T/R) zugrunde gelegt, das angibt, wie groß der Trend gegenüber der gesamten Zeitreihenvarianz ausfällt (SCHÖNWIESE et al. 1993). Bei normal verteilten Daten entspricht demnach T/R=1,3 einer Signifikanz von 80% und T/R=1,96 von 95% (Irrtumswahrscheinlichkeit α=0,2 bzw. α=0,05) des Trendwertes (SCHÖNWIESE et al. 1993, RAPP & SCHÖNWIESE 1996, RAPP 1999; vgl. Tab. 2).

Tabelle 2: Signifikanzklassifizierung dieser Arbeit nach dem Trend-Rausch-Verhältnis (T/R)

Signifikanz	Trend-Rausch-Verhältnis (T/R)	Irrtumswahrscheinlichkeit (α)
nicht	≤ 0,9	≥ 0,5
schwach	0,9 < x ≤ 1,3	0,2 < x ≤ 0,5
signifikant	1,3 < x ≤ 1,65	0,1 < x ≤ 0,2
stark	1,65 < x ≤ 1,96	0,05 < x ≤ 0,1
sehr stark	1,96 < x ≤ 2,3	0,02 < x ≤ 0,05
höchst	> 2,3	< 0,02

Die Stärke eines statistischen Zusammenhangs zwischen zwei oder mehr Variablen oder zwei Zeitreihen wird in der Korrelationsanalyse durch ein Vergleichsmaß, dem so genannten Korrelationskoeffizienten, ausgedrückt. Das Produkt der Standardabweichungen wird durch die Kovarianz standardisiert, so dass der Korrelationskoeffizient nur Beträge zwischen 0, entsprechend eines geringen statistischen Zusammenhanges, und 1,0 bzw. -1,0, entsprechend eines starken statistischen Zusammenhanges, annehmen kann.

3.2 Geländearbeit zu Bestandsinterzeptionsvermögen

Wissenschaftliche Studien zum Landschaftswasserhaushalt mitteleuropäischer Waldformationen zeigen eine Abhängigkeit vorherrschender hydrologischer Verhältnisse von mikroklimatischen Parametern (vgl. BAUMGARTNER 1979, BRECHTEL 1969). Diesbezüglich wurden Wetterstationen gewählt, die für beide Versuchsflächen die mikroklimatologischen Verhältnisse während der Vegetationsperioden der Jahre 2006 und 2007 aufgenommen haben. Zudem diente eine in unmittelbarer Nähe installierte automatisch registrierende Station als Referenzregenmesser für anstehende Niederschlagsmessungen. Die Messungen erfolgten in drei kürzeren Zeiträumen des Jahres 2006 (24.05.-12.06., 17.07.-04.08. und 14.09.-03.10.) sowie einem längerem Aufenthalt im Jahre 2007 (12.06.-06.09.). Zur Ermittlung des Bestandsinterzeptionsvermögens diente auf beiden Versuchsflächen eine Vielzahl an Niederschlagsauffangbehältern (Abb. 7 & 8).

Parallel zu diesen Messungen erfolgte eine umfangreiche Bestandsaufnahme der Topographie und der Vegetation beider Versuchsflächen.

Abbildung 7: Versuchsfläche Altbestand (VF Alt; Aufnahmedatum: 21.09.2006)

Abbildung 8: Versuchsfläche Aufforstung (VF Auf; Aufnahmedatum: 21.09.2006)

3.2.1 Geländeklimatologie

Die Klimamessstationen verfügen über je einem zwei Meter hohen Mast, an denen über Querausleger alle Messwertgeber angebracht sind. Die Speicherung und Ausgabe der Daten erfolgt über mehrere akku- bzw. solarbetriebene Datenlogger (Fa. Thies GmbH & Co. KG, Typ DL 15; vgl. Abb. 9).

Sämtliche Parameter wurden in einem 60-Sekunden-Takt erhoben und als 10-Minuten-Mittelwerte gespeichert. Zusätzlich sicherten die Datenlogger in einem 30-Minuten-Takt die aufgetretenen Extremwerte. Mit Hilfe dieser hohen zeitlichen Auflösung konnte das Auftreten besonderer Wetterereignisse bzw. der Verlauf täglich auftretender Wettervorgänge, wie z. B. Strahlungsgenuss im Bestand festgehalten werden. Im Rahmen einiger agrar-/forstmeteorologischer Untersuchungen konnte die Funktionsweise der Klimamessstationen sowohl hinsichtlich ihrer Genauigkeit als auch ihrer Zuverlässigkeit ausgiebig getestet werden (SCHWANTZ 1999, SCHWANTZ 2006).

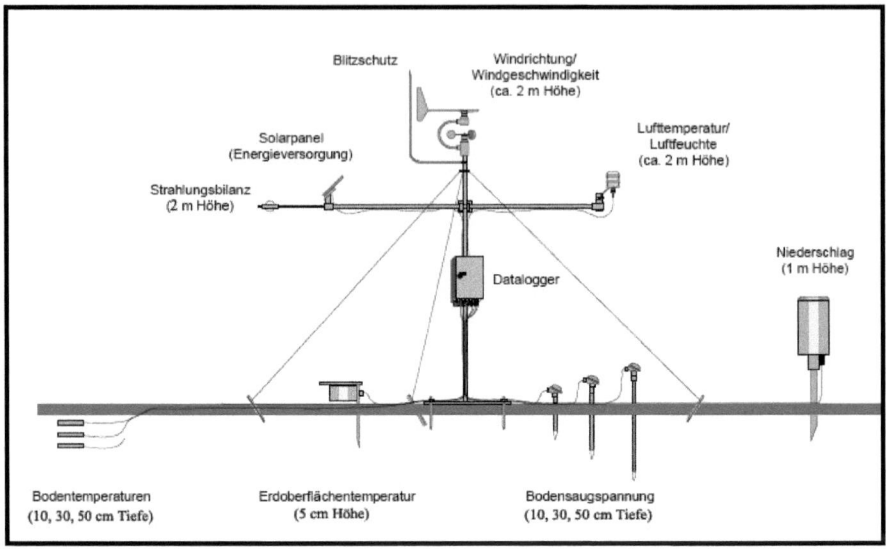

Abbildung 9: Schematischer Aufbau einer Klimamessstation (aus SCHWANTZ 1999, verändert)

3.2.1.1 Strahlungsbilanz

Die Messung der Strahlungsbilanz erfolgte über Strahlungsbilanzmesser, die einheitlich zwei Meter über der Geländeoberfläche in horizontaler Lage aufgestellt wurden. Um die Differenz zwischen der auf die Flächeneinheit der Erdoberfläche auftreffenden Globalstrahlung (bestehend aus direkter Sonnenstrahlung, diffuser Himmelsstrahlung und atmosphärischer Gegenstrahlung) und der von dieser Fläche in den oberen Halbraum abgegebenen Strahlungsenergie (bestehend aus reflektierter Globalstrahlung, reflektierter atmosphärischer Gegenstrahlung und Temperaturstrahlung der Erdoberfläche) gerätetechnisch zu erfassen, verfügt ein Strahlungsbilanzgeber über zwei elektrisch gegeneinander geschaltete und durch Lupolenkuppeln gegen Witterungseinflüssen geschützte Thermoelemente (THIES CLIMA 1995). Demnach umfasst der Strahlungsbilanzmesser einen Spektralbereich von 0,3 bis 50 μm. Die einerseits der Sonne, andererseits dem Boden zugewandten Empfängerflächen bilanzieren auf diese Weise die solare Einstrahlung als positiven und den Albedo-Effekt sowie die Ausstrahlung als negativen Wert. Der Messbereich der Strahlungsbilanzgeber liegt zwischen -300 W/m² und +1000 W/m² (THIES CLIMA 1995).

3.2.1.2 Lufttemperatur und Relative Feuchte

Lufttemperatur und relative Luftfeuchte konnten mit Hilfe eines kombinierten Hygro-Thermogebers erfasst werden. Die Messspanne für Lufttemperaturen in zwei Meter Höhe liegt zwischen -30 °C und +70 °C, die für die relative Luftfeuchte zwischen 0 und 100% (THIES CLIMA 1997a).
Eine mögliche Fehlerbeeinflussung durch Strahlung, Niederschlag oder Beschädigung wird durch die Verwendung eines Wetter- und Strahlungsschutzes eingeschränkt (THIES CLIMA 1997b).

3.2.1.3 Erdoberflächentemperatur

Unter Zuhilfenahme eines Pt100-Temperaturgebers, der in einem speziell für den Einsatz an der Bodenoberfläche gefertigten Gehäuse montiert war, erfolgte die Messung der Erdoberflächentemperatur (5 cm). Der Messbereich umfasst -30 °C bis +50 °C (THIES CLIMA 1997d).

3.2.1.4 Bodentemperatur

Auf jeder Versuchsfläche wurden je drei Temperaturgeber in 10 cm, 30 cm und 50 cm Tiefe in die Substratdecke eingeführt. Der Sensor dieses Gebertyps ist ein Pt100-Messwiderstand, der für diese Anwendung speziell konfektioniert und somit für Temperaturmessungen hoher Auflösung geeignet ist (-30 °C bis +130 °C) (THIES CLIMA 1997e).

3.2.1.5 Windverhältnisse

Zur Erfassung von Windgeschwindigkeit und Windrichtung dienten kombinierte Windgeber (THIES CLIMA 1997c). Dabei beträgt die Anlaufgeschwindigkeit des Schalensternes 0,3 m/s. Erfahrungen früherer wissenschaftlicher Untersuchungen zeigen, dass Windgeschwindigkeiten <0,5 m/s den Kalmen zugeordnet werden können (vgl. STEINECKE 1995).

3.2.1.6 Niederschlag

Niederschläge wurden auf beiden Versuchsflächen sowie auf dem Referenzstandort mit je einem Niederschlagsgeber vom Typ HELLMANN mit einer genormten Auffangfläche von 200 cm² gemessen (THIES CLIMA 1996). Trotz der Gebermontage in einer Höhe von einem Meter (Oberkante des Auffangbehälters) zur Reduzierung von Spritzwasser- und Verwirbelungseinflüssen (VAN EIMERN & HÄCKEL 1984) stellt die Erfassung von Niederschlägen bis heute ein großes Problem dar. Im Rahmen einer wissenschaftlichen Studie von RICHTER (1995) gibt der Deutsche Wetterdienst für Niederschlagsmesser des Typs HELLMANN einen mittleren jährlichen Messfehler von 15 % in ungeschützter Lage an. Dazu gehören u. a. Windverwehungen, die insbesondere auf Freiflächen zu einer Reduzierung der Messwerte führen. Darüber hinaus sind im Verlauf von einzelnen Niederschlagsereignissen, in denen kleine Tropfen mit hohen Windgeschwindigkeiten auftreten, Messfehler von 5% bis 40% möglich (BENDIX 2004). Trotz alledem sind die Einflüsse der zwei letztgenannten Phänomene auf die Wasserbilanz als gering einzuschätzen (PERTTU et al. 1980).

3.2.1.7 Potentielle Evaporation

Als ein Maß für die Verdunstung von Beständen erfolgten Messungen zu potentieller Evaporation mit Hilfe von je drei PICHE-Evaporimeter pro Versuchsfläche (Höhe: 10 cm, 100 cm & 200 cm), die schwingungsfrei und beschattet aufgehängt waren und nach jeder Messung (mindestens einmal am Tag) abgelesen wurden (Abb. 10).

Abbildung 10: Piche-Evaporimeter auf VF Auf in 10 cm Höhe (Aufnahmedatum: 18.07.2006)

3.2.1.8 Datenspeicherung

Die Speicherung der Messdaten erfolgte unter Zuhilfenahme von Datalogger des Typs DL 15 der Fa. Thies (THIES CLIMA 1997g). Dabei galt die Osteuropäische Zeit (OEZ), die gegenüber der UTC eine Verschiebung von +2 h aufweist, als Bezugszeit zur digitalen Datenerhebung. Die in den Sommermonaten auch in Finnland gebräuchliche Sommerzeit (OESZ) blieb bei den Messungen und Auswertungen entsprechend unberücksichtigt.

Als Vergleichsreferenz für die bestandsklimatologischen Messungen auf beiden Versuchsflächen dienten die Messwerte der etwa 40 km südlich des Untersuchungsgebietes gelegenen Wetterstation des Flughafens Kuusamo (Kuusamo Lentoasema), die bereits in mehreren Veröffentlichungen als Referenz für das Hochlandklima genutzt wurde (vgl. dazu HAVAS 1961, SÖYRINKI & SAARI 1980, KOUTANIEMI 1983, TOLVANEN & KUBIN 1990). Darüber hinaus standen täglich erhobene Daten der Station Oulanka (Kiutaköngäs) zur Verfügung.

3.2.2 Messung der Bestandsniederschläge

Der Bestandsniederschlag setzt sich aus *Kronendurchlass* und *Stammabfluss* zusammen. Aufgrund der unterschiedlichen Borkenbeschaffenheit (glattrindige und aufgerichtete Äste speisen vorrangig den Stammabfluss; borkige hängende und waagrechte Äste vornehmlich den abtropfenden Niederschlag) sind Kronendurchlass und Stammabfluss baumweise voneinander abhängig und müssten zur Ermittlung des Bestandsniederschlags gemeinsam am gleichen Baum ermittelt werden. Ein derartiges Stichprobenverfahren lässt sich allerdings instrumentell nicht verwirklichen, so dass beide Komponenten des Bestandsniederschlags in getrennten Stichproben als voneinander unabhängige Größen erfasst wurden (vgl. DVWK 1986).

Die Messung des Kronendurchlasses erfolgte mit Hilfe von Kunststoffpluviometern (Fläche: 100 cm²), die in zufälliger Anordnung unter der jeweiligen Baumschicht verteilt worden sind (Abb. 11 links). Zudem dienten je zwei Polyethylen-Regenrinnen pro Versuchsfläche mit einer jeweiligen Auffangfläche von 6300 cm², die damit einer Auffangfläche von 63 herkömmlichen Pluviometern entsprechen, als zusätzliche Messapparaturen (Abb. 11 rechts).

Abbildung 11: Eigenbau-Kunststoffpluviometer und PE-Regenrinne als Standardauffangtrog auf VF Auf (Aufnahmedatum: 21.09.2006)

Klebeschaum-Manschetten, die den Baumstamm in Form einer Spirale eineinhalbmal umlaufen, waren in Brusthöhe (Höhe: 1,3 m) angelegt worden, um den ablaufenden Niederschlag über einen Schlauch in einen Sammelbehälter aufzufangen (Abb. 12). Die Stammabflussmenge des einzelnen Baumes hängt dabei von den baumartenspezifischen Auffangflächen ab, die mit der Baumgrundfläche (Stammquerschnitt in 1,3 m Höhe) in engem Zusammenhang stehen. Diesbezüglich wurde die Spannweite der Baumgrundflächen in Klassen gleicher Breite aufgeteilt und die Anzahl der Messbäume proportional der Gesamtanzahl der Bäume in den jeweiligen Grundflächenklassen festgelegt. Auf diese Weise sind die Bäume, die den höchsten Beitrag zum Stammabfluss pro Flächeneinheit leisten, auch in der Stichprobe relativ stark vertreten (Berechnung siehe DVWK 1986).

Abbildung 12: Stammabflussvorrichtung in 1,3 m Brusthöhe für VF Auf (Aufnahmedatum: 21.09.2006)

Angewandte Methoden und Struktur der Versuchsflächen

Die Messung der Bestandsniederschläge in der Strauch- und Krautschicht erfolgten mit Hilfe zahlreicher Kunststoffpluviometer (Fläche: 100 cm²), die je nach Ausprägung in unterschiedliche Höhen angebracht worden sind (Abb. 13).

Abbildung 13: Installation von Kunststoffpluviometern unterhalb von Baumschicht (1,0 m Höhe), Strauchschicht (0,5 m Höhe) und Krautschicht (in 0,2 m Höhe) für VF Auf (Aufnahmedatum: 09.06.2006)

Die Messungen des Bestandsniederschlages in der Moos- und Streuschicht erfolgten mit Hilfe von je zwei Standardauffangtrögen pro Versuchsfläche. Die verfügbare Fläche der unterhalb von Moosdecke und unterhalb von Streuschicht eingebrachten Auffangbehälter betrug dabei 1400 cm² (35 cm x 40 cm) (Abb. 14).

Abbildung 14: Auffangbehälter für Bestandsniederschlag unterhalb der Moosschicht (links) und unterhalb der Streuschicht (rechts) für VF Auf (Aufnahmedatum: 09.06.2006)

3.2.3 Bodenwasserhaushalt

Die jahreszeitlich wechselnden Witterungsbedingungen und die dadurch bedingten Schwankungen in der Stoffwechselintensität der Pflanzen führen zu zeitlich differenzierten Bodenwassergehalten. Der Hergang dieser Veränderungen, der vielfach unter dem Begriff Wasserhaushalt zusammengefasst wird, ist von den Bodeneigenschaften sowie von der hydrologischen Situation abhängig. Insbesondere gewinnt die Wasserleitfähigkeit der Böden bei unterschiedlichen Sättigungszuständen und damit die Eigenschaften des Porensystems zunehmend an Bedeutung (vgl. SCHEFFER et al. 1998).

3.2.3.1 Textur

Zur Bestimmung der Bodenart (Textur) werden die prozentualen Anteile der verschiedenen Korngrößenfraktionen an der Gesamttrockenmasse des Bodens durch eine Nasssiebanalyse (Korngrößen >0,063 mm) und eine Sedimentationsanalyse (Korngrößen <0,063 mm) ermittelt.

Die gestörten Bodenproben aus den Tiefen 0,1 m, 0,3 m und 0,5 m (mit je vier Entnahmepunkten pro Bodentiefe) wurden bei 105 °C bis zur Gewichtskonstanz getrocknet, auf 1 kg abgewogen, in eine Prüfsiebkolonne mit Maschenweiten von 2 mm, 1 mm, 0,63 mm, 0,2 mm, 0,125 mm, 0,063 mm gegeben und mit einer Siebschüttelmaschine (Fa. Retsch GmbH, Typ Vibro) nassgesiebt. Jede Siebfraktion wurde bei 105 °C bis zur Gewichtskonstanz getrocknet, ausgewogen und als prozentualer Anteil am Gesamtboden mathematisch errechnet (vgl. HARTGE & HOHN 1992).

Bei der anschließenden Sedimentationsanalyse wurde der Boden auf 2 mm abgesiebt, bei 105 °C bis zur Gewichtskonstanz getrocknet und auf 20 g in einen Köhn-Zylinder (Volumen: 1000 ml) eingewogen. Durch die Zugabe einer 30%-igen H_2O_2-Lösung (30 ml) wird die organische Substanz zerstört. Nach einer zwölfstündigen Reaktionszeit konnte das nicht verbrauchte H_2O_2 durch Kochen und Zugabe von MnO_2 neutralisiert werden (vgl. dazu HARTGE & HOHN 1992).

Der Zylinder mit der Bodensuspension wurde nach dem Schüttelvorgang zur ungestörten Sedimentation abgestellt. Zur Bestimmung der Ton- und Schlufffraktionen erfolgten anschließend Lösungsentnahmen (vgl. HARTGE & HOHN 1992).

Nach dem Verdampfen der entnommenen Lösung konnte damit das Gewicht des mineralischen Rückstandes errechnet werden. Die Fraktionswerte wurden nach der Subtraktion des $Na_2H_2P_2O_7$-Anteils von 6,7 mg mit 500 multipliziert und stellte damit die prozentualen Anteile an der Bodenprobe dar (vgl. HARTGE & HOHN 1992).

Unter Anwendung einer Ausgleichsrechnung konnten die einzelnen Fraktionswerte für gU, mU, fU und T mit dem nachfolgenden Faktor (*rechnerischer Anteil der Sedimentation nach Siebung / gemessener Anteil der Sedimentation*) ermittelt werden (vgl. HARTGE & HOHN 1992).

3.2.3.2 Porenvolumen

Zur Bestimmung des Anteils der weiten Grobporen wurden zwei Sandbäder mit regulierbarer Wassersäule (Fa. Eijkelkamp, Typ 08.01 mit 0–0,1 bar Unterdruckleistung) verwendet. Durch ein so genanntes Sand-/Kaolinbad mit elektrischer Vakuumpumpe und regulierbarer Quecksilbersäule (Fa. Eijkelkamp, Typ 08.02 mit 0,1–1,0 bar Unterdruckleistung) war es möglich, den mengenmäßigen Anteil der engen Grobporen zu ermitteln.

Mit Hilfe dieser beiden Geräte (Unterdruck) wurde eine Entwässerung der ungestörten, mit Wasser gesättigten Bodenprobe im Stechzylinder gewährleistet (Entnahme von je vier Stechzylindern aus jeder definierten Bodentiefe [10 cm, 30 cm, 50 cm] pro Versuchsfläche; vgl. Abb. 15).

Abbildung 15: Entnahme von jeweils vier Stechzylindern [100 cm³] pro Bodentiefe zur Bestimmung des Porenvolumens auf VF Alt (Aufnahmedatum: 18.07.2006)

Der definierte Unterdruck wirkt auf die ungestörten Bodenproben so lange, bis sich ein Gleichgewicht zwischen dem Unterdruck im Sandbad bzw. Sand-/Kaolinbad und der Saugspannung der Bodenprobe einstellt und kein weiteres Wasser mehr entzogen werden kann. Bei Erreichen dieses Gleichgewichtszustandes kann die Menge des entzogenen Wassers rechnerisch ermittelt werden. Der Gewichtsverlust (in g) entspricht somit der Menge Wasser in cm³, die bei dem definierten Unterdruck von dem Boden abgegeben worden ist. Eine entsprechende Umrechnung von Gewichts- in Volumenprozent entfällt, da das Stechzylindervolumen 100 cm³ beträgt und demnach das Gewicht des der Probe entzogenen Wassers dem Porenvolumenanteil der zu bestimmenden Porengrößenklasse in Prozent entspricht (vgl. HARTGE & HOHN 1992).

Die Ermittlung des Feinporenanteils der Versuchsflächen erfolgt unter Zuhilfenahme zweier Membranpressen, die im Vergleich zu den Sand- bzw. Sand/Kaolinbädern auf der Basis eines definierten Überdruckes arbeiten (Fa. Eijkelkamp, Typ 08.03 mit 1,0–15,5 bar Überdruckleistung).

Hierbei wird Material aus den oben genannten Proben aus den Stechzylindern entnommen, gewässert, in kleine Ringe gefüllt und in den Membranpressen bei einem Druck von 15,5 bar bis zur vollständigen Gewichtskonstanz entwässert. Die Differenz zwischen dem Probengewicht nach dieser Entwässerung und dem des vollständig dehydrierten Bodens (eintägige Trocknung bei 105 °C) ermöglicht die rechnerische Ermittlung des Feinporenanteils in Gewichtsprozent.

Das Gesamtporenvolumen der entnommenen Versuchsböden und seines Festsubstanzanteils wird durch die Gewichtsdifferenz zwischen der wassergesättigten und der vollständig entwässerten Bodenprobe (eintägige Trocknung bei 105 °C) ermittelt. Durch die Subtraktion der engen und weiten Grobporen sowie der Feinporen vom Gesamtporenvolumen wurde der Anteil der Mittelporen rechnerisch ermittelt.

3.2.3.3 Bodensaugspannung/Matrixpotenzial

Das Wasser im Boden ist selten in einem statischen Gleichgewicht, weil Niederschlag und Evapotranspiration das Einstellen eines Potenzialgleichgewichtes immer wieder unterbrechen. Dies gilt sowohl für den wassergesättigten Zustand im Einflussbereich des Grund- und Stauwassers als auch für den nicht gesättigten Bereich oberhalb einer Grundwasseroberfläche (vgl. SCHEFFER et al. 1998).

Als Maß für die Bodenfeuchte bzw. Wassergehalt im Boden wurde die Bodensaugspannung mit Hilfe von automatisch registrierenden Tensiometern gemessen. Hierbei konnte der Druckausgleich zwischen dem mit Wasser gesättigten Tensiometern und dem ihn umgebenden Bodenwassergehalt durch eine Keramikkerze und einem integrierten Sensor elektronisch erfasst und in den jeweiligen Datalogger der eingesetzten Klimastation gespeichert werden (THIES CLIMA 1997f). Die Tensiometer wurden dabei in Bodentiefen von 10 cm, 30 cm und 50 cm (Mitte der Keramikkerze) so in den Boden eingesetzt, dass ein unmittelbarer Kontakt zwischen der Keramikkerze und dem Boden sichergestellt ist. Die drei Messtiefen wurden ausgewählt, um den Weg des durch den Bestand gefallenen Niederschlages als in den Boden perkolierendes Sickerwasser nachzuvollziehen.

Unter Berücksichtigung der Bodentextur, des Porenvolumens und der daraus ermittelbaren Wasserspannungs- bzw. pF-Kurven kann der Gang des Wasserhaushalts, der durch das klimabedingte Verhältnis zwischen Wasserverlust und Wasserzufuhr gesteuert wird, als den an die verschiedenen Jahreszeiten gebundenen Wechsel der Wassergehalte verstanden werden (vgl. SCHEFFER et al. 1998).

3.2.4 Beschreibung der Vegetationsstruktur

Die Beschreibung der Vegetationsverhältnisse erfolgte für beide Versuchsflächen nach primär physiognomischen Gesichtspunkten, wie sie für eine mikroklimatische Einschätzung der Strahlungs- und Interzeptionshaushaltes von Bedeutung ist (VENZKE 1990). Gemäß WAGNER & NAGEL (1992), HAGNER & HALLSTRÖM (1997) und FRAZER et al. (2001) wurde die Kronenschlussdichte oberhalb der Messwertgeber und der Niederschlagssammler jeder Vegetationsschicht fotografisch aufgenommen und über eine Computer-Software (Adobe Photoshop 6.0) pixelgenau ausgewertet. Dabei stand ein Superweitwinkel-Objektiv mit einer Brennweite von 15 mm und einem Aufnahmewinkel von 117° über die Bilddiagonale zur Verfügung.

Ergänzend zur fotografischen Aufnahme wurden sämtliche Bäume, die eine Mindestgröße von zwei Metern aufwiesen, in ihren Astlängen mittels Kompass, Maßband und Klinometer vermessen. Ausgehend vom Stammmittelpunkt eines jeden Baumes erfolgte dabei die Ausmessung der in die Untersuchungsflächen überdeckenden Astlängen in 10°-Abständen. Eine weitere Auswertung der erstellten Polygonstrukturen erfolgte mit Hilfe eines GIS (ArcView 3.3).

Hinsichtlich der Beschreibung der stratenspezifischen Vegetationsverhältnisse sind Rechtecke gleicher Größe (5 x 1 m) ausgewiesen worden, aus denen für beide Versuchsflächen Informationen zum Deckungsgrad einzelner Arten für jede Strate (Baum-, Strauch-, Kraut- Moos- und Streuschicht sowie Totholz) gemäß nach BRAUN-BLANQUET (1964) gewonnen wurden.

3.4 Aufbau und Struktur der Versuchsflächen

Zur Erfassung der mikroklimatischen Verhältnisse, des Bestandsinterzeptionsvermögen sowie des Abflussverhaltens borealer Waldstandorte dienten zwei Versuchsflächen, die typische Zustände in der finnischen Waldnutzung wiedergeben (vgl. HEIKKINEN 1988, LINDAHL 1998, YRJÖLA 2002). Zu diesen Untersuchungseinheiten gehörten eine Altbestandsfläche sowie eine junge *Pinus sylvestris*-Aufforstung (Abb. 16).

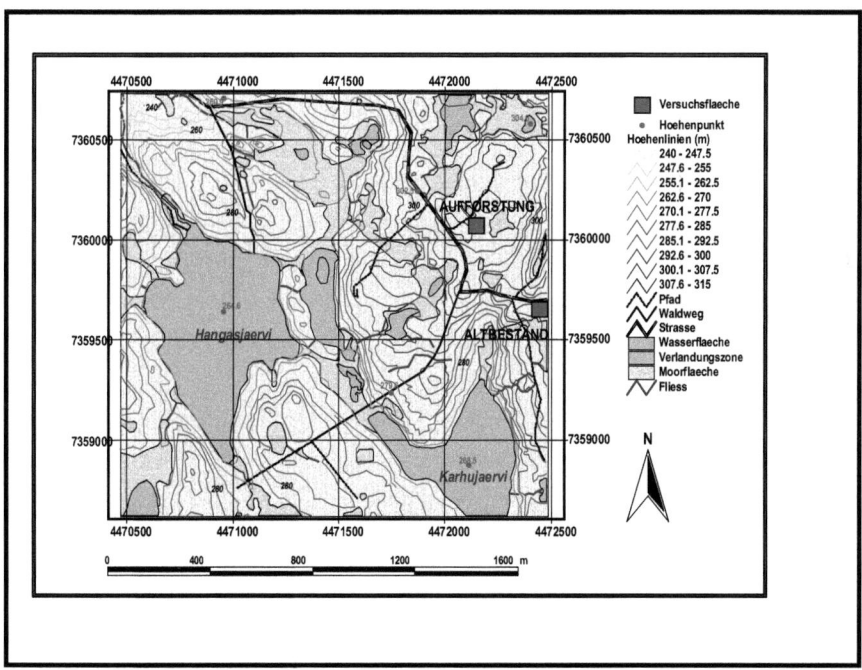

Abbildung 16: Topographische Lage von VF Auf und VF Alt im Untersuchungsraum Oulanka

Mit Werten zwischen 300 und 310 m liegen die Flächen etwas über der von KOUTANIEMI (1983) beschriebenen mittleren Höhe des Kuusamo-Hochlandes (250 m). Somit unterscheiden sich die beiden Untersuchungsflächen im Wesentlichen durch ihre Vegetation bzw. deren Sukzessionsstadium.

Die im Zentrum beider Versuchsflächen installierten Klimastationen bildeten zusammen mit den etwa 30 Niederschlagssammlern pro Fläche die Ausgangsbasis für die tachymetrische Vermessung. Für die Geodäsie des zu untersuchenden Raumes und der folgenden Kartendarstellungen diente das Finnische Koordinatensystem KKJ. Dieses in topographischen Karten Finnlands verwendete System ist dem in Deutschland üblichen Gauß-Krüger-Koordinatensystem sehr ähnlich (vgl. HAKE 1984), jedoch nur unter der Verwendung der Bezugsfläche des Internationalen Ellipsoids von 1924 üblich. Entsprechend der Lage Finnlands liegen die Bezugsmeridiane im Bereich zwischen 21° und 30° östlicher Länge. Die Koordinatenangaben des Untersuchungsraumes beziehen sich auf den vierten Bezugsmeridian bzw. 30° E.

3.4.1 Versuchsfläche Aufforstung (VF Auf)

Ein wesentliches Merkmal der Vegetationsverhältnisse von VF Auf (300 m²) bildet ein plantagenartig angelegter *Pinus sylvestris*-Bestand, der im Zuge großflächiger Rodungen von Altbeständen des *Empetrum-Myrtillus*-Typs (nach CAJANDER 1949) nach intensiven Bodenmeliorationsverfahren im Jahre 1992 entstand. Erste Ausdünnungsfällungen („Thinning") dieser Versuchsfläche erfolgten bereits im Jahre 1996 (HUTTUNEN 2005).

Die parallel zur Pflugrichtung (von Nordost nach Südwest) angelegte Reihenpflanzung weist eine homogene Struktur auf. Bei einer mittleren Bestandsdichte von 1175 Stämmen pro Hektar zeigt sich eine flächenhafte Dominanz von *Pinus sylvestris* (73% vom Gesamtbestand). Die mittlere Baumhöhe von *Pinus sylvestris* beträgt dabei 5,0 m (Maximalhöhe: 8,6 m). Überdies prägen *Betula pubescens* (21%) die Aufforstungsfläche, dessen mittlere Baumhöhe 2,4 m (maximale Baumhöhe: 4,2 m) beträgt. Vereinzelt finden sich Individuen von *Picea abies* (6%) mit einer mittleren Baumhöhe von 2,6 m unter dem Kronendach von *Pinus sylvestris* wieder. In der Strauchschicht dominieren *Sorbus aucuparia*, *Juniperus communis*, *Ledum palustre* und *Salix spec*. Die Krautschicht wird im Wesentlichen durch *Vaccinium uliginosum*, *Vaccinium myrtillus*, *Vaccinium vitis-idaea* und *Empetrum nigrum* geprägt. Auf trockenen Standorten trifft man vereinzelt auf *Calluna vulgaris* und *Ledum palustre*. Bestandsbildner der großflächigen Moosareale sind primär Arten der Gattung *Sphagnum*.

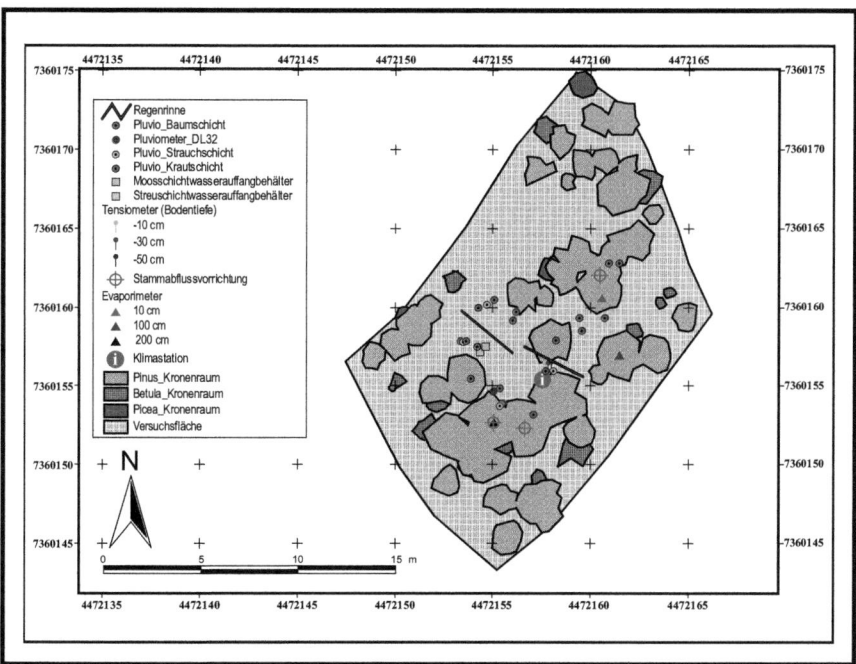

Abbildung 17: Verteilung der Messinstrumente sowie Bedeckung des Kronenraumes in VF Auf

Die Aufforstungsfläche liegt etwa einen Kilometer südlich der Nationalparkgrenze Oulanka bzw. fünf Kilometer südöstlich der Forschungsstation. Die mittlere Höhenlage von VF Auf beträgt 301 m bei einer Hangneigung von etwa 1° in südwestlicher Exposition. Die nördliche Ausdehnung der Aufforstungsflächen endet nach etwa einen Kilometer durch die Altbestände des Oulanka Nationalparks, während in südlicher Richtung die Verbindungsstraße nach Juuma einen Abschluss setzt (Abb. 17).

Basierend auf den Datenbeständen der finnischen „Landnutzung und Waldinventur" waren die pedologischen Verhältnisse von VF Auf als Mineralböden klassifiziert (NLS 1999). Die aus dem relativen Anteil der Feinbodenfraktionen (<2 mm) Grobsand (gS), Mittelsand (mS), Feinsand (fS), Grobschluff (gU), Mittelschluff (mU), Feinschluff (fU) und Ton (T) ermittelte Bodenart schluffiger Sand (uS) entspricht weitestgehend den Untersuchungen früherer

Arbeiten im Untersuchungsraum (vgl. BUKTA 2001; Abb. 18). Zudem kennzeichnen typische Prozesse der Podsolierung (hohe Streuauflage, Bleicherde- und Eluvialhorizonte) den Oberboden von VF Auf (Abb. 19).

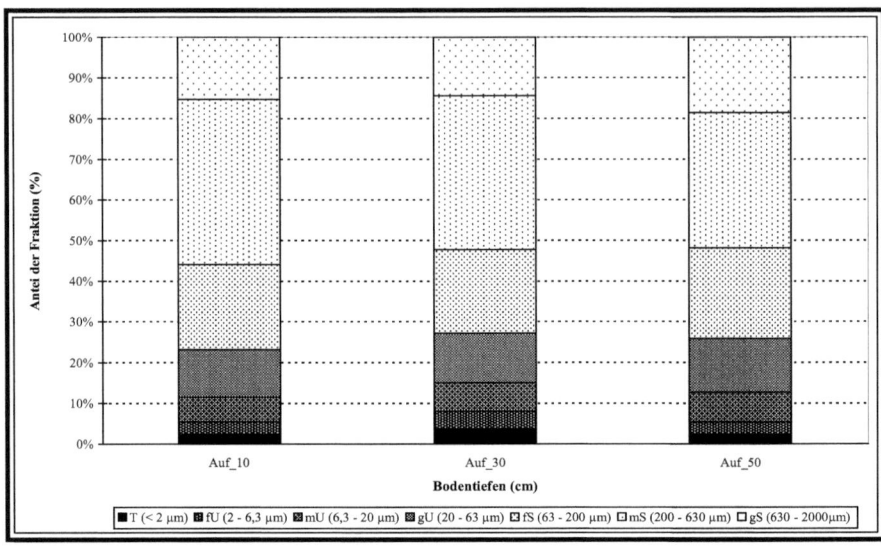

Abbildung 18: Korngrößenfraktionen des Feinbodens in 10, 30 und 50 cm Bodentiefe von VF Auf

Abbildung 19: Bleicherde- und Eluvialhorizont im Oberboden von VF Auf (Aufnahmedatum: 18.07.2006)

3.4.2 Versuchsfläche Altbestand (VF Alt)

Der etwa 300 m südlich von VF Auf liegende Altbestand entspricht einem typischen *Empetrum-Myrtillus*-Waldtyp (EMT) (vgl. CAJANDER 1949, KALELA 1961, SÖYRINKI & SAARI 1980). Ein besonderes Charakteristikum der Vegetationsverhältnisse in VF Alt bilden hierbei die bis zu 150 Jahre alten Bäume, die eine maximale Höhe von 19,2 m erreichen (HUTTUNEN 2005). Die durchschnittliche Höhe der Baumschicht beträgt 9,8 m bei einer mittleren Bestandsdichte von 1100 Stämmen pro Hektar.

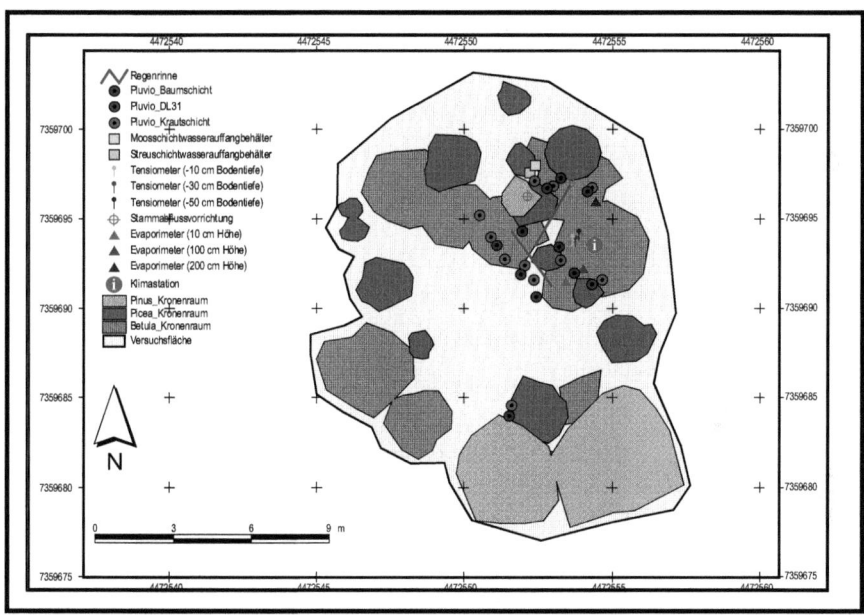

Abbildung 20: Verteilung der Messapparatur sowie Kronenbedeckung in VF Alt

Entsprechend seiner natürlichen Sukzession weist der Altbestand eine heterogene und aufgelockerte Bestandsstruktur auf (Abb. 20). Im Wesentlichen wird die Baumschicht durch *Betula pubescens* (59%), *Picea abies* (34%) und *Pinus sylvestris* (7%) aufgebaut. VF Alt wird zudem durch ein gänzliches Fehlen der im Gegensatz zu VF Auf flächenhaft verbreiteten Strauchschicht charakterisiert. Hingegen trifft man in der reichhaltigen Krautschicht auf sämtliche Arten wie *Vaccinium myrtillus*, *Vaccinium vitis-idaea*, *Vaccinium uliginosum* und *Empetrum nigrum*. Flächendeckend prägen verschiedene Arten der Gattung *Sphagnum* den Moosteppich der Versuchsfläche.

Die Aufnahmefläche weist eine mittlere Höhenlage von 308 m bei einer durchschnittlichen Neigung von 1° in südwestlicher Exposition auf. Das Areal wird nördlich und östlich durch die Verbindungsstraße nach Juuma begrenzt, während in südlicher Richtung ein Übergang in eine baumlose, moorbestandene Fläche erfolgt.

Entsprechend den pedologischen Eigenschaften prägen VF Alt schluffig-sandige Substratverhältnisse (Abb. 21). Wie für VF Auf unterliegt auch VF Alt intensiver Podsolierung.

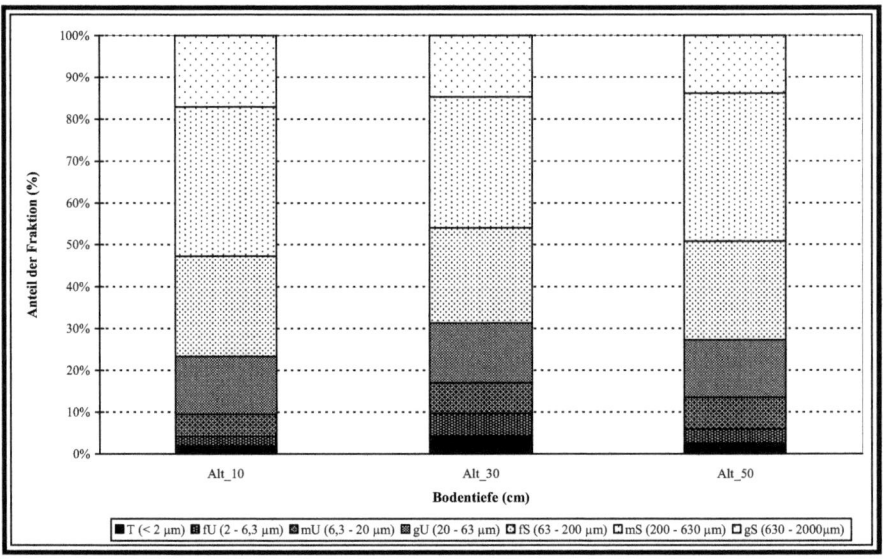

Abbildung 21: Anteil der Feinbodenfraktionen in 10 cm, 30 cm und 50 cm Bodentiefe von VF Alt

4 Studien zur Struktur und Dynamik der Sommerniederschläge in Finnisch-Lappland

4.1 Zeitreihenanalyse der Temperatur

4.1.1 Jahresmitteltemperatur

Zur Übersicht der Verteilung der Temperatur im Sinne der mittleren und extremen Ausprägungen ist es zweckmäßig, die Mittelwerte, Extremwerte und Spannweiten der Stationsdatensätze der betrachteten Klimastationen zu berechnen. Dabei verdeutlicht die Verteilung der differenzierten Mittelwerte die langjährigen Klimaverhältnisse, während die Extremwerte sowie ihre Spannweiten Hinweise auf die Variationsbreite der Temperaturverhältnisse geben.

Die Bestimmung des Variationsmaßes Standardabweichung ermöglicht die Untersuchung der intraanuellen Variabilität und lässt demnach Rückschlüsse auf die Bildung der betrachteten Jahresmittel zu. Die ermittelten deskriptiven Werte zu Jahresmitteltemperatur sind in Tabelle 3 aufgeführt.

Die Ausprägungen der differenzierten Mittelwerte der Beobachtungsperiode 1978-2007 sind von Lage und Position einer Station abhängig. Dabei stehen die Temperaturwerte zunächst unter dem Einfluss großskaliger Zirkulationsmuster. Zudem werden sie durch regionale klimatische Eigenschaften und unterschiedlichen lokalen Einflussgrößen (Lokalklima einer Stadt) modifiziert.

Anhand der Verteilung der Jahresmitteltemperaturen ist ein eindeutig abnehmender Temperaturgradient innerhalb des Untersuchungsgebietes von Süden nach Norden hin festzustellen (Abb. 22). Demzufolge erreichen die Jahresmitteltemperaturen in Oulu +2,6 °C und Kajaani +1,9 °C, während für Kilpisjärvi im Nordwesten des Untersuchungsraumes eine mittlere Jahresmitteltemperatur von -1,9 °C erreicht wird (Tab. 3). Im Vergleich zu Regionen gleicher geographischer Breite (z. B. Alaska, Kanada oder Sibirien) erreichen die Temperaturen in Nordfinnland aufgrund eines spürbaren Einflusses der „Fernwärmeheizung"

Golfstrom entsprechend höhere Werte (im Mittel: 5-10 K; vgl. HARE 1956, HARE & HAY 1974, STAFFORD et al. 2000, LANGER 2004).

Tabelle 3: Deskriptive Statistik zu Temperatur im Bezugszeitraum 1978-2007; xm=Mittelwert, mina=absolutes Minimum, maxa=absolutes Maximum, Jahr=Eintrittsjahr, s=Standardabweichung, R=Spannweite

	xm [°C]	mina [°C]	Jahr	maxa [°C]	Jahr	s	R
Finnland							
Ivalo	-0,5	-2,7	1985	1,4	2006	1,2	4,1
Kajaani	1,9	-0,8	1985	3,9	1989	1,1	4,7
Kevo	-1,4	-3,6	1981	0,3	1989	1,2	3,9
Kilpisjärvi	-1,9	-4,0	1981	-0,4	1989	1,0	3,6
Kuusamo	-0,6	-3,6	1981	2,0	2006	1,6	5,6
Muonio	-1,2	-3,8	1985	0,6	2006	1,2	4,4
Oulanka	-0,6	-3,7	1985	1,7	2001	1,3	5,4
Oulu	2,6	-0,1	1985	4,3	1989	1,1	4,4
Pello	0,3	-2,5	1985	2,3	2006	1,2	4,8
Pudasjärvi	1,3	-1,1	1985	3,2	1989	1,0	4,3
Rovaniemi	0,7	-1,8	1985	2,4	2006	1,0	4,2
Salla	-0,4	-3,1	1985	1,6	2006	1,2	4,7
Norwegen							
Vardoe	1,8	0,2	1978	3,1	2005	0,8	2,9
Tromsoe	3,2	1,8	1981	4,3	1990	0,7	2,5
Kirkenes	-0,1	-2,0	1998	1,8	1989	1,0	3,8
Schweden							
Arjeplog	-0,1	-2,6	1985	1,7	1989	1,0	4,3
Happaranda	1,7	-1,1	1985	3,4	2001	1,1	4,5
Hemavan	0,2	-2,3	1978	2,2	1989	1,2	4,5
Katterjakk	-1,1	-2,9	1981	0,4	1990	0,9	3,3
Kiruna	-0,8	-3,1	1985	0,7	2001	1,1	3,8
Lulea	2,2	-0,6	1985	4,0	2006	1,1	4,6
Pajala	-0,1	-2,9	1985	1,6	2001	1,1	4,5
Russland							
Kalevala	0,9	-1,9	1984	2,6	2002	1,2	4,5
Kandalaksha	0,3	-2,2	1984	1,9	2006	1,1	4,1
Krasnoscele	-1,2	-3,7	1984	0,9	1988	1,1	4,6
Lovozero	-1,2	-3,9	1984	0,9	1988	1,1	4,8
Murmansk	0,2	-1,9	1984	2,4	1988	1,0	4,3
Sojna	-1,4	-4,0	1998	0,2	1995	1,1	4,1
Umba	0,7	-1,8	1984	2,6	1994	1,1	4,4

Studien zur Struktur und Dynamik der Sommerniederschläge in Finnisch-Lappland

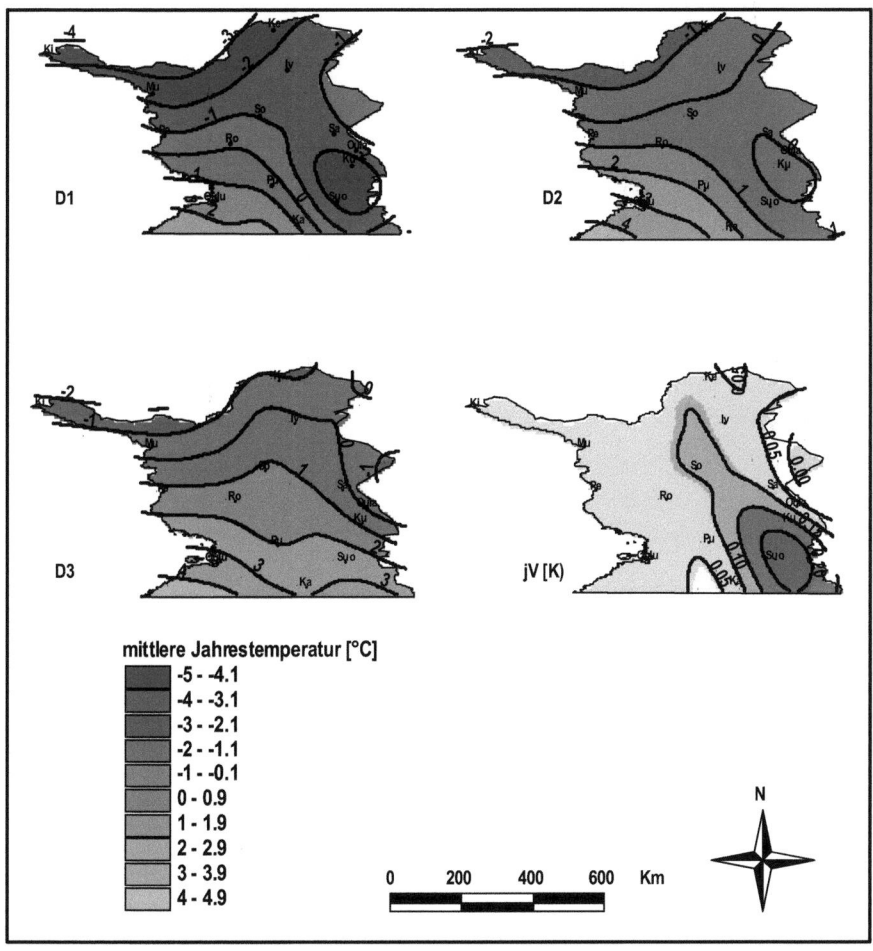

Abbildung 22: Mittlere Jahrestemperatur [°C] in D1, D2 und D3 sowie mittlere jährliche Temperaturänderung (jV) [K] (rot=Temperaturzunahme; blau=Temperaturabnahme)

Die zeitliche Entwicklung der Temperatur ist aus dem Verlauf der Linien gleicher mittlerer Jahrestemperatur zu ersehen. Dabei bildet ein im westlichen Untersuchungsraum nördlicher Verlauf der Isothermen (ca. 200 km) in D1 und D2 das Ergebnis einer von West nach Ost abnehmenden Kontinentalität (Abb. 22). Hohe Erwärmungstendenzen insbesondere im südöstlichen Untersuchungsraum führen zu einem zonalen Anordnungsprinzip der Isothermen in D3 (Abb. 22).

Bei den absoluten Minimalwerten zeigen die südöstlichen Stationen Oulanka mit -3,1 K und Kuusamo mit -3,0 K die größten negativen Abweichungen vom Mittelwert. Hingegen beträgt die Differenz des Minimalwertes zum Mittelwert in den nördlichen Stationen Ivalo und Kevo jeweils -2,0 K. Länderübergreifend vermag keine der zu untersuchenden Klimastationen höhere negative Abweichungen vom Mittelwert zu verbuchen als die bereits genannten Oulanka und Kuusamo, während hingegen das maritime Tromsö mit -1,4 K die geringste negative Abweichung aufweist (Tab. 3).

Bei den absoluten Maximalwerten zeigen wiederum die Stationen Kuusamo und Oulanka mit einer Temperaturzunahme von +2,6 K bzw. +2,3 K die größten positiven Abweichungen vom Mittelwert. Hingegen erreichen diese für Kevo und Rovaniemi lediglich +1,7 K und bilden demnach die geringsten positiven Abweichungen vom Mittelwert aller untersuchten Stationen in Nordfinnland. Im lappländischen Vergleich verbuchen insbesondere die maritimen Stationen Nordnorwegens geringe positive Abweichungen (Tromsö: +1,1 K, Vardö: +1,3 K; vgl. Tab. 3).

Um Aussagen zur Variationsbreite der Temperaturen zu geben, bedarf es der Anwendung von Spannweiten, d. h. die Differenz der maximalen und minimalen Extremwerte. Demnach weisen die beiden im Südosten von Finnisch-Lappland gelegenen Stationen Kuusamo und Oulanka mit 5,6 K bzw. 5,4 K die höchsten Spannweiten auf, während für Kevo und Kilpisjärvi mit 3,6 K bzw. 3,9 K ein geringer Einfluss maritimer Klimagunst, der insbesondere in Tromsö und Vardö (2,5 K bzw. 2,9 K) ausgeprägt ist, spürbar wird (Tab. 3).

Hingegen unterliegen die kontinental geprägten Gebiete (südöstliches Finnisch-Lappland) einer deutlich größeren Variationsbreite im Vergleich zu maritim beeinflussten Regionen (nördliches Finnisch-Lappland; Nordnorwegen).

Aus dem Eintrittsjahr und der Anzahl der gemessenen Extremwerte der Temperaturen aller Stationen (n=29) ist eine Konzentration der Extremwerte auf relativ wenige Jahre innerhalb des Bezugszeitraumes 1978-2007 auffällig. Zudem weisen alle Stationen innerhalb eines Jahres entweder ein Maximum oder ein Minimum auf. In keinem Falle wurden im lappländischen Messstationsnetz in einem Jahr positive und negative Abweichungen der Temperaturwerte gemessen. Folglich kann aus dieser Beobachtung der Schluss gezogen werden, dass das Klima im Untersuchungsraum in diesen Jahren von einer großräumig relevanten Größe beeinflusst wurde, die an allen Stationen in die gleiche Richtung gewirkt hat, die entweder eine Temperaturzunahme bzw. -abnahme hervorruft (Tab. 3).

Ein wichtiges Charakteristikum der Extremwerte bildet zudem die zeitliche Versetzung der auftretenden Maximal- und Minimalwerte. Hierbei treten alle Minima der in Finnisch-Lappland registrierten Klimastationen in der ersten Untersuchungsdekade, zunächst 1981 mit einer maximalen Anzahl von n=3 (Kevo, Kilpisjärvi, Kuusamo) und insbesondere 1985 mit einer maximalen Anzahl von n=9 auf (Tab. 3). Länderübergreifend konnte nur in zwei von 29 Stationen ein Minimalwert nach 1985 verzeichnet werden (Kirkenes, Sojna jeweils 1998; vgl. Tab. 3). Hingegen wurden die ersten Maximalwerte in Finnisch-Lappland erst 1989 mit einer Häufigkeit von n=5 registriert (im gesamtlappländischen Raum: ab 1988; vgl. Tab. 3). Mit einer maximalen Anzahl von n=6 im Jahre 2006 wurde die Häufigkeit aus dem Jahre 1989 übertroffen (Tab. 3).

Aus der zeitlichen Verteilung der Minima in der ersten Hälfte des Beobachtungszeitraumes und der Maxima in der zweiten Hälfte der Untersuchungsperiode liegt die Vermutung nahe, dass eine großräumige und insbesondere eine zeitlich dauerhafte Veränderung im Klimasystem in Finnisch-Lappland statt findet. Den Zeitraum der Beobachtungsperiode kennzeichnet demzufolge eine eindeutige Entwicklungstendenz zum Auftreten von Temperaturmaxima.

Die Ergebnisse der Trendanalyse zeigen durchweg einen positiven Trend der Temperaturen. Jede der insgesamt 29 betrachteten Klimastationen kennzeichnet eine Temperaturzunahme im Beobachtungszeitraum 1978-2007. In 27 Fällen werden dabei Niveaus erreicht, die mindestens als *stark signifikant* einzustufen sind. Dies bedeutet, dass mit 90%-iger Wahrscheinlichkeit die Trendergebnisse auf nicht zufälligen und mit höchstens 10%-iger Wahrscheinlichkeit auf zufälligen Prozessen beruhen. Bei 20 untersuchten Datenreihen (zehn finnische, zwei norwegische, sieben schwedische und eine russische; vgl. Tab. 4) übertrifft das Niveau der nicht zufälligen Wahrscheinlichkeit die 95%-Marke. Das höchste Signifikanzniveau von mindestens 98% wird an acht Stationsdatenreihen (fünf in Schweden, drei in Finnland) erreicht (vgl. Tab. 4).

Hinsichtlich des linearen Trends ist insbesondere die nordfinnische Station Kuusamo hervorzuheben, deren Steigung (4,5 K) denen der übrigen Stationen um fast das Doppelte übertrifft. Hingegen verbuchen Kevo, Kilpisjärvi, Oulanka und Pudasjärvi mit jeweils +2,1 K die geringsten Temperaturzunahmen in Finnisch-Lappland. Die Temperaturzunahmen in den maritim geprägten Stationen Norwegens liegen hingegen mit Werten von +1,5 K bis +1,8 K deutlich darunter, während die mittleren Zunahmewerte der schwedischen und russischen Jahresmitteltemperaturen denen der finnischen gleichen (vgl. Tab. 4).

Tabelle 4: Trendanalyse der Jahresmitteltemperatur im Bezugszeitraum 1978-2007

	Steigung [°C]	lin. Tr. [°C]	T/R	t-Wert	Signifikanz
Finnland	**0,08**	**2,4**	**2,08**	**< 0,05**	**sehr stark**
Ivalo	0,08	2,4	1,98	< 0,05	sehr stark
Kajaani	0,08	2,4	2,09	< 0,05	sehr stark
Kevo	0,07	2,1	1,82	< 0,1	stark
Kilpisjärvi	0,07	2,1	2,10	< 0,05	sehr stark
Kuusamo	0,15	4,5	2,80	< 0,02	höchst
Muonio	0,09	2,7	2,34	< 0,02	höchst
Oulanka	0,07	2,1	1,67	< 0,1	stark
Oulu	0,08	2,4	2,20	< 0,05	sehr stark
Pello	0,09	2,7	2,29	< 0,05	sehr stark
Pudasjärvi	0,07	2,1	2,04	< 0,05	sehr stark
Rovaniemi	0,08	2,4	2,38	< 0,02	höchst
Salla	0,08	2,4	2,04	< 0,05	sehr stark
Norwegen	**0,06**	**1,8**	**2,24**	**< 0,05**	**sehr stark**
Vardoe	0,06	1,8	2,15	< 0,05	sehr stark
Tromsoe	0,05	1,5	2,18	< 0,05	sehr stark
Kirkenes	0,06	1,8	1,79	< 0,1	stark
Schweden	**0,09**	**2,7**	**2,64**	**< 0,02**	**höchst**
Arjeplog	0,07	2,1	2,05	< 0,05	sehr stark
Happaranda	0,08	2,4	2,20	< 0,05	sehr stark
Hemavan	0,09	2,7	2,32	< 0,02	höchst
Katterjakk	0,07	2,1	2,43	< 0,02	höchst
Kiruna	0,10	3,0	2,84	< 0,02	höchst
Lulea	0,09	2,7	2,36	< 0,02	höchst
Pajala	0,09	2,7	2,37	< 0,02	höchst
Russland	**0,06**	**1,8**	**1,89**	**< 0,1**	**stark**
Kalevala	0,07	2,1	1,80	< 0,1	stark
Kandalaksha	0,08	2,4	2,25	< 0,05	sehr stark
Krasnoscele	0,07	2,1	1,84	< 0,1	stark
Lovozero	0,07	2,1	1,86	< 0,1	stark
Murmansk	0,02	0,6	0,58	> 0,5	nicht
Sojna	0,05	1,5	1,32	< 0,2	sign.
Umba	0,05	2,1	1,94	< 0,1	stark

Aus den Verlaufskurven der mittleren Jahrestemperaturen aller betrachteten Stationsdatenreihen in Lappland werden die interanuell wirksamen Prozesse der Temperaturänderungen sichtbar. Dem stehen Perioden erhöhter Jahresmitteltemperaturen (1990-1993; 2000-2005) mehrjährigen Phasen negativer Temperaturanomalien (1978-1983; 1992-1995) gegenüber (Abb. 23).

Die unterschiedliche Lage zum Atlantik trägt außerdem zu einer Verschiebung der interanuellen Temperaturwerte bei. Demnach liegen die Differenzbeträge der Jahresmitteltemperaturen aus den kalten Jahren 1981, 1985, 1998 sowie der warmen Jahre 1990, 2003 und 2006 in Norwegen deutlich unter denen Finnlands (Abb. 23).

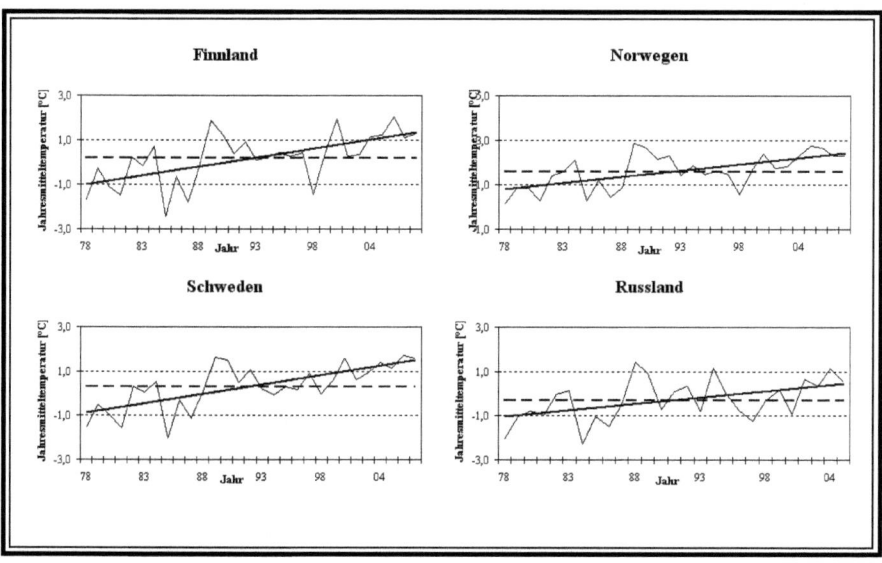

Abbildung 23: Verlauf der mittleren Jahrestemperatur [°C], Trendlinie (fett) sowie Mittelwertlinie (fett gestrichelt) für Finnland, Norwegen, Schweden und Russland zwischen 1978 und 2007

4.1.2 Jahreszeitentemperatur

Im Frühjahr werden an nahezu allen Klimastationen nördlich des Polarkreises Temperaturen um den Gefrierpunkt erreicht, während diese für die Stationen des südwestlichen Bereiches Finnisch-Lapplands bis zu 4 K darüber liegen können (Tab. 5).

Tabelle 5: Mittlere Frühjahrstemperaturen [°C] im Beobachtungszeitraum 1978-1987, 1988-1997 und 1998-2007 anhand 11 ausgewählter Stationsdatenreihen Finnisch-Lapplands

Station	1978-1987 [°C]	1987-1997 [°C]	1998-2007 [°C]
Ivalo	-2,0	-1,3	-1,0
Kajaani	0,6	1,2	1,4
Kevo	-2,9	-2,2	-2,0
Kuusamo	-2,9	-1,5	-0,7
Muonio	-2,0	-1,4	-1,3
Oulanka	-1,6	-0,8	-1,2
Oulu	1,0	1,7	1,5
Pello	-0,7	0,0	0,3
Pudasjärvi	0,4	0,9	0,7
Rovaniemi	-0,5	-0,1	0,1
Salla	-1,5	-0,9	-0,8

Der maritime Einfluss des Nordatlantiks spiegelt sich demnach auch im regionalen Temperaturvergleich wieder. Dementsprechend liegen die mittleren Frühjahrstemperaturen der Stationsdatenreihen Nordnorwegens stets über denen des kontinental geprägten Finnlands, Schwedens und Russlands. Eine Zunahme der Frühjahrstemperatur innerhalb des Untersuchungszeitraumes 1978-2007, die insbesondere zwischen D1 und D2 wirksam ist, kann mit Ausnahme der schwedischen Stationsdatenreihen nicht ausreichend statistisch abgesichert werden (Tab. 6).

Tabelle 6: Regionale Statistik der Temperaturentwicklung im Frühjahr innerhalb des Bezugszeitraumes 1978-2007; xm = mittlere Temperatur; mina = Temperaturminima; maxa = Temperaturmaxima; s = Standardabweichung, R = Spannweite; lin. Trend = linearer Trend; T/R = Trend-Rausch-Verhältnis; t-Wert = Irrtumswahrscheinlichkeit

	Finnland	Norwegen	Schweden	Russland
xm [°C]_D1	-1,1	-0,6	-1,3	-2,3
xm [°C]_D2	-0,4	0,2	-0,8	-1,2
xm [°C]_D3	-0,3	0,3	-0,6	-1,5
mina [°C]	-3,2	-2,2	-2,8	-3,8
maxa [°C]	2,4	2,4	1,1	1,0
s	1,4	1,1	1,1	1,2
R	5,6	4,6	3,9	4,8
lin. Trend [°C]	1,2	1,5	0,9	0,9
T/R	0,89	1,33	0,82	0,76
t-Wert	> 0,5	< 0,2	> 0,5	> 0,5
Signifikanz	nicht	signifikant	nicht	nicht

Der meteorologische Sommer bildet in Finnisch-Lappland die wärmste Jahreszeit. Dabei werden in D1 mittlere Temperaturen erreicht, die Werte zwischen +10,6 °C (Kuusamo, Kevo) und +14, °C (Oulu) annehmen (Tab. 7). Eine Erwärmung der sommerlichen Atmosphäre innerhalb des Untersuchungszeitraumes wird insbesondere an den erhöhten Temperaturwerten von Kuusamo (+3,1 K) deutlich (Tab. 7).

Tabelle 7: Mittlere Sommertemperaturen [°C] im Beobachtungszeitraum 1978-1987, 1988-1997 und 1998-2007 anhand 11 ausgewählter Stationsdatenreihen Finnisch-Lapplands

Station	1978-1987 [°C]	1987-1997 [°C]	1998-2007 [°C]
Ivalo	11,5	12,0	12,8
Kajaani	13,8	14,2	15,1
Kevo	10,6	11,2	11,8
Kuusamo	10,6	12,1	13,7
Muonio	11,6	12,1	12,7
Oulanka	12,2	12,9	13,4
Oulu	14,1	14,8	15,4
Pello	13,0	13,5	14,2
Pudasjärvi	13,4	14,0	15,0
Rovaniemi	12,6	13,2	14,0
Salla	11,6	12,3	13,2

Tabelle 8: Regionale Statistik der Temperaturentwicklung im Sommer innerhalb des Bezugszeitraumes 1978-2007; xm=mittlere Temperatur; mina=Temperaturminima; maxa=Temperaturmaxima; s=Standardabweichung, R=Spannweite; lin. Trend=linearer Trend; T/R=Trend-Rausch-Verhältnis; t-Wert=Irrtumswahrscheinlichkeit

	Finnland	Norwegen	Schweden	Russland
xm [°C]_D1	12,3	9,3	11,6	11,3
xm [°C]_D2	12,9	10,0	12,3	11,7
xm [°C]_D3	13,7	10,5	13,0	12,8
mina [°C]	10,8	8,1	10,6	10,4
maxa [°C]	14,7	11,7	14,6	13,2
s	1,0	0,8	1,0	0,8
R	3,9	3,6	4,0	2,8
lin. Trend [°C]	2,1	1,5	1,8	1,8
T/R	2,08	1,95	1,74	2,17
t-Wert	< 0,05	< 0,1	< 0,1	< 0,05
Signifikanz	sehr stark	stark	stark	sehr stark

Die Ergebnisse der regionalen Trendanalyse zeigen durchweg einen positiven Trend der Sommertemperaturen. Aufgrund geringer Standardabweichungen werden entsprechend hohe bis sehr hohe Signifikanzniveaus (bis 98%) erreicht (Tab. 8).

Die Temperaturentwicklung im Herbst wird hingegen durch eine deutlich ausgeprägte Differenz innerhalb der Stationsdatenreihen charakterisiert (Muonio in D1: -1,7 °C; Oulu in D1: +2,8 °C; vgl. Tab. 9). Zudem verbuchen fast alle Datenreihen des nordfinnischen Stationsnetzes von D1 nach D2 einen Rückgang der Herbsttemperatur um -0,2 K bis -0,5 K. Temperaturerhöhungen zwischen +1,0 K bis +1,7 K kennzeichnen lediglich den Zeitraum von D2 nach D3 (Tab. 9).

Studien zur Struktur und Dynamik der Sommerniederschläge in Finnisch-Lappland

Tabelle 9: Mittlere Herbsttemperaturen [°C] im Beobachtungszeitraum 1978-1987, 1988-1997 und 1998-2007 anhand 11 ausgewählter Stationsdatenreihen Finnisch-Lapplands

Station	1978-1987 [°C]	1987-1997 [°C]	1998-2007 [°C]
Ivalo	-0,8	-1,0	0,7
Kajaani	2,2	1,7	3,2
Kevo	-1,5	-1,7	-0,3
Kuusamo	-1,5	-0,6	1,1
Muonio	-1,7	-2,0	-0,4
Oulanka	-0,1	-0,7	0,6
Oulu	2,8	2,4	3,9
Pello	0,0	-0,4	1,3
Pudasjärvi	1,4	0,9	2,0
Rovaniemi	0,4	0,1	1,3
Salla	-0,4	-0,9	0,1

Tabelle 10: Regionale Statistik der Temperaturentwicklung im Herbst innerhalb des Bezugszeitraumes 1978-2007; xm=mittlere Temperatur; mina=Temperaturminima; maxa=Temperaturmaxima; s=Standardabweichung, R=Spannweite; lin. Trend=linearer Trend; T/R=Trend-Rausch-Verhältnis; t-Wert=Irrtumswahrscheinlichkeit

	Finnland	Norwegen	Schweden	Russland
xm [°C]_D1	0,1	2,0	0,2	0,7
xm [°C]_D2	-0,2	2,0	0,1	0,2
xm [°C]_D3	1,2	2,9	1,4	1,2
mina [°C]	-2,4	0,7	-2,0	-1,5
maxa [°C]	3,7	4,5	3,4	3,8
s	1,5	1,0	1,3	1,2
R	6,1	3,8	5,4	5,3
lin. Trend [°C]	1,8	1,5	1,8	0,9
T/R	1,17	1,55	1,41	0,78
t-Wert	< 0,5	< 0,2	< 0,2	> 0,5
Signifikanz	schwach	signifikant	signifikant	nicht

Überdies kennzeichnet eine nahezu flächendeckende Zunahme der Herbsttemperaturen die Klimaverhältnisse in Lappland von D2 nach D3, obgleich eine statistische Absicherung der Erwärmungstendenz hingegen nur für schwedische und norwegische Stationsdatenreihen gelten kann (Tab. 10).

Der Winter bildet für Finnisch-Lappland die kälteste meteorologische Jahreszeit. Entsprechend liegen die mittleren Temperaturwerte deutlich unter denen der übrigen

Jahreszeitentemperaturen. Ein maritimer Einfluss begünstigt insbesondere Oulu (-12,0 °C), während Stationen, die im kontinentalen Südosten platziert sind, sowie nördliche Stationen, die unter dem Einfluss der Polarnacht liegen, deutlich geringeren Temperaturen ausgesetzt sind (Muonio in D1: -17,5 °C; vgl. Tab. 11).

Ebenso übertrifft das Maß der Temperaturerhöhung im Winter jene der übrigen Jahreszeiten um ein Vielfaches. Dabei kennzeichnet ein markanter Temperatursprung von nahezu +5 K die atmosphärischen Verhältnisse in Finnisch-Lappland von D1 nach D2. Negative Temperaturentwicklungen kennzeichnen hingegen den Zeitraum D2 nach D3 (vgl. Tab. 11).

Tabelle 11: Mittlere Wintertemperaturen [°C] im Beobachtungszeitraum 1978-1987, 1988-1997 und 1998-2007 anhand 11 ausgewählter Stationsdatenreihen Finnisch-Lapplands

Station	1978-1987 [°C]	1987-1997 [°C]	1998-2007 [°C]
Ivalo	-14,8	-10,5	-11,5
Kajaani	-13,1	-8,4	-9,3
Kevo	-15,7	-11,2	-13,1
Kuusamo	-15,7	-10,7	-11,1
Muonio	-17,5	-11,6	-12,9
Oulanka	-16,8	-11,5	-13,2
Oulu	-12,0	-7,0	-8,1
Pello	-15,7	-10,6	-11,2
Pudasjärvi	-13,3	-8,7	-9,6
Rovaniemi	-13,4	-9,2	-10,0
Salla	-15,2	-10,4	-11,6

Tabelle 12: Regionale Statistik der Temperaturentwicklung im Winter innerhalb des Bezugszeitraumes 1978-2007; xm=mittlere Temperatur; mina=Temperaturminima; maxa=Temperaturmaxima; s=Standardabweichung, R=Spannweite; lin. Trend=linearer Trend; T/R=Trend-Rausch-Verhältnis; t-Wert=Irrtumswahrscheinlichkeit

	Finnland	Norwegen	Schweden	Russland
xm [°C]_D1	-14,8	-7,1	-13,4	-13,4
xm [°C]_D2	-10,0	-4,6	-8,9	-9,9
xm [°C]_D3	-11,1	-5,5	-9,6	-11,0
mina [°C]	-21,1	-10,1	-18,7	-18,3
maxa [°C]	-6,3	-2,2	-5,2	-7,6
s	3,2	1,8	3,0	2,6
R	14,8	7,9	13,5	10,7
lin. Trend [°C]	4,8	2,4	5,4	3,3
T/R	1,51	1,34	1,81	1,29
t-Wert	< 0,2	< 0,2	< 0,1	< 0,5
Signifikanz	signifikant	signifikant	stark	schwach

Ein wesentliches Merkmal des winterlichen Temperaturregimes in Finnisch-Lappland ist die im Vergleich zu den übrigen Jahreszeiten sehr hohe Standardabweichung. Zudem erreichen in Analogie zu Frühjahr, Sommer und Herbst die winterlichen Spannweiten zwei- bis dreimal so hohe Werte. Dies impliziert eine hohe Variabilität der im Winter gemessenen Temperaturen und demzufolge auch eine hohe interanuelle Schwankung der Jahresmitteltemperatur (Tab. 12).

Die Auswertungen der Trendanalysen im Zeitraum 1978-2007 ergeben mittlere Erwärmungstendenzen bis zu +5,4 K. Dabei werden die norwegischen und finnischen Stationsdatenreihen als mindestens *signifikant*, die schwedischen als mindestens *stark signifikant* und die russischen als mindestens *schwach signifikant* eingestuft (Tab. 12).

Aus der Betrachtung der zeitlichen Verteilung aller Extremereignisse geht hervor, dass die Temperaturminima im Frühjahr, Sommer und Winter insbesondere zu Beginn der Messwertperiode auftreten (1981: n=15 [F]; 1987: n=15 [S]; 1985: n=27 [W]; vgl. Abb. 24). Hingegen treten Maxima zum Ende des Untersuchungszeitraumes auf (Abb. 24).

Während Extremereignisse im Frühjahr, Sommer und Herbst über mehrere Jahre verteilt auftreten, kennzeichnet die winterlichen Extremverhältnisse eine stärkere Gewichtung auf vereinzelte Jahre (Abb. 24).

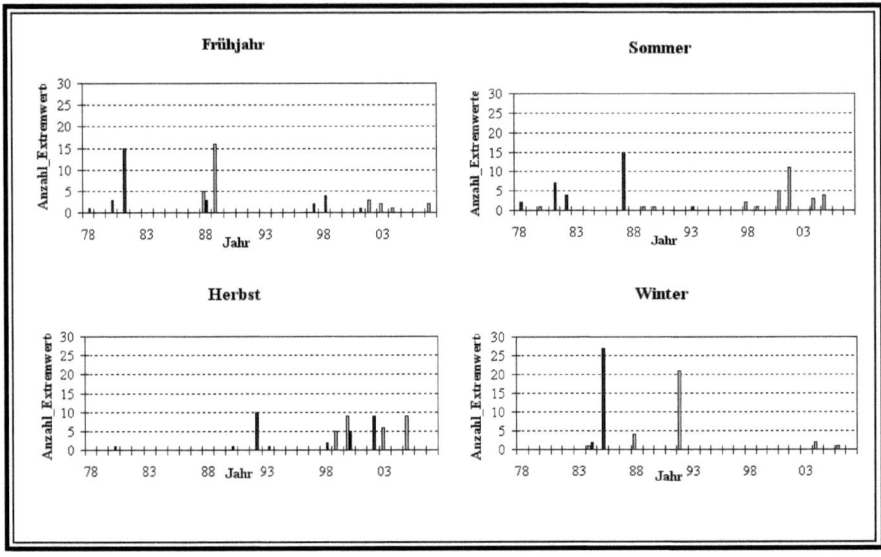

Abbildung 24: Anzahl der Extremereignisse sowie Eintrittsjahr im Frühjahr, Sommer, Herbst und Winter anhand 29 untersuchter Stationsdatenreihen Lapplands innerhalb des Bezugszeitraumes 1978-2007 (schwarz=Minima; grau=Maxima)

4.1.3 Temperaturen in Vegetationsperiode (Mai-September)

Aus dem Vergleich der Lufttemperaturen für Mai-September geht zunächst hervor, dass im Mai die geringsten Temperaturwerte innerhalb des Zeitraumes 1978-2007 verzeichnet werden. Dabei unterliegt die mittlere Variation Temperaturen zwischen +3,7 °C in Norwegen (D1, D2) sowie +6,0 °C in Finnland (D1, D3). Aus dieser Temperaturdiskrepanz wird der klimamodifizierende Einfluss der Meeresnähe norwegischer Stationen deutlich. Hingegen kann die Nähe zu einem Binnenmeer infolge verlängerter Meereisbedeckung eine Absenkung frühsommerlicher Temperaturverhältnisse insbesondere für russische Stationen bewirken (vgl. KOUTANIEMI 1987; vgl. Tab. 13).

Die Ergebnisse der Trendanalyse zeigen, dass die geringen Zunahmewerte in den norwegischen Stationsdatenreihen sowie die geringen Abnahmewerte in den übrigen Datenreihen keine statistischen Absicherungen gewährleisten (Tab. 13).

Eine relativ hohe Einstrahlungsaktivität führt im Juni zu Temperaturausprägungen, deren Werte denen vom Mai um das Zwei- bis Dreifache übertreffen. Zudem kennzeichnet eine hohe Variabilität das Temperaturverhalten. Die Entwicklung der Junitemperatur wird überdies von einer Erwärmungstendenz von D1 nach D3 (+0,7 K bis +1,0 K) begleitet (Tab. 13).

Gemäß umfangreichen Trendberechnungen trifft diese Entwicklung aber nur bedingt zu. Mit Ausnahme der norwegischen Stationsdatenreihen ist eine statistische Absicherung der übrigen Regionen aufgrund sehr niedriger Signifikanzniveaus nicht gewährleistet (Tab. 13).

Der Juli bildet in allen untersuchten Regionen Nordskandinaviens den wärmsten Monat. Im regionalen Vergleich variieren die mittleren Lufttemperaturen dabei zwischen +10,7 °C in Norwegen (D1) und +15,8 °C in Russland (D3). Die Spannweiten der Lufttemperaturen liegen im Extremfall zwischen +9,5 °C (Norwegen) und +18,1 °C (Finnland). Die Entwicklung der Julitemperatur von D1 nach D2 ist in Finnland, Norwegen und Schweden mit einer relativ geringen Erwärmungstendenz verbunden, während mittlere Zunahmewerte bis +2 K das thermische Regime von D2 nach D3 in allen Untersuchungsregionen kennzeichnet. Die statistische Bewertung dieses Trends ist aufgrund relativ hoher T/R-Verhältnisse (Ausnahme: Norwegen) als mindestens *signifikant* einzustufen (Tab. 13).

Studien zur Struktur und Dynamik der Sommerniederschläge in Finnisch-Lappland

Tabelle 13: Regionale Statistik der Temperaturentwicklung in den Monaten Mai bis September innerhalb des Bezugszeitraumes 1978-2007 für die Stationsdatenreihen Finnlands, Norwegens, Schwedens und Russlands; xm=mittlere Temperatur; mina=Temperaturminima; maxa=Temperaturmaxima; s=Standardabweichung, R=Spannweite; lin. Trend=linearer Trend; T/R=Trend-Rausch-Verhältnis; t-Wert=Irrtumswahrscheinlichkeit

		Mai	Juni	Juli	August	September
Finnland	xm [°C]_D1	6,0	11,2	14,0	11,0	6,2
	xm [°C]_D2	5,3	11,7	14,2	12,4	6,4
	xm [°C]_D3	6,0	12,2	15,6	12,6	7,3
	mina [°C]	3,1	7,2	12,3	9,2	3,1
	maxa [°C]	9,3	14,5	18,1	14,5	9,0
	s	1,5	1,7	1,3	1,4	1,3
	R	6,2	7,3	5,8	5,3	5,9
	lin. Trend [°C]	-0,3	1,2	2,1	2,7	1,2
	T/R	0,20	0,70	1,57	1,98	0,89
	t-Wert	> 0,5	> 0,5	< 0,2	< 0,02	> 0,5
	Signifikanz	nicht	nicht	signifikant	sehr stark	nicht
		Mai	Juni	Juli	August	September
Norwegen	xm [°C]_D1	3,7	7,6	10,7	9,8	6,5
	xm [°C]_D2	3,7	8,3	10,9	11,0	7,0
	xm [°C]_D3	4,2	8,5	12,0	10,9	7,3
	mina [°C]	1,8	4,8	9,5	8,1	4,7
	maxa [°C]	6,2	10,4	15,0	12,1	8,8
	s	1,1	1,3	1,2	1,0	1,1
	R	4,4	5,6	5,5	4,0	4,1
	lin. Trend [°C]	0,6	1,2	1,5	1,8	0,9
	T/R	0,55	0,92	1,26	1,83	0,86
	t-Wert	> 0,5	< 0,5	< 0,5	< 0,1	> 0,5
	Signifikanz	nicht	schwach	schwach	stark	nicht
		Mai	Juni	Juli	August	September
Schweden	xm [°C]_D1	5,2	10,7	13,4	10,8	6,0
	xm [°C]_D2	4,6	10,9	13,7	12,3	6,5
	xm [°C]_D3	5,4	11,4	14,8	12,6	7,6
	mina [°C]	3,2	7,3	12,0	9,3	4,0
	maxa [°C]	8,5	13,9	17,8	15,3	8,7
	s	1,3	1,6	1,3	1,6	1,2
	R	5,3	6,6	5,8	6,0	4,7
	lin. Trend [°C]	0,0	0,9	1,8	3,0	2,1
	T/R	0,00	0,55	1,43	1,93	1,75
	t-Wert	> 0,5	> 0,5	< 0,2	< 0,1	< 0,1
	Signifikanz	nicht	nicht	signifikant	stark	stark
		Mai	Juni	Juli	August	September
Russland	xm [°C]_D1	4,0	10,0	14,1	10,7	6,7
	xm [°C]_D2	4,1	10,4	13,8	11,5	6,6
	xm [°C]_D3	3,9	10,9	15,8	12,0	7,4
	mina [°C]	1,1	6,8	12,2	9,8	4,0
	maxa [°C]	7,2	13,4	17,3	14,2	8,2
	s	1,2	1,5	1,3	1,0	1,1
	R	6,1	6,6	5,1	4,4	4,2
	lin. Trend [°C]	-0,3	0,9	2,4	2,1	1,2
	T/R	0,24	0,60	1,81	2,00	1,13
	t-Wert	> 0,5	> 0,5	< 0,1	< 0,02	< 0,5
	Signifikanz	nicht	nicht	stark	sehr stark	schwach

Im Vergleich zum Juli unterliegt der August einem intensiveren Erwärmungtrend innerhalb des Untersuchungszeitraumes 1978-2007. Dabei wird der Zeitraum D1-D2 von einer Zunahme der mittleren Augusttemperatur bis zu +1,5 K geprägt, während hingegen D2-D3 eine deutlich abgeschwächte Erwärmung erfährt (Tab. 13).
Die hohen T/R-Verhältnisse gewähren für die im August ermittelten Temperaturtrends eine hohe statistische Absicherung. Dabei sind die Erwärmungstendenzen für die jeweiligen finnischen und russischen Stationsdatenreihen als mindestens *sehr stark signifikant*, die der norwegischen und schwedischen als mindestens *stark signifikant* einzustufen (Tab. 13).

Eine verringerte Einstrahlungsintensität infolge abnehmenden Einfallswinkels der Sonne führt im September zur Ausprägung von Lufttemperaturen, die deutlich unter denen der im Juni bis August ermittelten Temperaturwerten liegen. Insbesondere in den finnischen Datenreihen werden dabei Temperaturen erreicht, die diejenigen im Mai um +0,5 K bis +1,0 K übertreffen. Um bis +3,0 K höhere Septembertemperaturen erfahren hingegen russische und norwegische Datenreihen im Vergleich zu den ermittelten Temperaturen im Mai (Tab. 13). Einen entsprechenden Erklärungsansatz dieser im September zu beobachtenden Klimagunst bietet demnach die für eine Vielzahl von Stationen charakteristische Meeresnähe.
Überdies kennzeichnet eine Erwärmungstendenz von D2 nach D3 die thermischen Verhältnisse im September. Dabei zeigen die Trends für Finnland und Norwegen keinerlei Signifikanz, während für Russland *schwach signifikante* sowie für Schweden *stark signifikante* Trends ersichtlich werden (Tab. 13).

Aus der chronologischen Anordnung von Maxima und Minima geht hervor, dass sämtliche Minima von Mai-September in die erste Hälfte des Untersuchungszeitraumes fallen. Dabei kennzeichnen dem Juni und dem September eine Häufung registrierter Minima auf zwei bzw. drei Jahre, während hingegen der Juli durch eine erhöhte Anzahl an Jahren mit registrierten Minimalwerten charakterisiert ist (Abb. 25).

Die Anzahl jährlich erfasster Maxima konzentriert sich in die zweite Hälfte der Beobachtungsperiode. Gegenüber Minima treten jährlich erfasste Maxima an höchstens zehn Stationsdatenreihen gleichzeitig auf und verdeutlichen anhaltenden Erwärmungstrend (Abb. 25).

Studien zur Struktur und Dynamik der Sommerniederschläge in Finnisch-Lappland

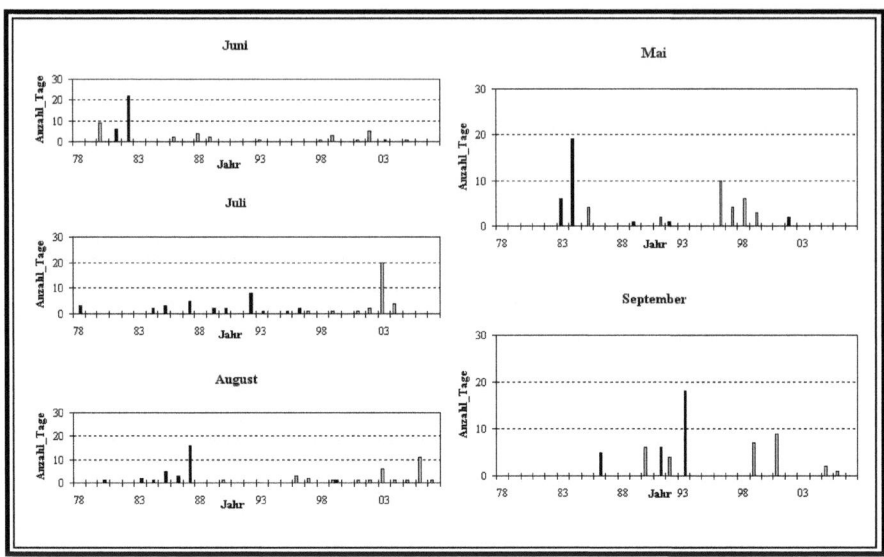

Abbildung 25: Anzahl der Extremereignisse sowie Eintrittsjahr in den Monaten Mai, Juni, Juli, August und September aller 29 untersuchten Stationsdatenreihen des nördlichen Skandinaviens innerhalb des Bezugszeitraumes 1978-2007 (schwarz=Minima; grau=Maxima)

4.1.4 Zusammenfassung Temperatur

Kennzeichnend für den gesamtlappländischen Untersuchungsraum ist eine von anuellen Schwankungen geprägte Temperaturentwicklung. Dabei überlagern die Gegensätze einen starken Anstieg, der für alle Regionen Nordskandinaviens herausgefiltert und als signifikant nachgewiesen werden konnte.

Aus der Variabilitätsanalyse wurden überdies Variationen hinsichtlich der Jahresmittelwerte festgestellt. Dabei unterliegen die Jahr-zu-Jahr-Variationen der kontinentalen Regionen deutlich stärkeren Abweichungen im Vergleich zu maritim geprägten Regionen (Norwegen).

Die lineare Trendanalyse ergibt für Russland und Norwegen ein Temperaturanstieg von jeweils +1,8 K, für Finnland +2,4 K und für Schweden +2,7 K. Der Trendwert unterliegt dabei intrastationären und jahreszeitlichen Schwankungen. Die größten Temperaturzunahmen treten im Winter und Frühjahr auf, die geringsten hingegen im Sommer und Herbst. Dieser

Trend ist in kontinentalen Regionen deutlich stärker ausgeprägt als in maritim beeinflussten Untersuchungsräumen.

Das untersuchte Trendverhalten maskiert zudem die Jahr-zu-Jahr-Variationen und die zentralen Tendenzen der Temperaturentwicklung innerhalb der Großregionen Nordskandinaviens. Anhand geglätteter Kurven konnte ein allgemeingültiges Entwicklungsmuster der Temperatur festgestellt werden. Demnach ist D1 (1978-1987) mit den entsprechend kalten Jahren 1978, 1981, 1984 und 1985 durch negative Anomalien und somit Temperaturen unter dem langjährigen Mittel gekennzeichnet. Ab den späten 1980-er Jahren trägt ein massiver Temperaturanstieg zur Ausprägung positiver Anomalien in D2 und D3 bei.

Die Auswertungen zur Temperaturentwicklung für Mai bis September geben bekannt, dass insbesondere für Juli und August entsprechende Temperaturanstiegsraten bis zu +3,0 K registriert worden sind. Demgegenüber registrieren Juni und September jeweils bis zu +1,0 K höhere Temperaturen, während den Mai geringe negative Temperaturtrends kennzeichnen.

Der Nachweis eines für den nordskandinavischen Großraum allgemein gültigen Musters der Temperaturveränderung führt zu der Annahme, dass großskalige klimarelevante Prozesse zu den einheitlichen Entwicklungen geführt haben, die lediglich durch die klimawirksamen Faktoren der abgegrenzten Klimazonen regional-spezifisch modifiziert werden.

4.2 Zeitreihenanalysen der Niederschlagsverhältnisse

Die Ergebnisse der umfangreichen Analysen zum Niederschlagsverhalten hinsichtlich ihrer Jahres-, Jahreszeiten- und Monatssummen (Mai-September) sowie der absoluten Anzahl an Regen-, Nieselregen- und Starkregentage im Zeitraum 1978-2007 sind in den Abbildungen 26 bis 46 und Tabellen 14 bis 25 dargestellt.

4.2.1 Niederschlagssumme

4.2.1.1 Jahressummen

Die Ausprägung der entsprechenden Jahressummen ist zunächst von der Lage und Position der jeweiligen Untersuchungsstationen abhängig. Dabei werden die Summenwerte zunächst von großskalig (Nordeuropa) beeinflussenden Prozessen bestimmt. Ferner werden die Niederschläge insbesondere von der unterschiedlichen Ausprägung lokaler Einflussgrößen (Lokalklima einer Station) stark modifiziert.

Im Vergleich zu den Temperaturverhältnissen wird das Niederschlagsregime im Untersuchungsgebiet durch eine höhere Variabilität gekennzeichnet. Dabei prägen einem humiden Südosten mittlere Jahressummen von 600-650 mm, während der Norden bzw. Nordwesten des Untersuchungsraumes mit jährlichen Niederschlagsmengen von 400 mm deutlich trockener ausfällt (vgl. D1 in Abb. 26).

Vermehrte zyklonale Luftmassenbewegungen aus dem russisch-karelischen Raum könnten demnach einen Einfluss auf die Ausprägung relativ hoher Niederschlagssummen der südöstlichen Stationsdatenreihen ausüben. Indessen bestimmen einzelne Klimafaktoren wie Leelageneffekt die Ausprägung relativ niedriger Jahressummenwerte in Datenreihen nördlicher bzw. nordwestlicher Stationen.

Aus der zeitlichen Entwicklung geht zunächst einmal hervor, dass eine Summenabnahme von D1 nach D2 an nahezu allen Stationsdatenreihen erfolgt. Das Niederschlagsverhalten in der darauf folgenden Untersuchungsepoche wird hingegen von einer mittleren Summenzunahme von 50-100 mm gekennzeichnet (Abb. 26). Der Bereich der höchsten Niederschlagssummen erstreckt sich dabei in einem etwa 200 km langen Band (>600 mm), das sich von Rovaniemi bis an die finnisch-russische Grenze in südöstlicher Richtung erstreckt (Abb. 26).

Studien zur Struktur und Dynamik der Sommerniederschläge in Finnisch-Lappland

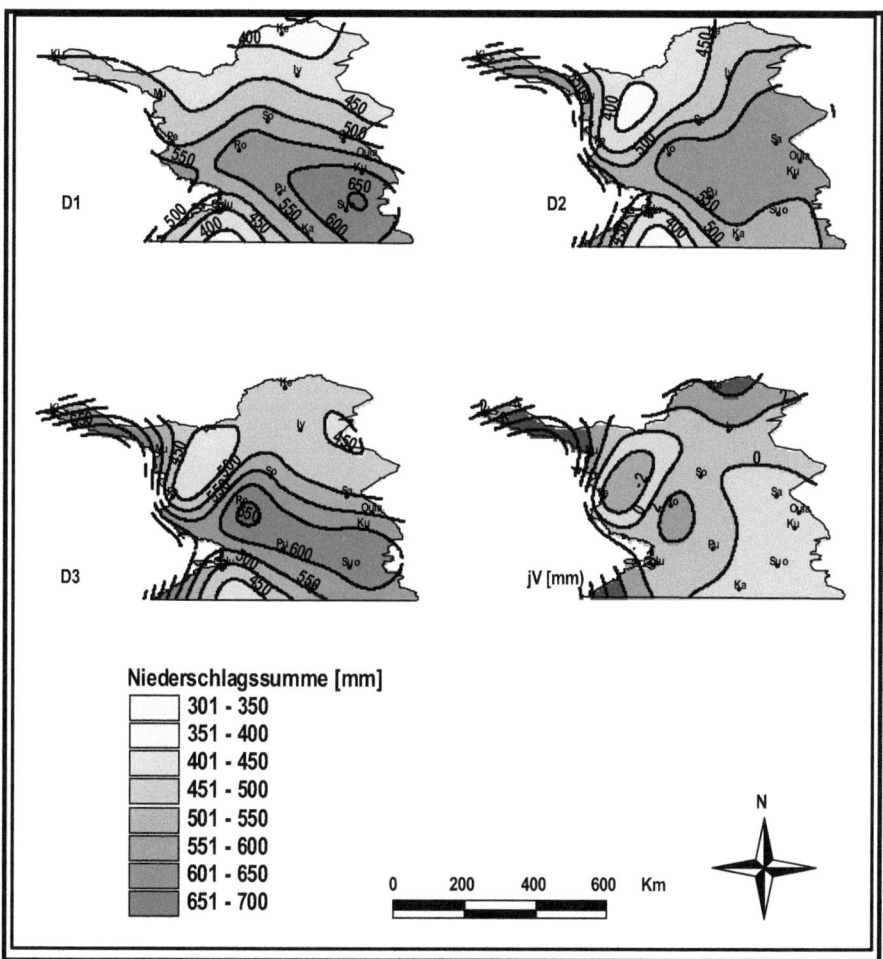

Abbildung 26: Mittlere Jahressummen [mm] in D1-D3 sowie mittlere jährliche Veränderung (jV) der Niederschlagssumme [mm; rot=Abnahme; blau=Zunahme] im Untersuchungszeitraum 1978-2007

Während für alle russischen Stationen sowie für Arjeplog, Happaranda, Pajala und Kirkenes Jahressummen erreicht werden, die denen der finnischen Stationen mit mittleren Werten von 400-600 mm gleichen, erreichen die vorwiegend unter maritimen Einfluss stehenden norwegischen Stationen (Vardö, Tromsö) sowie die in Luvlage der Skanden befindlichen schwedischen Stationen (Hemavan, Katterjakk) deutlich höhere Werte (Tab. 14).

Überdies ergeben sich innerhalb der betrachteten Regionen erhebliche Differenzen in den ermittelten Jahressummen. Für eine Interpretation der unterschiedlich hohen

Niederschlagswerte tragen zudem lokalklimatische, barometrische und windspezifische Daten bei. Die getroffenen Aussagen zur Niederschlagsverteilung verdeutlichen bereits die Vielzahl der niederschlagsbeeinflussenden Faktoren. Die Stationen können dennoch als typisch für einen Großraum angesehen werden, da die Niederschlagsmengen durch die gleichen grundlegenden großskaligen Einflussfaktoren, d. h. insbesondere die im Mittel vorherrschende Luftdruckverteilung und assoziierte Austauschprozesse sowie Zyklogenese bestimmt und lediglich lokal modifiziert werden.

Tabelle 14: Deskriptive Statistik zum Niederschlagsverhalten im Bezugszeitraum 1978-2007; xm=Mittelwert, mina=absolutes Minimum, maxa=absolutes Maximum, Jahr=Eintrittsjahr, s=Standardabweichung, R=Spannweite

	xm [mm]	mina [mm]	Jahr	maxa [mm]	Jahr	s	R
Finnland							
Kajaani	546	418	1995	717	2004	73,8	299
Kevo	425	263	1980	597	1997	91,9	334
Kilpisjärvi	487	268	1986	779	2000	114,8	511
Kuusamo	592	416	1990	791	1981	91,0	375
Muonio	512	380	1980	677	2004	78,9	297
Oulanka	556	437	1980	723	1998	81,8	286
Oulu	455	319	1978	632	2004	83,9	313
Pello	470	303	2006	655	2000	91,5	352
Pudasjärvi	584	406	2001	766	2005	92,0	360
Rovaniemi	595	416	1994	1067	2000	136,4	651
Salla	544	281	1992	770	2001	106,1	489
Sodankylä	526	408	2006	784	1992	90,7	376
Norwegen							
Vardoe	620	480	1980	831	1989	88,6	351
Tromsoe	1025	643	1998	1343	1985	179,4	700
Kirkenes	474	234	1984	642	1991	102,2	408
Schweden							
Arjeplog	562	338	1994	798	1999	96,0	560
Happaranda	592	442	2002	875	1998	98,5	433
Hemavan	769	551	1994	1033	1989	116,8	482
Katterjakk	853	538	1987	1171	1989	148,2	633
Pajala	575	439	1980	839	1993	104,1	400
Russland							
Archangelsk	578	343	1980	769	2003	91,8	425
Kalevala	560	386	1980	850	1994	96,4	464
Kandalaksha	526	347	1988	930	1994	118,6	583
Kem	475	303	2003	803	1994	143,7	500
Krasnoscele	508	323	1986	678	1993	98,2	355
Lovozero	486	275	1986	738	1988	96,4	465
Murmansk	486	356	1994	638	2007	71,0	282
Umba	514	355	1992	707	1981	89,8	352

Aus der Trendanalyse wird ersichtlich, dass sich insbesondere für den Norden bzw. Nordwesten des finnischen Untersuchungsraumes deutliche Niederschlagszugewinne ergeben (Kevo: +29,0%, Muonio: +19,9%, Kilpisjärvi: +14,2%, Rovaniemi: +12,6%), während für Stationen im Südosten (Kajaani, Kuusamo und Oulanka) hingegen geringe Niederschlagsabnahmen verzeichnet sind (Tab. 15). Dabei erreichen lediglich zwei Stationen Finnlands eine statistisch abgesicherte Bewertung (vgl. Kevo und Muonio in Tab. 15).

Tabelle15: Trendanalyse der Niederschläge im Bezugszeitraum 1978-2007

	Steigung [%]	lin. Tr. [mm]	lin. Tr. [%]	T/R	t-Wert	Signifikanz
Finnland	**0,17**	**27**	**5,1**	**0,40**	**>0,5**	**nicht**
Kajaani	-0,15	-24	-4,4	-0,33	>0,5	nicht
Kevo	0,97	123	29,0	1,34	<0,2	signifikant
Kilpisjärvi	0,47	69	14,2	0,60	>0,5	nicht
Kuusamo	-0,17	-30	-5,1	-0,33	>0,5	nicht
Muonio	0,66	102	19,9	1,29	<0,5	schwach
Oulanka	-0,13	-21	-3,8	-0,26	>0,5	nicht
Oulu	0,31	42	9,2	0,50	>0,5	nicht
Pello	-0,51	-72	-15,3	-0,79	>0,5	nicht
Pudasjärvi	0,14	24	4,1	0,26	>0,5	nicht
Rovaniemi	0,42	75	12,6	0,55	>0,5	nicht
Salla	-0,11	-18	-3,3	-0,17	>0,5	nicht
Sodankylä	0,13	21	4,0	0,23	>0,5	nicht
Norwegen	**0,26**	**57**	**7,9**	**0,57**	**>0,5**	**nicht**
Vardoe	0,21	39	6,3	0,44	>0,5	nicht
Tromsoe	0,24	75	7,3	0,42	>0,5	nicht
Kirkenes	0,42	60	12,7	0,59	>0,5	nicht
Schweden	**0,46**	**93**	**13,8**	**1,18**	**<0,5**	**schwach**
Arjeplog	-0,25	-42	-7,5	-0,44	>0,5	nicht
Happaranda	0,20	36	6,1	0,37	>0,5	nicht
Hemavan	0,47	108	14,0	0,92	<0,5	schwach
Katterjakk	0,55	141	16,5	0,95	<0,5	schwach
Pajala	0,80	138	24,0	1,33	<0,2	signifikant
Russland	**0,24**	**48**	**9,4**	**0,68**	**>0,5**	**nicht**
Archangelsk	0,54	93	16,1	1,01	<0,5	schwach
Kalevala	0,02	3	0,5	0,03	>0,5	nicht
Kandalaksha	0,17	27	5,1	0,23	>0,5	nicht
Kem	0,00	0	0,0	0,00	>0,5	nicht
Krasnoscele	0,53	81	16,0	0,83	>0,5	nicht
Lovozero	0,25	36	7,4	0,37	>0,5	nicht
Murmansk	0,62	90	18,5	1,27	<0,5	schwach
Umba	-0,04	-6	-1,2	-0,07	>0,5	nicht

Indessen verbuchen Stationen der übrigen Untersuchungsregionen durchweg Niederschlagshinzugewinne (Ausnahme: Arjeplog, Umba), wobei eine ausreichende statistische Bewertung dieser Trends an drei von fünf schwedischen und zwei von acht russischen Stationen gewährleistet ist (Tab. 15).

4.2.1.2 Jahreszeitensummen

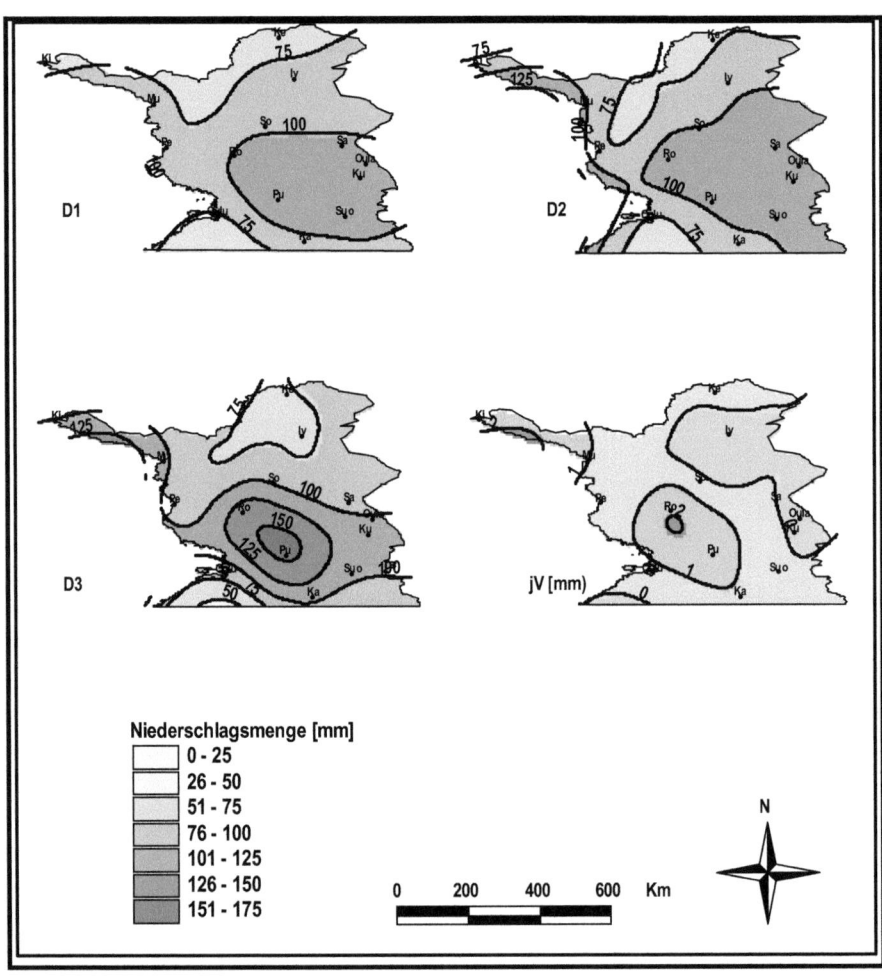

Abbildung 27: Mittlere Niederschlagsmenge im Frühjahr [mm] in D1-D3 sowie deren mittlere jährliche Veränderung (jV) [mm; rot=Abnahme; blau=Zunahme] im Untersuchungszeitraum 1978-2007

Aus den für Frühjahr ermittelten Niederschlagssummen geht zunächst hervor, dass im Vergleich zum Norden bzw. Nordwesten des Untersuchungsraumes bis zu 25 mm höhere Niederschlagssummen im Südosten verzeichnet werden (Abb. 27). Dieser Differenzbetrag (25-50 mm) hinsichtlich der ermittelten Frühjahrssummen verstärkt sich zusehends von D1 nach D3 (Abb. 27).

Ein über weite Bereiche Finnisch-Lapplands positiver Niederschlagstrend im Frühjahr, dessen relativer Anteil im Untersuchungszeitraum 1978-2007 um +18,4% (+18 mm) angestiegen ist, lässt sich gleichwohl nicht ausreichend statistisch belegen (Tab. 16).
Ähnliche Tendenzen weisen Datenreihen in den norwegischen Stationen (+14,2%), in den schwedischen Stationen (+15,5%) und in den russischen Stationen (+24,3%) auf, wobei auch diese Trends keine ausreichenden statistischen Absicherungen erfahren (Tab. 16).

Tabelle 16: Statistik der regionalen Niederschlagsentwicklung im Frühjahr innerhalb des Bezugszeitraumes 1978-2007; xm=mittlere Niederschlagssumme; mina=Niederschlagssummenminima; maxa=Niederschlagssummenmaxima; s=Standardabweichung, R=Spannweite; lin. Trend=linearer Trend; T/R=Trend-Rausch-Verhältnis; t-Wert=Irrtumswahrscheinlichkeit

	Finnland	Norwegen	Schweden	Russland
xm [mm]_D1	93	117	105	89
xm [mm]_D2	98	129	123	103
xm [mm]_D3	103	136	122	104
mina [mm]	48	77	77	62
maxa [mm]	143	218	186	206
s	24,8	31,5	27,4	27,0
R	95	141	109	154
lin. Trend [mm]	18	18	18	24
lin. Trend [%]	18,4	14,2	15,5	24,3
T/R	0,73	0,57	0,66	0,89
t-Wert	>0,5	>0,5	>0,5	>0,5
Signifikanz	nicht	nicht	nicht	nicht

Die sommerlichen Niederschlagsverhältnisse in Finnisch-Lappland zeichnen sich durch Mengenangaben aus, die im Mittel etwa doppelt so hoch liegen wie im Frühjahr und überdies 30-40% des jährlichen Gesamtniederschlags entsprechen. Dabei erreichen die sommerlichen Niederschlagssummen im regenreichen Südosten mittlere Werte bis 225 mm, während im relativ trockenen Norden etwa 150-175 mm Niederschlag fallen (vgl. D1 in Abb. 28). Eine Zunahme der Regenmenge (>50 mm) kennzeichnet dabei die Entwicklung der sommerlichen Niederschläge im Norden und Südwesten des Untersuchungsraumes von D1-D3, während im zentralen bzw. südöstlichen Bereich Finnisch-Lapplands jährliche Abnahmewerte bis 1 mm verzeichnet werden (Abb. 28).

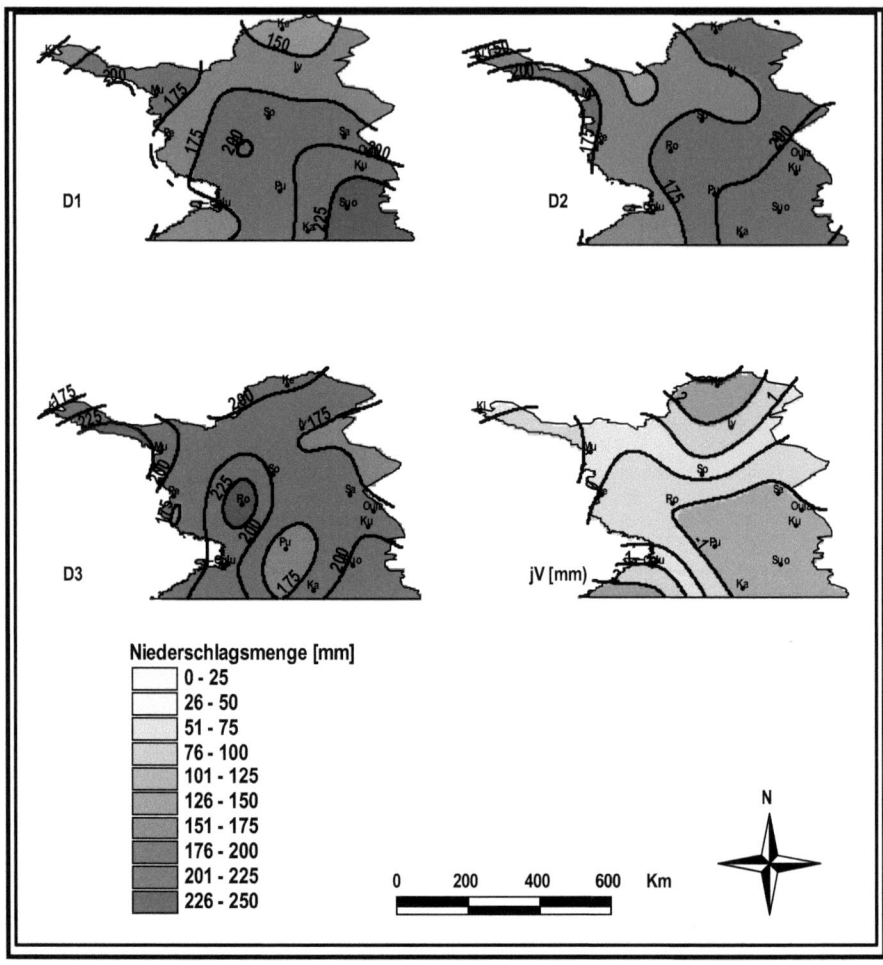

Abbildung 28: Mittlere Niederschlagsmenge im Sommer [mm] in D1-D3 sowie mittlere jährliche Veränderung (jV) der Niederschlagsmenge [mm; rot=Niederschlagsabnahme; blau=Niederschlagszunahme] im Untersuchungszeitraum 1978-2007

Tabelle 17: Statistik der regionalen Niederschlagsentwicklung im Sommer innerhalb des Bezugszeitraumes 1978-2007; xm=mittlere Niederschlagssumme; mina=Niederschlagssummenminima; maxa=Niederschlagssummenmaxima; s=Standardabweichung, R=Spannweite; lin. Trend=linearer Trend; T/R=Trend-Rausch-Verhältnis; t-Wert=Irrtumswahrscheinlichkeit

	Finnland	Norwegen	Schweden	Russland
xm [mm]_D1	185	168	198	171
xm [mm]_D2	187	171	195	175
xm [mm]_D3	193	182	220	175
mina [mm]	80	88	112	81
maxa [mm]	313	291	273	308
s	49,1	47,9	44,5	42,1
R	233	203	161	227
lin. Trend [mm]	-6	21	12	-6
lin. Trend [%]	-3,2	12,1	5,9	-3,5
T/R	-0,12	0,44	0,27	-0,14
t-Wert	>0,5	>0,5	>0,5	>0,5
Signifikanz	nicht	nicht	nicht	nicht

Aus den Analysen der sommerlichen Niederschlagssummen ergibt sich für den nordfinnischen Untersuchungsraum eine kontinuierliche Zunahme der registrierten Niederschlagsmenge von D1 nach D3 (Tab. 17). Demgegenüber weisen Trendanalysen einen negativen Trend auf, der aufgrund eines Signifikanzniveaus >0,5 keine statistische Relevanz aufweist (Tab. 17). Diese konträr verlaufende Entwicklung erklärt sich aus einer Zunahme an Jahren mit extrem hohen sommerlichen Niederschlagssummen (>250 mm), die insbesondere ab Mitte der 1990-er Jahre zu ersehen sind und entsprechend eine Erhöhung des Mittelwerts bewirken können. Andererseits führt eine Häufung von Jahren mit geringen sommerlichen Niederschlagssummen (2003, 2006) zu einem negativen Trend (Abb. 29). Zudem unterliegt das sommerliche Regenregime intrastationären Schwankungen, die nicht zu vernachlässigen sind.

Im Vergleich zum finnischen Untersuchungsraum verzeichnen norwegische und schwedische Stationsdatenreihen sommerliche Niederschlagszugewinne von +12,1% bzw. +5,9%, während russische Stationsdatenreihen geringe Abnahmewerte in Bezug auf sommerliche Regenmengen aufweisen (Tab. 17). Aufgrund niedriger Signifikanzniveaus erreichen alle errechneten Trends keine statistische Sicherheit (Tab. 17).

Studien zur Struktur und Dynamik der Sommerniederschläge in Finnisch-Lappland

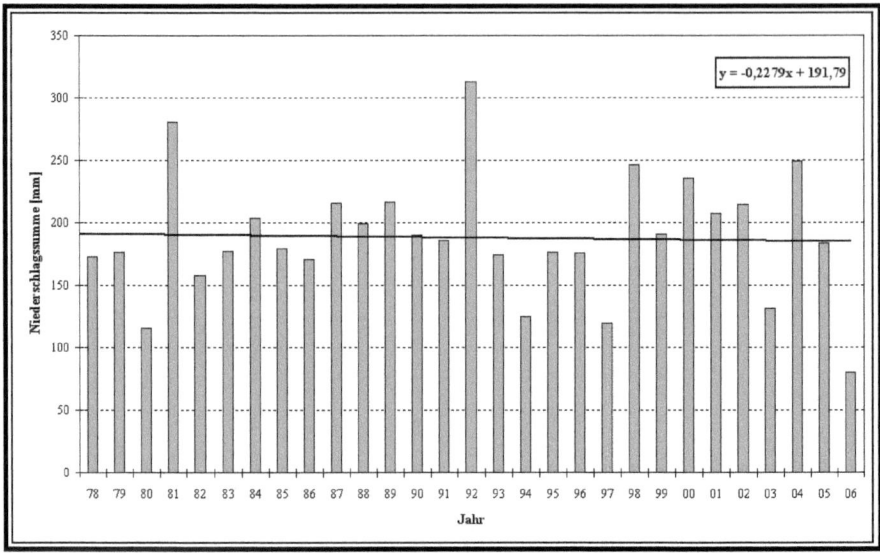

Abbildung 29: Verlauf der jährlichen Sommerniederschlagssumme sowie Trendlinie in Finnisch-Lappland (Mittel aus 12 finnischen Stationsdatenreihen) innerhalb des Untersuchungszeitraumes 1978-2007

Ein wesentliches Merkmal der herbstlichen Niederschlagsverhältnisse in Finnisch-Lappland bildet eine kontinuierliche Abnahme der registrierten Mengen innerhalb des Gesamtuntersuchungszeitraumes (vgl. Suomussalmi, Kajaani und Pello; Abb. 30). Dabei betragen die jährlichen Abnahmewerte bis zu 2 mm, was einem Rückgang von etwa 20% entspricht (vgl. Abb. 30).

Studien zur Struktur und Dynamik der Sommerniederschläge in Finnisch-Lappland

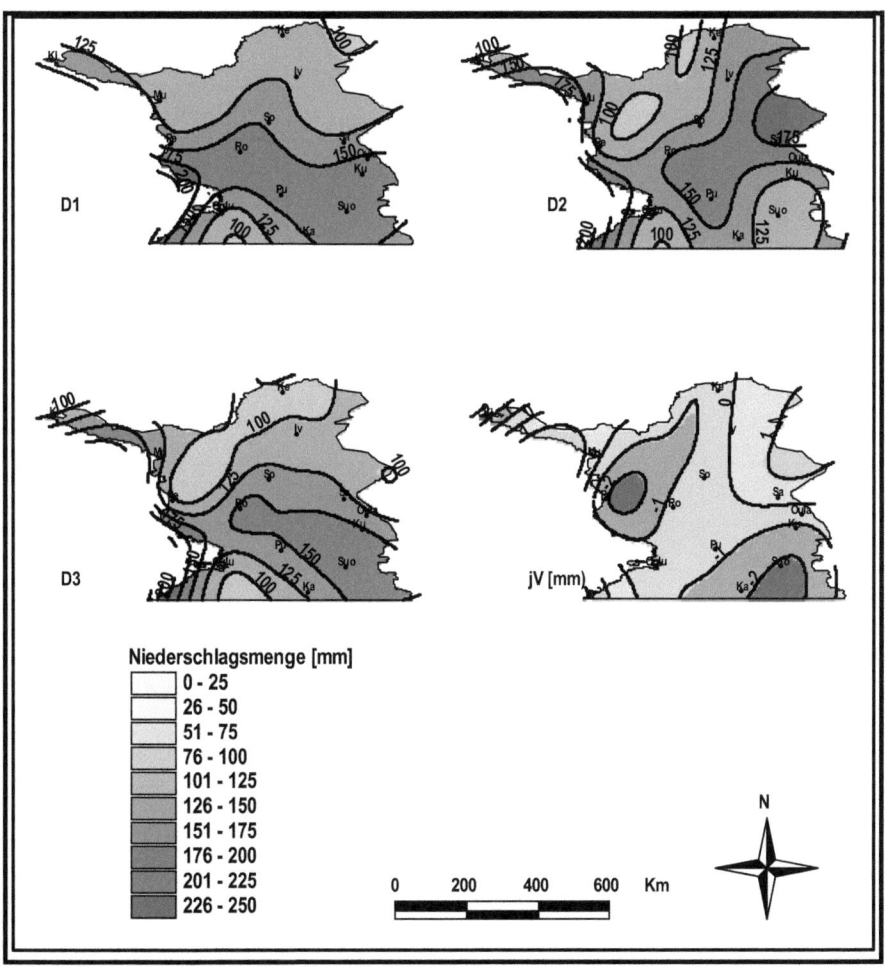

Abbildung 30: Mittlere Niederschlagsmenge im Herbst [mm] in D1-D3 sowie mittlere jährliche Veränderung (jV) der Niederschlagsmenge [mm; rot=Abnahme; blau=Zunahme] im Untersuchungszeitraum 1978-2007

Vergleichsweise gering fallen hingegen die Abnahmetendenzen für schwedische Stationsdatenreihen aus (-1,6%). Demgegenüber prägen geringe Zunahmewerte die Herbstsummen von Russland (+6,1%) bzw. Norwegen (+24,7%) und spiegeln entsprechend eine hohe regionale Variabilität des Niederschlagsverhaltens wider (Tab. 18).

Tabelle 18: Statistik der regionalen Niederschlagsentwicklung im Herbst innerhalb des Bezugszeitraumes 1978-2007; xm=mittlere Niederschlagssumme; mina=Niederschlagssummenminima; maxa=Niederschlagssummenmaxima; s=Standardabweichung, R=Spannweite; lin. Trend=linearer Trend; T/R=Trend-Rausch-Verhältnis; t-Wert=Irrtumswahrscheinlichkeit

	Finnland	Norwegen	Schweden	Russland
xm [mm]_D1	147	198	199	147
xm [mm]_D2	133	225	174	140
xm [mm]_D3	133	234	198	157
mina [mm]	68	110	113	76
maxa [mm]	194	356	261	185
s	29,6	66,4	33,0	26,3
R	126	246	148	109
lin. Trend [mm]	-14	54	-3	9
lin. Trend [%]	-21,0	24,7	-1,6	6,1
T/R	-0,71	0,81	-0,09	0,34
t-Wert	>0,5	>0,5	>0,5	>0,5
Signifikanz	nicht	nicht	nicht	nicht

Dem Winter kennzeichnet eine hohe Variabilität der ermittelten Niederschlagssummen (Abb. 31). Dabei treten insbesondere in D3 Niederschlagsdifferenzen >100 mm über einem Gebiet von weniger als 150 km Ausdehnung auf (vgl. Isohyeten von Pudasjärvi und Oulu in D3; Abb. 31). Ferner prägt eine flächendeckende Mengenzunahme die Entwicklung der Winterniederschläge in Finnisch-Lappland im Beobachtungszeitraum 1978-2007. Die Winterniederschläge werden hinsichtlich ihrer erfassten Mengen nicht nur durch hohe Zunahmewerte gekennzeichnet (+38,2%), überdies übertrifft der relative Anteil erhöhter winterlicher Summen denen aus dem Frühjahr um das Doppelte (Tab. 19).

Eine weitere klimatische Besonderheit der winterlichen Niederschlagsentwicklung bildet eine in stark variierendem Maße registrierte Niederschlagszunahme innerhalb des Beobachtungszeitraumes 1978-2007. Zudem lassen sich die Ergebnisse der Trendanalysen bezüglich der Niederschlagsentwicklung im Winter im Vergleich zu Frühjahr, Sommer und Herbst hinreichend statistisch belegen. Somit werden die Trends aus den Datenreihen des schwedischen und russischen Messstationsnetzes als mindestens *signifikant* sowie die des finnischen als mindestens *stark signifikant* eingestuft (Tab. 19).

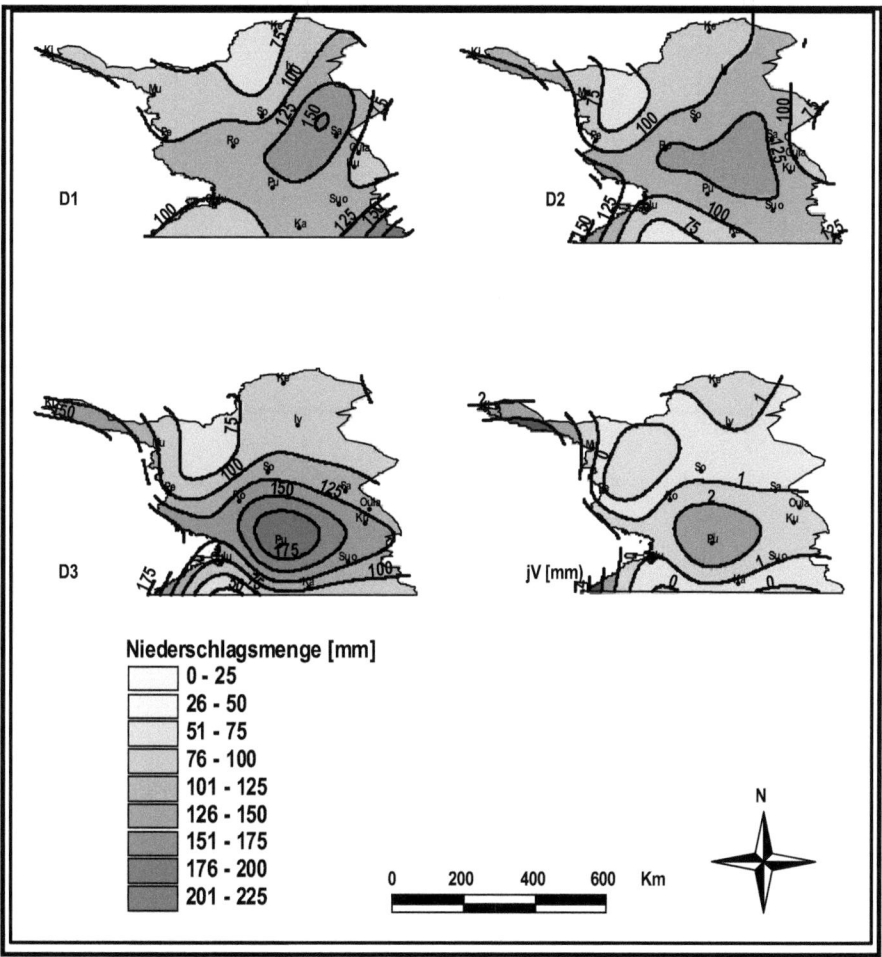

Abbildung 31: Mittlere Niederschlagsmenge im Winter [mm] in D1-D3 sowie mittlere jährliche Veränderung der Niederschlagsmenge [mm; rot=Abnahme; blau=Zunahme] im Untersuchungszeitraum 1978-2007

Tabelle 19: Statistik der regionalen Niederschlagsentwicklung im Winter innerhalb des Bezugszeitraumes 1978-2007; xm=mittlere Niederschlagssumme; mina=Niederschlagssummenminima; maxa=Niederschlagssummenmaxima; s=Standardabweichung, R=Spannweite; lin. Trend=linearer Trend; T/R=Trend-Rausch-Verhältnis; t-Wert=Irrtumswahrscheinlichkeit

	Finnland	Norwegen	Schweden	Russland
xm [mm]_D1	101	201	143	80
xm [mm]_D2	104	206	180	89
xm [mm]_D3	118	199	187	108
mina [mm]	60	91	78	58
maxa [mm]	145	319	250	134
s	22,7	48,5	48,9	18,5
R	85	228	172	76
lin. Trend [mm]	39	15	69	27
lin. Trend [%]	38,2	7,5	42,2	28,9
T/R	1,72	0,31	1,41	1,46
t-Wert	<0,1	>0,5	<0,2	<0,2
Signifikanz	stark	nicht	signifikant	signifikant

4.2.1.3 Die Niederschlagssummen in der Vegetationsperiode (Mai-September)

Hinsichtlich der erfassten Niederschlagsmengen kennzeichnen den Mai und den Juli deutliche Zunahmen zwischen 1978 und 2007, während der Juni und der September geringen bzw. der August erheblichen Abnahmetendenzen ausgesetzt sind (Abb. 32).

Eine Zunahme der Maisumme basiert zum Teil aus den sehr feuchten Jahren 2003-2006, deren jeweilige Menge (>50 mm) diejenigen aus den Jahren 1983-1986 deutlich übertreffen (Abb. 32). Die Ergebnisse der Trendanalyse zur Niederschlagssumme im Mai zeigen dabei mit Ausnahme von Kevo durchweg einen positiven Trend (Tab. 20). Allerdings werden nur in drei Fällen (Kajaani, Pudasjärvi und Rovaniemi) Niveaus erreicht, die mindestens als *signifikant* einzustufen sind, wobei die Trendergebnisse von Pudasjärvi mit 90%-iger Wahrscheinlichkeit auf nicht zufälligen und mit 10%-iger Wahrscheinlichkeit auf zufälligen Prozessen beruhen (Tab. 20).

Deutlich weniger homogen verläuft die Niederschlagsentwicklung hingegen im Juni. Dabei sind insbesondere in den Datenreihen der nördlich des Polarkreises gelegenen sechs Stationen Finnisch-Lapplands (Ausnahme: Salla) Zunahmen vermerkt (Tab. 20). Hingegen verbuchen die übrigen Stationen im Verlauf der 30-jährigen Beobachtungsperiode Niederschlagsverluste

Studien zur Struktur und Dynamik der Sommerniederschläge in Finnisch-Lappland

bis zu -40,5% (Tab. 20). Die Ergebnisse der Trendanalyse ergeben für keine der betrachteten zwölf Stationen signifikante Trends (Tab. 20).

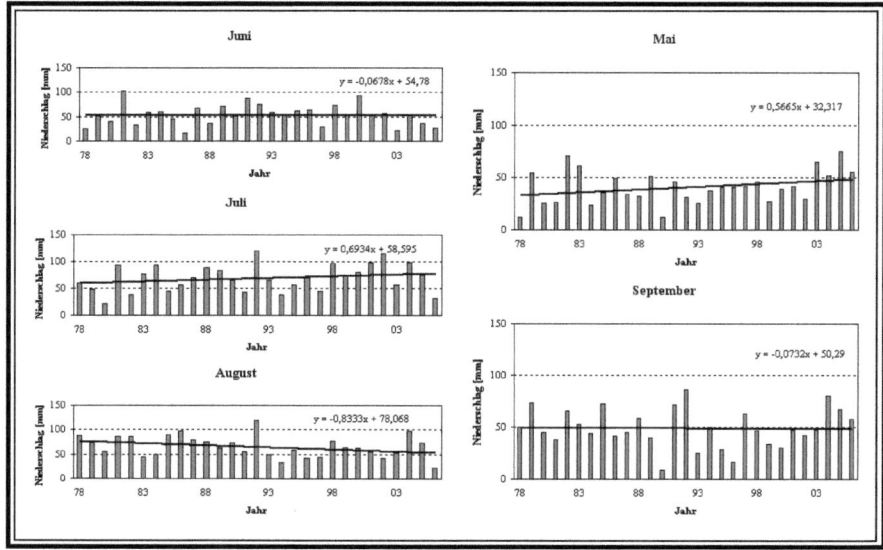

Abbildung 32: Verlauf der jährlich registrierten Niederschlagsmenge für Mai-September sowie linearer Trend mit Gleichung über den Beobachtungszeitraum 1978-2007 (Mittel aus 12 ausgewählten nordfinnischen Stationen)

Tabelle 20: Veränderung der mittleren Niederschlagsmenge [%] in den Monaten Mai bis September innerhalb des Untersuchungszeitraumes 1978-2007 anhand 12 ausgewählter Stationen in Finnisch-Lappland (graues Kästchen = Niederschlagszunahme; weißes Kästchen = Niederschlagsabnahme; fett = t-Wert <0,5; fett+einfache Unterstreichung = t-Wert <0,2; fett und doppelte Unterstreichung = t-Wert <0,1)

Station	Veränderung 1978-2007 [%]				
	Mai	Juni	Juli	August	September
Kajaani	**83,5**	-40,5	40,2	**-57,7**	-16,7
Kevo	-25,8	31,7	**73,3**	-42,0	-36,9
Kilpisjärvi	45,0	35,2	22,3	-6,4	**-76,8**
Kuusamo	30,1	-25,3	15,0	**-63,0**	17,3
Muonio	14,7	17,4	29,2	-8,3	5,8
Oulanka	11,9	-9,9	19,7	**-65,1**	16,5
Oulu	44,5	-12,4	**98,4**	**-45,8**	-7,0
Pello	10,3	28,9	27,7	**-56,4**	**-75,0**
Pudasjärvi	**104,6**	-10,7	-18,5	**-40,2**	22,5
Rovaniemi	**84,2**	9,7	**49,6**	-24,5	0,0
Salla	37,1	-16,0	12,8	**-57,1**	33,8
Sodankylä	15,9	-5,3	40,6	-28,2	12,3

107

Eine Folge überdurchschnittlich feuchter Jahre zwischen 1998 und 2005 führt u. a. dazu, dass mit Ausnahme von Pudasjärvi in nahezu allen Stationsdatenreihen Finnisch-Lapplands deutliche Zugewinne hinsichtlich der datierten Julisummen zu verzeichnen sind (Tab. 20). Dabei werden in drei Stationen Signifikanzniveaus erzielt, die eine statistische Absicherung ermöglichen (Tab. 20).

Im Vergleich zu den regional differenzierten Entwicklungsschemata hinsichtlich veränderter Summenbilanzen prägt eine Abnahmetendenz der registrierten Summen die Niederschlagsverhältnisse im August von 1978-2007 (Abb. 32). Dabei variiert der relative Anteil abnehmender Niederschlagssummen Finnisch-Lapplands zwischen -6,4% (Kilpisjärvi) und -65,1% (Oulanka; vgl. Tab. 20). Aus den Ergebnissen der Trendanalysen ergeben sich für sieben der insgesamt zwölf untersuchten Stationsdatenreihen Niveaus, die als mindestens *schwach signifikant* einzustufen sind (Tab. 20). Lediglich für Kuusamo, Oulanka und Salla beruhen die Trendergebnisse mit 80%-iger Wahrscheinlichkeit auf nicht zufälligen und mit 20%-iger Wahrscheinlichkeit auf zufälligen Prozessen (Tab. 20).

Den Niederschlagsverhältnissen im September kennzeichnen Mengenzunahmen in fast allen Stationen südlich des Polarkreises, während erhebliche Abnahmewerte der Stationen nördlich des Polarkreises deutliche Verluste des frühherbstlichen Wasserhaushalts aufzeigen (Tab. 20). Dabei werden für Pello und Kilpisjärvi, deren negativer Trend als mindestens *signifikant* eingestuft werden kann, mittlere Abnahmewerte von -76,8% bzw. -75,0% verzeichnet (Tab. 20).

Aus der gesamtlappländischen Analyse ergibt sich ferner, dass norwegische Stationsdatenreihen eine bis zu 10%-ige Erhöhung in den Niederschlagssummen von Mai, Juni und August erfahren, während September (+19,1%) und Juli (+34,7%) deutlich höhere Zugewinne erzielen (Tab. 21). Eine statistische Beurteilung der für norwegische Stationsdatenreihen aufgestellten Trendanalysen kann aufgrund geringer Signifikanzniveaus nicht gewährleistet werden (Tab. 21).

Aus den Datenreihen der schwedischen Klimastationen geht hervor, dass Niederschlagszugewinne für Mai (+15,1%), Juni (+27,3%), Juli (+31,4%) und September (+4,5%) sowie Niederschlagsverluste im August (-37,2%) das Ergebnis einer veränderten Niederschlagsdynamik widerspiegeln (Tab. 21). Dabei zeigen die Ergebnisse der

Trendanalysen hinsichtlich veränderter Niederschlagssummen in Nordschweden für Juli und August *schwach signifikante* Niveaus, während eine eindeutige Beurteilung der Trendwerte für Mai, Juni und September aufgrund geringer statistischer Absicherung entfällt (Tab. 21).

Im Hinblick auf die veränderten Niederschlagsverhältnisse von Mai bis September ergeben sich für die lappländischen Untersuchungsräume Finnlands, Schwedens und Norwegens nahezu identische Entwicklungsmuster (Tab. 21). Dem stehen für Russland gemäß der Summenverteilung deutliche Zugewinne im Mai (+34,3%), Juli (+13,8%) und September (+22,7%) gegenüber, während Juni (-34,6%) und August (-15,0%) jeweils durch einen Rückgang in der Summenerfassung charakterisiert wird (Tab. 21). Die Trendanalyse für Mai beruht auf einem Niveau, dass mit >50%-iger Wahrscheinlichkeit als mindestens *schwach signifikant* einzustufen ist (Tab. 25). Bei den nicht-signifikanten Trends der übrigen Monate Juni bis September kann hingegen keine deutliche Interpretation der Werte erfolgen (Tab. 21).

Tabelle 21: Statistik der regionalen Niederschlagsentwicklung in den Monaten Mai bis September innerhalb des Bezugszeitraumes 1978-2007 für die jeweiligen Stationsdatenreihen Finnlands, Norwegens, Schwedens und Russlands; xm=mittlere Niederschlagssumme; mina=Summenminima; maxa=Summenmaxima; s=Standardabweichung, R=Spannweite; lin. Trend=linearer Trend; T/R=Trend-Rausch-Verhältnis; t-Wert=Irrtumswahrscheinlichkeit

		Mai	Juni	Juli	August	September
Finnland	xm [mm]_D1	39	50	60	74	53
	xm [mm]_D2	36	59	67	61	45
	xm [mm]_D3	48	52	80	61	50
	mina [mm]	12	17	22	22	9
	maxa [mm]	75	102	121	118	87
	s	15,8	21,1	24,9	21,8	18,6
	R	63	85	99	96	78
	lin. Trend [mm]	18	-3	21	-24	-3
	lin. Trend [%]	44,1	-5,6	30,4	-36,6	-6,1
	T/R	1,14	-0,14	0,84	-1,10	-0,16
	t-Wert	<0,5	>0,5	>0,5	<0,5	>0,5
	Signifikanz	schwach	nicht	nicht	schwach	nicht
		Mai	Juni	Juli	August	September
Norwegen	xm [mm]_D1	32	48	53	68	59
	xm [mm]_D2	40	50	63	58	59
	xm [mm]_D3	39	42	66	73	72
	mina [mm]	18	10	14	13	20
	maxa [mm]	79	77	125	158	134
	s	14,4	18,1	30,3	31,7	24,9
	R	61	67	111	145	114
	lin. Trend [mm]	3	-6	21	6	12
	lin. Trend [%]	8,1	-12,8	34,7	9,1	19,1
	T/R	0,21	-0,33	0,69	0,19	0,48
	t-Wert	>0,5	>0,5	>0,5	>0,5	>0,5
	Signifikanz	nicht	nicht	nicht	nicht	nicht
		Mai	Juni	Juli	August	September
Schweden	xm [mm]_D1	37	51	65	82	71
	xm [mm]_D2	38	49	78	68	57
	xm [mm]_D3	45	66	87	68	73
	mina [mm]	20	15	24	18	30
	maxa [mm]	65	100	124	115	110
	s	13,7	20,1	24,7	22,6	21,6
	R	45	85	100	97	80
	lin. Trend [mm]	6	15	24	-27	3
	lin. Trend [%]	15,1	27,3	31,4	-37,2	4,5
	T/R	0,44	0,75	0,97	-1,20	0,14
	t-Wert	>0,5	>0,5	<0,5	<0,5	>0,5
	Signifikanz	nicht	nicht	schwach	schwach	nicht
		Mai	Juni	Juli	August	September
Russland	xm [mm]_D1	41	55	61	62	51
	xm [mm]_D2	41	54	66	58	49
	xm [mm]_D3	50	46	69	60	59
	mina [mm]	14	24	14	26	21
	maxa [mm]	76	121	118	99	96
	s	15,3	20,8	21,7	19,8	18,8
	R	62	97	104	73	75
	lin. Trend [mm]	15	-18	9	-9	12
	lin. Trend [%]	34,3	-34,6	13,8	-15,0	22,7
	T/R	0,98	-0,86	0,41	-0,45	0,64
	t-Wert	<0,5	>0,5	>0,5	>0,5	>0,5
	Signifikanz	schwach	nicht	nicht	nicht	nicht

4.2.2 Niederschlagsintensität

4.2.2.1 Gesamtanzahl an Niederschlagstagen

Im Hinblick auf die räumliche Verteilung der jährlich registrierten Niederschlagstage unterscheidet man in Finnisch-Lappland zwischen einem relativ niederschlagsintensiven Südosten (230 Tage) und einem relativ trockenen Nordosten (130 Tage; vgl. Abb. 33). Während die Anordnung der Linien gleicher Anzahl jährlich erfasster Niederschlagstage von D1 nach D2 weitgehend erhalten bleibt, ändert sich die Verteilungsstruktur in D3 insbesondere im Norden des Untersuchungsraumes. Ein möglicher Erklärungsansatz bietet demzufolge eine entsprechend hohe Anzahl an Niederschlagstagen, die insbesondere in den Jahren 1999-2002 mit 200 bis 250 jährlich registrierten Niederschlagstagen geltend wirkt (Abb. 34). Ein positiver Trend, der insbesondere in den Datenreihen der nördlichen Stationen Finnisch-Lapplands ersichtlich wird, kann aufgrund geringer T/R-Verhältnisse und einem damit niedrigem Signifikanzniveau nicht ausreichend statistisch belegt werden (Abb. 34).

In Norwegen und Russland treten geringe positive Trends auf, während aus den Stationsdatenreihen Schwedens über den Gesamtuntersuchungsraum kein Trend zu ersehen ist. Eine statistische Bewertung dieser Entwicklungstendenzen kann nicht ausreichend erfolgen (Abb. 34).

Studien zur Struktur und Dynamik der Sommerniederschläge in Finnisch-Lappland

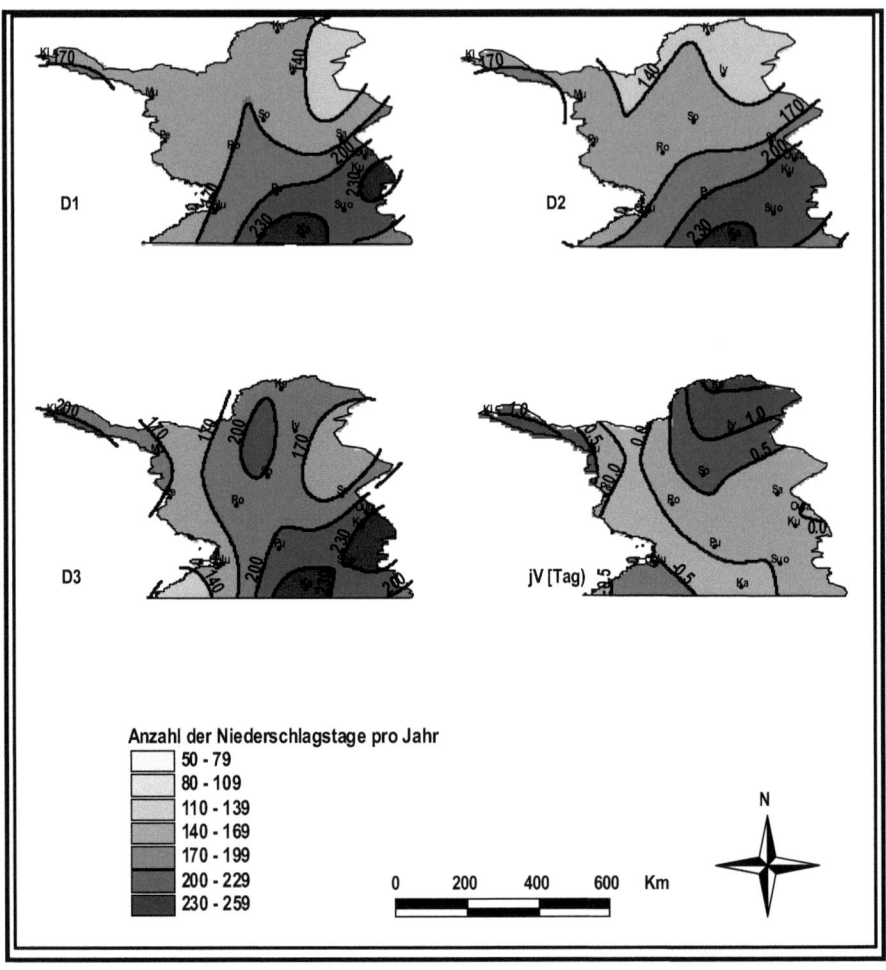

Abbildung 33: Mittlere Anzahl an jährlichen Niederschlagstagen in D1-D3 sowie jährliche Veränderung (jV) in Finnisch-Lappland (rot=Abnahme; blau=Zunahme) im Beobachtungszeitraum 1978-2007

Studien zur Struktur und Dynamik der Sommerniederschläge in Finnisch-Lappland

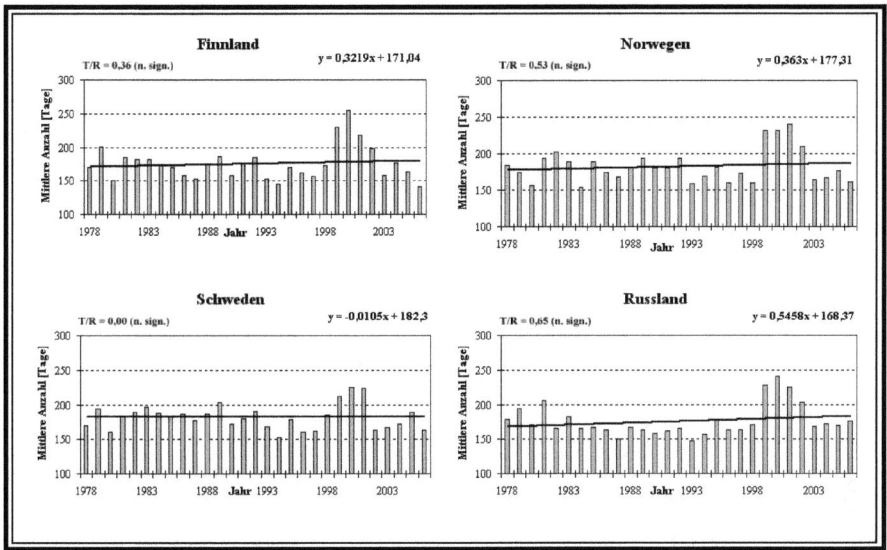

Abbildung 34: Mittlere jährliche Anzahl an Niederschlagstagen für die Regionen Finnland (Mittel aus 12 Stationen), Norwegen (Mittel aus 3 Stationen), Schweden (Mittel aus 7 Stationen) und Russland (Mittel aus 7 Stationen), lineare Trendlinien bzw. Trendgleichungen sowie T/R-Verhältnisse der jeweiligen Regionen im Untersuchungszeitraum 1978-2007

Aus den Ergebnissen der jahreszeitlichen Entwicklung registrierter Niederschlagsereignisse in Finnisch-Lappland geht hervor, dass insbesondere Winter und Herbst durch erhöhte Niederschlagstage geprägt werden (Tab. 22). Im Vergleich zu 49 Niederschlagstagen im Herbst bzw. 46 im Winter beträgt die mittlere Anzahl der Niederschlagstage im Frühjahr 36 (Tab. 22). Diese ungleiche Verteilung findet sich nicht nur in den Datenreihen der finnischen Klimastationen wieder, sondern tritt mit ähnlichen Entwicklungsstrukturen, die eine Abnahme von D1 nach D2 sowie eine Erhöhung der Niederschlagstage von D2 nach D3 impliziert, in den Stationsdatenreihen der übrigen Untersuchungsregionen Norwegen, Schweden und Russland auf (Tab. 22).

Tabelle 22: Statistik der regionalen Entwicklung der Niederschlagstage in Frühjahr, Sommer, Herbst und Winter innerhalb des Bezugszeitraumes 1978-2007 für die jeweiligen Stationsdatenreihen Finnlands, Norwegens, Schwedens und Russlands; xm=mittlere Anzahl an Niederschlagstagen; mina=minimale Anzahl an Niederschlagstagen; maxa=maximale Anzahl an Niederschlagstagen; s = Standardabweichung, R=Spannweite; lin. Trend=linearer Trend; T/R=Trend-Rausch-Verhältnis; t-Wert=Irrtumswahrscheinlichkeit

		Finnland	Norwegen	Schweden	Russland
Frühjahr	xm [Tage] D1	36	39	39	39
	xm [Tage] D2	37	41	40	37
	xm [Tage] D3	42	48	41	46
	mina [Tage]	28	29	31	34
	maxa [Tage]	60	67	54	65
	s	8,6	9,0	6,0	7,6
	R	32	38	23	31
	lin. Trend [Tage]	6	9	0	6
	lin. Trend [%]	15,6	21,2	0,0	14,8
	T/R	0,70	1,00	0,00	0,78
	t-Wert	>0,5	<0,5	>0,5	>0,5
	Signifikanz	nicht	schwach	nicht	nicht
Sommer	xm [Tage] D1	41	38	46	38
	xm [Tage] D2	39	36	41	37
	xm [Tage] D3	47	44	46	44
	mina [Tage]	26	22	26	25
	maxa [Tage]	59	60	57	57
	s	9,1	9,5	7,4	7,8
	R	33	38	31	32
	lin. Trend [Tage]	3	6	-3	6
	lin. Trend [%]	7,1	15,3	-6,8	15,3
	T/R	0,33	0,63	-0,40	0,77
	t-Wert	>0,5	>0,5	>0,5	>0,5
	Signifikanz	nicht	nicht	nicht	nicht
Herbst	xm [Tage] D1	49	50	51	47
	xm [Tage] D2	43	50	45	42
	xm [Tage] D3	49	51	49	50
	mina [Tage]	29	35	35	27
	maxa [Tage]	66	62	64	57
	s	7,6	7,8	6,3	7,3
	R	37	27	29	30
	lin. Trend [Tage]	-3	0	-6	0
	lin. Trend [%]	-6,4	0,0	-12,4	0,0
	T/R	-0,40	0,00	-0,96	0,00
	t-Wert	>0,5	>0,5	<0,5	>0,5
	Signifikanz	nicht	nicht	schwach	nicht
Winter	xm [Tage] D1	46	51	46	49
	xm [Tage] D2	47	51	50	47
	xm [Tage] D3	53	51	53	54
	mina [Tage]	37	33	41	39
	maxa [Tage]	69	64	64	69
	s	7,8	7,7	5,5	6,6
	R	32	31	23	30
	lin. Trend [Tage]	6	-3	6	3
	lin. Trend [%]	12,4	-5,9	12,1	6,0
	T/R	0,77	-0,39	1,08	0,46
	t-Wert	>0,5	>0,5	<0,5	>0,5
	Signifikanz	nicht	nicht	schwach	nicht

Innerhalb der 30-jährigen Beobachtungsperiode ergibt sich bezüglich der Entwicklung von Niederschlagstagen im Frühjahr für Finnland und Russland ein Zugewinn von jeweils sechs Tage und für Norwegen von neun Tage. Im Sommer werden für Finnland drei, für Norwegen sechs und für Russland sechs zusätzliche Niederschlagstage registriert. Im Winter erhöht sich die Anzahl für Finnland und Schweden um jeweils sechs Tage sowie für Russland um drei Tage (Tab. 22). Der negative Trend im Niederschlagsverhalten vom Herbst zeichnet sich durch einen Rückgang ermittelter Niederschlagstage in Finnland (-3 Tage) und Schweden (-6 Tage) aus (Tab. 22). Mit Ausnahme einiger Trends (Frühjahr: Norwegen; Herbst & Winter: Schweden), die mit einem Niveau von <50% lediglich als mindestens *schwach signifikant* einzuordnen sind, ist keine eindeutige Interpretation zugelassen (Tab. 22).

Im Hinblick auf die räumliche Verteilung der jahreszeitlichen Entwicklung registrierter Niederschlagstage in Finnisch-Lappland geht zunächst eine geringe Zunahme in der Anzahl der im Frühjahr erfassten Niederschlagsereignisse um 0 bis +0,5 Tage pro Jahr in den nördlichen Regionen des Untersuchungsraumes hervor (Abb. 35). Hingegen kennzeichnen jährliche Abnahmetendenzen um -0,5 Tage bis -1,0 Tage den südlichen Bereich (Abb. 35).
Im Vergleich zu Frühjahr fallen die regionalen Unterschiede im Sommer deutlich geringer aus. Lediglich im südwestlichen Bereich sind geringe Abnahmetendenzen augenscheinlich.
Etwa 75% der im Untersuchungsraum registrierten Stationen unterliegen einem eindeutigen Abnahmetrend der Herbstniederschlagstage. Geringe Zunahmewerte verbuchen nur Stationen im nördlichen Bereich des Untersuchungsraumes sowie in der Region um Kajaani (Abb. 35).
Die größten regionalen Disparitäten im Bezug auf jahreszeitliche Entwicklung registrierter Niederschlagsereignisse treten im Winter auf. Dabei bildet ein von Nordosten nach Südwesten gerichteter Saum den Bereich, in dem pro Jahr 0,5 bis 1,0 Niederschlagstage mehr gezählt werden. Hingegen markiert ein keilförmiger Sektor einen Bereich im Nordwesten, in welchem eine jährliche Abnahme bis zu -0,5 Tage stattfindet (Abb. 35).

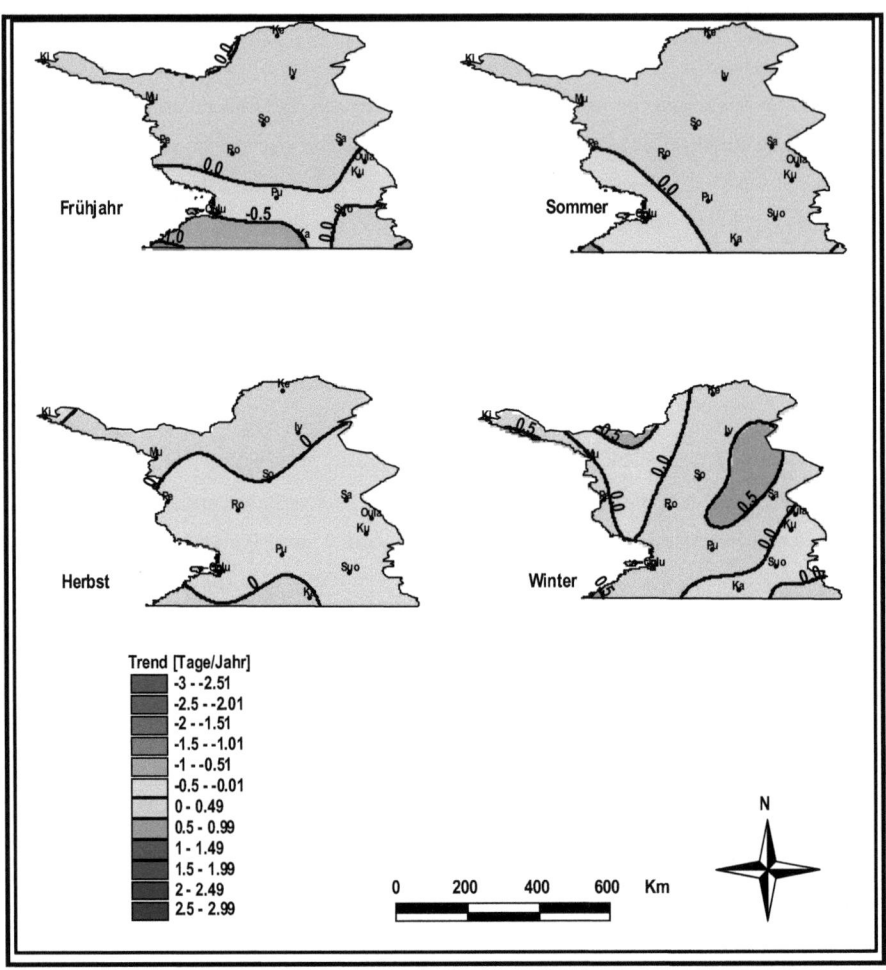

Abbildung 35: Mittlerer jährlicher Trend in der Anzahl registrierter Niederschlagstage pro Jahreszeit in Finnisch-Lappland (rot=Abnahme; blau=Zunahme) im Untersuchungszeitraum 1978-2007

Aus den Ergebnissen der über Mai bis September berechneten Anzahl aller registrierter Niederschlagstage geht hervor, das insbesondere Mai und Juli von einer erhöhten Anzahl innerhalb des 30-jährigen Beobachtungszeitraumes betroffen ist (Tab. 23). Dabei nimmt die mittlere Anzahl der im Mai registrierten Niederschlagstage in Finnland und Russland um +47,3% bzw. +43,2% zu, während der mittlere Anteil aller Zugewinne für norwegische bzw. schwedische Stationsdatenreihen mit +22,2% bzw. +23,5% etwa nur halb so hoch liegt (Tab. 23).

Hingegen kennzeichnen den Juli vermehrte Niederschlagstage in norwegischen und russischen Stationsdatenreihen (+46,6% bzw. +46,2%), während die Entwicklung in Finnland eine Zunahme um +21,2% erbringt (Tab. 23).

Im Hinblick auf die Niederschlagsstruktur im Juni und im September wird ersichtlich, dass für Finnland, Norwegen und Russland keine eindeutigen Entwicklungstendenz abzusehen sind. Lediglich in schwedischen Stationsdatenreihen ist eine gewisse Entwicklungsdynamik im Juni (+21,9%) und im September (-19,6%) ersichtlich (Tab. 23).

Hingegen bildet der August den einzigen Sommermonat, der insbesondere für Finnland und Schweden zu einer Verringerung registrierter Niederschlagsereignisse führt (Tab. 23).

Aus den Trendanalysen der jeweiligen Monatsbetrachtungen gelten insbesondere die Entwicklungstendenzen im Mai für Finnland und Russland sowie im August für Schweden als ausreichend statistisch abgesichert. In diesen Fällen werden Niveaus erreicht, die als mindestens *stark signifikant* einzustufen sind. Dies bedeutet, dass mit 90%iger Wahrscheinlichkeit die Trendergebnisse auf nicht zufälligen Prozessen beruhen (Tab. 23).

Hinsichtlich der ermittelten Trendanalysen ergeben sich nicht nur regionale Differenzierungen sondern auch intrastationäre Variationen. In Muonio, in dem ein *höchst signifikantes* Niveau erreicht wird, bedeutet dies, dass in nur 2% aller betrachteten Fälle die Trendergebnisse auf zufälligen und in 98% aller betrachteten Fälle auf nicht zufälligen Prozessen beruhen (Abb. 36). Ähnliche Entwicklungsmuster ergeben sich für die Niederschlagstage im Juli, in welchem die positiven Trends der Stationen Kilpisjärvi und Oulanka als mindestens *schwach signifikant* und jener Trend der Station Muonio als mindestens *signifikant* einzustufen gilt (Abb. 36).

Deutlich homogener präsentiert sich hingegen die Bewertung der Trendergebnisse im Juni. Aufgrund zu geringer Signifikanzniveaus erfolgen dabei keine kritischen Begutachtungen (Abb. 36). Eine eindeutige Interpretation der Abnahmetendenzen für August und September kann mit Ausnahme von Pello (August) und Salla (September) nicht erfolgen (Abb. 36).

Tabelle 23: Statistik der regionalen Entwicklung der Anzahl an Niederschlagstagen in den Monaten Mai bis September innerhalb des Bezugszeitraumes 1978-2007 für die jeweiligen Stationsdatenreihen Finnlands, Norwegens, Schwedens und Russlands; xm = mittlere Anzahl an Niederschlagstagen; mina = minimale Anzahl an Niederschlagstagen; maxa = maximale Anzahl an Niederschlagstagen; s = Standardabweichung, R = Spannweite; lin. Trend = linearer Trend; T/R = Trend-Rausch-Verhältnis; t-Wert = Irrtumswahrscheinlichkeit

		Mai	Juni	Juli	August	September
Finnland	xm [Tage]_D1	12	13	13	15	15
	xm [Tage]_D2	12	12	13	13	12
	xm [Tage]_D3	15	15	17	15	15
	mina [Tage]	5	7	6	6	7
	maxa [Tage]	19	24	23	20	19
	s	3,8	3,8	4,3	3,5	3,3
	R	14	17	17	14	12
	lin. Trend [Tage]	6	0	3	-3	0
	lin. Trend [%]	47,3	0,0	21,2	-20,6	0,0
	T/R	1,67	0,00	0,70	-0,86	0,00
	t-Wert	<0,1	>0,5	>0,5	>0,5	>0,5
	Signifikanz	stark	nicht	nicht	nicht	nicht
		Mai	Juni	Juli	August	September
Norwegen	xm [Tage]_D1	12	13	11	14	16
	xm [Tage]_D2	14	11	12	13	13
	xm [Tage]_D3	15	13	15	15	17
	mina [Tage]	7	5	5	5	10
	maxa [Tage]	21	21	23	21	23
	s	3,7	3,7	4,8	4,2	3,3
	R	14	16	18	16	13
	lin. Trend [Tage]	3	0	6	3	0
	lin. Trend [%]	22,2	0,0	46,6	21,7	0,0
	T/R	0,82	0,00	1,24	0,71	0,00
	t-Wert	>0,5	>0,5	<0,5	>0,5	>0,5
	Signifikanz	nicht	nicht	schwach	nicht	nicht
		Mai	Juni	Juli	August	September
Schweden	xm [Tage]_D1	12	14	15	17	17
	xm [Tage]_D2	12	12	14	15	14
	xm [Tage]_D3	14	15	16	15	15
	mina [Tage]	8	5	8	6	10
	maxa [Tage]	19	23	22	21	20
	s	3,2	3,7	3,3	3,5	3,2
	R	11	18	14	15	10
	lin. Trend [Tage]	3	3	0	-6	-3
	lin. Trend [%]	23,5	21,9	0,0	-38,8	-19,6
	T/R	0,93	0,81	0,00	-1,73	-0,93
	t-Wert	<0,5	>0,5	>0,5	<0,1	<0,5
	Signifikanz	schwach	nicht	nicht	stark	schwach
		Mai	Juni	Juli	August	September
Russland	xm [Tage]_D1	12	13	11	14	15
	xm [Tage]_D2	13	11	13	13	12
	xm [Tage]_D3	17	13	16	15	15
	mina [Tage]	6	8	5	8	7
	maxa [Tage]	22	21	22	21	18
	s	3,6	3,2	4,0	3,2	2,5
	R	16	13	17	13	11
	lin. Trend [Tage]	6	0	6	0	0
	lin. Trend [%]	43,2	0,0	46,2	0,0	0,0
	T/R	1,67	0,00	1,49	0,00	0,00
	t-Wert	<0,1	>0,5	<0,2	>0,5	>0,5
	Signifikanz	stark	nicht	signifikant	nicht	nicht

Studien zur Struktur und Dynamik der Sommerniederschläge in Finnisch-Lappland

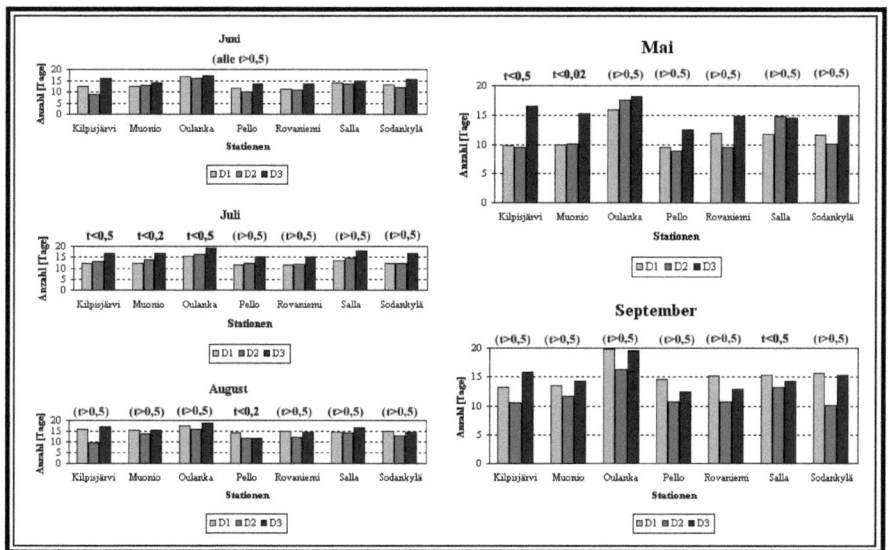

Abbildung 36: Mittlere Anzahl an Niederschlagstagen für Mai-September in D1-D3 sowie Signifikanzniveaus (t-Werte) anhand sieben ausgewählter Datenreihen nordfinnischer Stationen

4.2.2.2 Niederschlagstage geringer, mittlerer und hoher Mengen

Aus der jahreszeitlichen Verteilung aller ermittelten Niederschlagstage im Beobachtungszeitraum 1978-2007 geht zunächst hervor, dass zu jeder Jahreszeit in allen Untersuchungsdekaden eine Dominanz an Niederschlagstagen mit mittleren Mengen auftritt (Abb. 37). Dabei kann der jeweilige Anteil nach Jahreszeit und Dekade zwischen 53,2% und 66,7% variieren. Hingegen liegt die Streuung der Niederschlagstage mit geringen Mengen bei Werten zwischen 22,7% und 44,7% (Abb. 37). Niederschlagstage mit hohen Mengen finden relativ selten statt. Dabei ist eine sommerliche Konzentration von Niederschlagstagen mit hohen Mengen festzustellen (Abb. 37).

Die bereits erwähnte Zunahme von D2 nach D3 bildet ein wichtiges Merkmal der sommerlichen Niederschlagsverhältnisse in Finnisch-Lappland innerhalb der 30-jährigen Untersuchungsperiode. Diese Entwicklung wird von einem Rückgang aller erfassten Niederschlagstage mit mittleren Mengen begleitet. Dabei weichen die Werte je nach Jahreszeit zwischen -4,3% (Sommer) und -8,9% (Frühjahr) voneinander ab (Abb. 37). Hingegen nimmt der relative Anteil aller registrierten Niederschlagstage mit geringen Mengen von D2 nach D3 zwischen +5,2% (Winter) und +8,4% (Herbst) zu (Abb. 37).

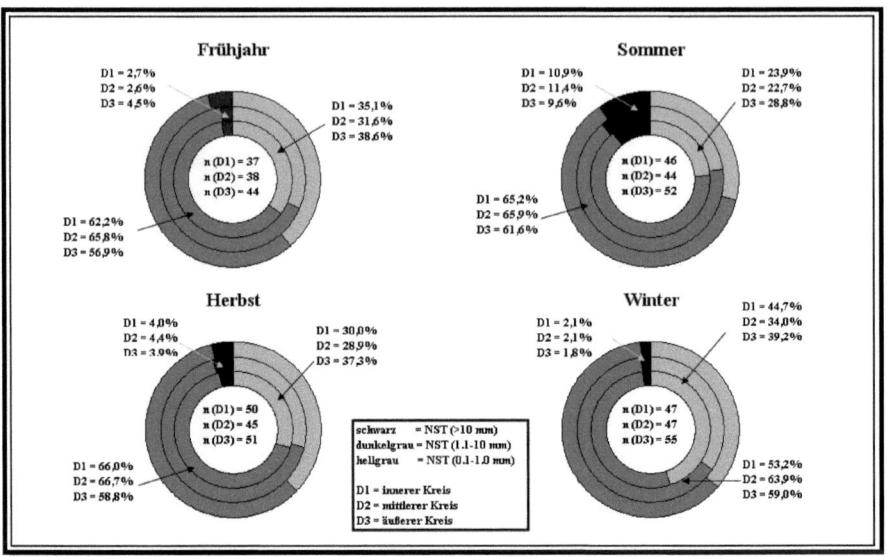

Abbildung 37: Relative Anteile registrierter Niederschlagstage (NST) mit geringer (0,1-1,0 mm), mittlerer (1,1-10 mm) und hoher Intensität (>10 mm) während D1, D2 und D3 in der verschiedenen Jahreszeiten in Finnisch-Lappland (Mittel aus 12 ausgewählten Stationsdatenreihen)

Aus dem frühjährlichen Verteilungsmuster der relativen Anteile an Niederschlagstagen geringer, mittlerer und hoher Mengen geht ein Anstieg aller registrierten Niederschlagstage von D2 nach D3 hervor (Abb. 38). Dies impliziert einen um 5-10% höheren Anteil geringmächtiger Niederschlagsereignisse zuungunsten von Niederschlagstagen mittlerer Mengenangaben für Finnland, Schweden und Norwegen (Abb. 38). Niederschlagsereignisse mittlerer Mengen ergeben etwa 50-60% aller erfassten Niederschlagstage. Niederschläge mit hohen Mengen üben hingegen keinen nennenswerten Einfluss auf das hygrische System im Frühjahr aus (Abb. 38).

Hinsichtlich der errechneten Trends zur Entwicklung aller registrierten Niederschlagstage unterschiedlicher Intensitäten werden nur in den norwegischen Stationsdatenreihen mit geringmächtigen Niederschlagsereignissen und in den schwedischen Stationsdatenreihen mit mittleren täglichen Niederschlagsmengen Signifikanzniveaus erreicht, die eine statistische Absicherung zulassen (Tab. 24).

Studien zur Struktur und Dynamik der Sommerniederschläge in Finnisch-Lappland

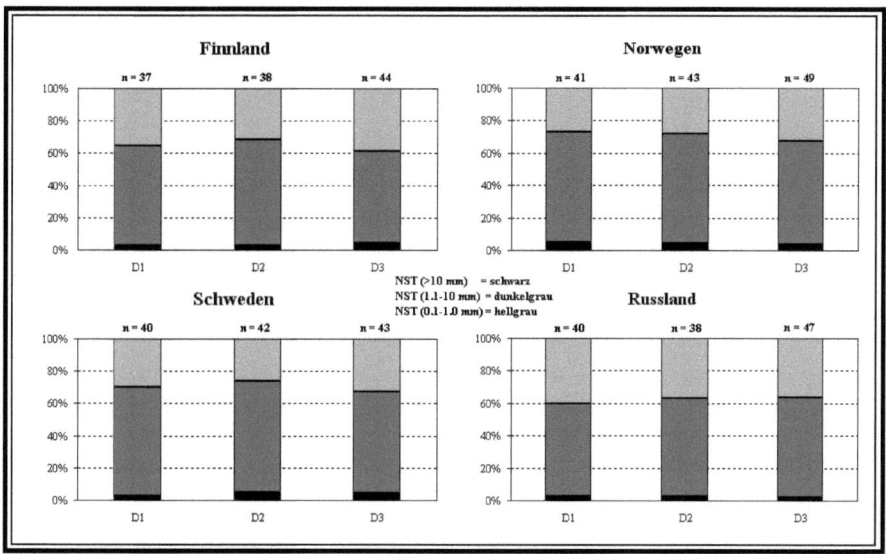

Abbildung 38: Relative Anteile registrierter Niederschlagstage (NST) mit geringer (0,1-1,0 mm), mittlerer (1,1-10 mm) und hoher Menge (>10 mm) im Frühjahr von D1-D3 für die Untersuchungsregionen Finnland, Norwegen, Schweden und Russland

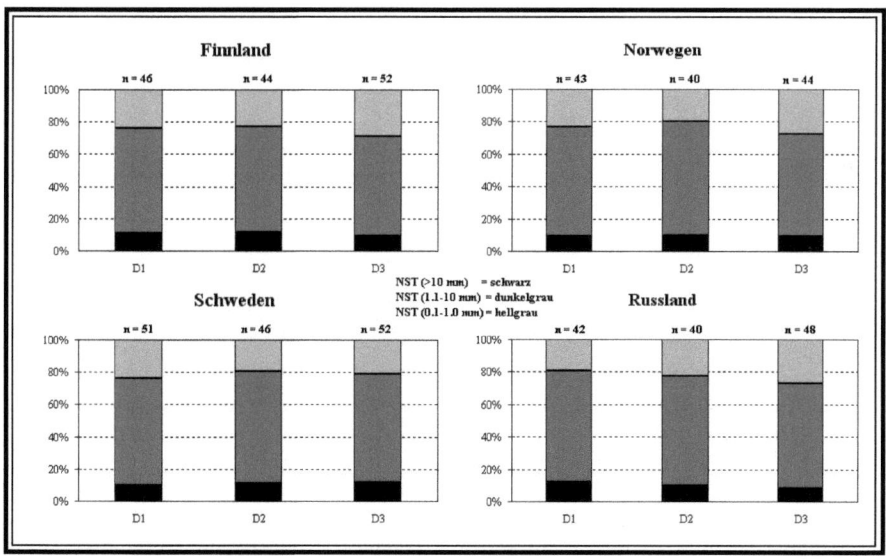

Abbildung 39: Relative Anteile registrierter Niederschlagstage (NST) mit geringer (0,1-1,0 mm), mittlerer (1,1-10 mm) und hoher Menge (>10 mm) im Sommer von D1-D3 für die Untersuchungsregionen Finnland, Norwegen, Schweden und Russland

Im Vergleich zum Frühjahr liegt der sommerliche Anteil von Niederschlagstagen mit geringen Mengen in allen Untersuchungsregionen um etwa 10% darunter (Abb. 39). Hingegen liegt der Anteil an Starkregentagen mit etwa 10-15% deutlich über dem Frühjahrsniveau. Die sommerliche Entwicklung wird überdies von einer zunehmenden Anzahl registrierter Niederschlagstage von D2 nach D3 geprägt (Abb. 39). Dabei kennzeichnet eine signifikante Erhöhung geringmächtiger Niederschlagstage zuungunsten mittlerer bzw. hoher Mengen das sommerliche Niederschlagsverhalten im lappländischen Untersuchungsgebiet (Abb. 39).

Tabelle 24: Mittlere T/R-Werte aus den Trends zur Entwicklung der Niederschlagstage geringer, mittlerer sowie hoher Menge für die entsprechenden meteorologischen Jahreszeiten in den vier Untersuchungsregionen im Beobachtungszeitraum 1978-2007 (fett=Signifikanzniveau >0,5)

		Frühjahr	Sommer	Herbst	Winter
NST (0,1-1,0 mm)	Finnland	0,59	0,67	0,76	-0,64
	Norwegen	**1,53**	0,65	-0,77	0,00
	Schweden	0,00	0,00	0,00	0,00
	Russland	0,00	**1,77**	0,00	**-1,59**
NST (1,1-10 mm)	Finnland	0,55	0,00	**-1,16**	**1,55**
	Norwegen	0,00	0,00	-0,85	-0,83
	Schweden	0,00	-0,52	**-1,05**	**1,08**
	Russland	**1,74**	0,00	0,00	**1,55**
NST (>10 mm)	Finnland	0,00	0,00	0,00	0,00
	Norwegen	0,00	0,00	0,00	0,00
	Schweden	0,00	0,00	0,00	**1,90**
	Russland	0,00	0,00	0,00	0,00

Die Niederschlagscharakteristik im Herbst wird durch einen Rückgang in der mengenmäßigen Anzahl aller registrierten Tage mit Niederschlag um fünf bis sieben Tage in allen Stationsdatenreihen von D1 nach D2 gekennzeichnet. Eine im Vergleich zu den übrigen Untersuchungsregionen konträr verlaufende Niederschlagsentwicklung in Norwegen zeigt sich insbesondere in der abnehmenden Anzahl aller Niederschlagsereignisse von D2 nach D3 (Abb. 40).

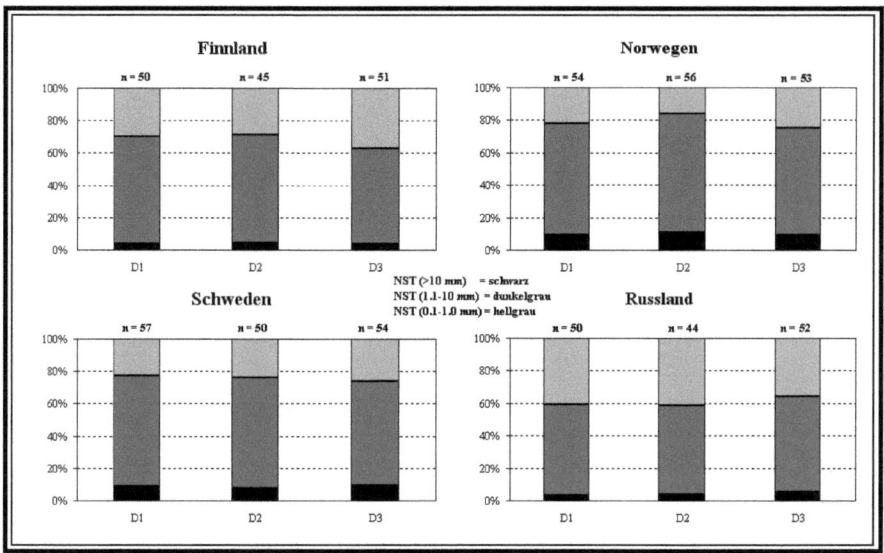

Abbildung 40: Relative Anteile registrierter Niederschlagstage (NST) mit geringer (0,1-1,0 mm), mittlerer (1,1-10 mm) und hoher Menge (>10 mm) im Herbst von D1-D3 für die Untersuchungsregionen Finnland, Norwegen, Schweden und Russland

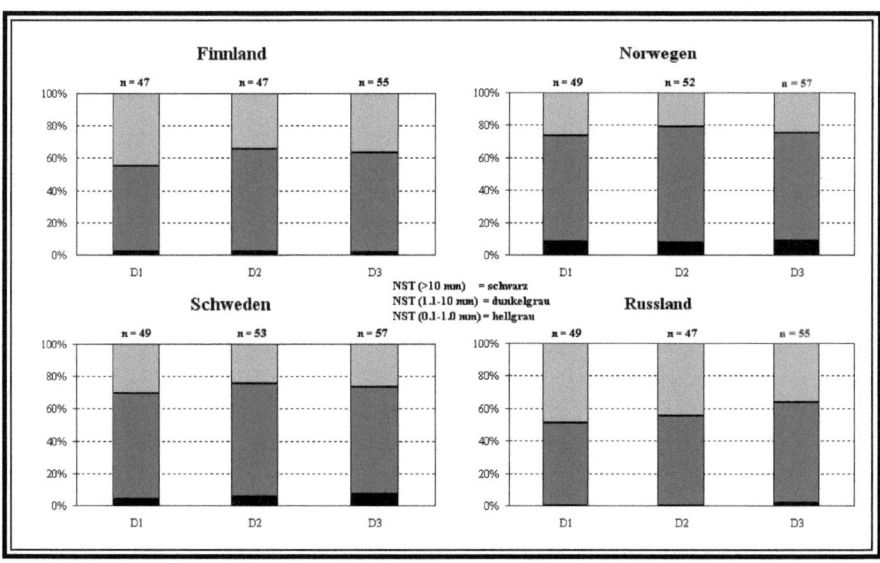

Abbildung 41: Relative Anteile registrierter Niederschlagstage (NST) mit geringer (0,1-1,0 mm), mittlerer (1,1-10 mm) und hoher Menge (>10 mm) im Winter von D1-D3 für die Untersuchungsregionen Finnland, Norwegen, Schweden und Russland

Im Vergleich zu den übrigen Jahreszeiten Frühjahr, Sommer und Herbst, in denen jeweils eine Zunahme an Niederschlagstagen geringer Mengen festzustellen ist, verzeichnet der meteorologische Winter insbesondere eine Zunahme an Niederschlagstagen mittlerer Mengen (Abb. 41). Dabei unterliegen die positiven Trends Niveaus, die in Finnland und Russland als mindestens *signifikant* sowie in Schweden als mindestens *schwach signifikant* einzustufen sind (Tab. 24). Darüber hinaus kennzeichnet ein signifikanter Anstieg an Starkniederschlägen die winterlichen Niederschlagsstrukturen in Schweden (Abb. 41 & Tab. 24)

Aus der Verteilung der über Finnisch-Lappland registrierten Niederschlagsereignisse für Mai bis September geht hervor, dass Tage mit einer mittleren Niederschlagsmenge von 1,1 bis 10,0 mm den höchsten Anteil aller erfassten Niederschlagstage bereitstellen (Abb. 42). Dabei ist besonders zu betonen, dass im September eine Dominanz an Niederschlagstagen mittlerer Mengen zu verbuchen ist. Die monatliche Anzahl an Tagen mit einer Maximalmenge von 1,0 mm, die im Mittel drei bis sechs Tage beträgt, liegt im Vergleich zu Starkregenereignissen etwa doppelt so hoch (Abb. 42).

Die Ergebnisse der Trendanalyse zeigen durchweg positive Trends für die Anzahl an Niederschlagstagen mit geringer Mengenangaben an Mai und Juli (Tab. 25). Dabei werden aus den T/R-Verhältnissen entsprechende Niveaus errechnet, die den Mai als mindestens *signifikant* (t-Wert <0,2) bzw. den Juli als mindestens *stark signifikant* (t-Wert >0,05) einzustufen sind. Die Entwicklung der Anzahl an Niederschlagstagen mit mittleren Mengen weist im Mai einen positiven Trend auf, dessen Niveau auf mindestens schwach *signifikant* eingereiht werden darf. Hingegen werden August und September durch negative Trends gekennzeichnet, deren jeweilige Niveaus ebenso als mindestens *schwach signifikant* einzuordnen gilt (Tab. 25).

Studien zur Struktur und Dynamik der Sommerniederschläge in Finnisch-Lappland

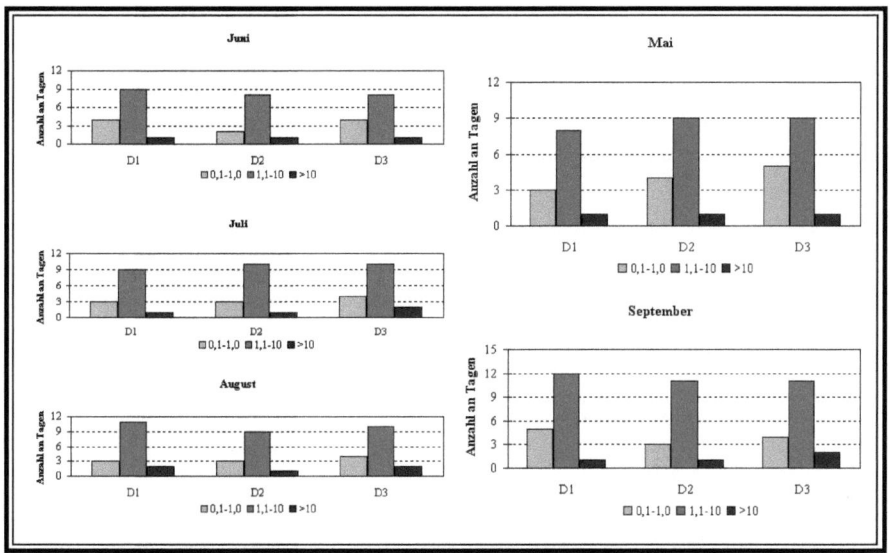

Abbildung 42: Mittlere Anzahl an Niederschlagstagen geringer (0,1-1,0 mm), mittlerer (1,0-10 mm) sowie hoher Tagesmenge (>10 mm) in Finnisch-Lappland (Mittel aus 12 Stationsdatenreihen) für Mai bis September in D1-D3

Tabelle 25: Mittlere T/R-Werte aus den Trends zur Entwicklung der Niederschlagstage geringer und mittlerer Menge für die Monate Mai bis September in den vier Untersuchungsregionen im Beobachtungszeitraum 1978-2007 (fett=Signifikanzniveau >0,5)

		Mai	Juni	Juli	August	September
NST (0,1-1,0 mm)	Finnland	1,42	0,00	1,99	0,00	0,00
	Norwegen	1,76	0,00	1,76	0,00	0,00
	Schweden	2,65	0,00	0,00	0,00	0,00
	Russland	1,71	2,21	2,34	2,45	0,00
NST (1,1-10 mm)	Finnland	1,08	0,00	0,84	-1,05	-1,06
	Norwegen	0,00	-1,07	0,76	0,00	-1,05
	Schweden	0,00	0,99	0,00	-1,03	-1,09
	Russland	1,19	-1,15	0,94	0,00	0,00

Die für Finnisch-Lappland aufgestellte Entwicklungsstruktur im Bezug auf die Verteilung erfasster Niederschlagstage unterschiedlicher Mengen findet sich größtenteils in den Ergebnissen der übrigen Stationsdatenreihen Norwegens, Schwedens und Russland wieder (Tab. 25). Dabei erreichen die entsprechenden T/R-Werte aus den Berechnungen der Trendentwicklungen für Norwegen, Schweden und Russland im Vergleich zu Finnland höhere Werte (Tab. 25). Zudem weisen die Analysen durchweg positive Trends gemäß der Anzahl an Tagen mit geringen Niederschlagsmengen (Mai-August) in Russland auf (Tab. 25).

Hingegen verbuchen Norwegen und Russland im Juni, Schweden im August sowie Norwegen und Schweden im September signifikante Rückgänge in der Anzahl an Niederschlagstagen mit mittleren Mengen (Tab. 25).

Tabelle 26: Mittlere Anzahl an Niederschlagstagen geringer, mittlerer und hoher Mengenangaben für die Untersuchungsregionen Norwegen (Mittel aus drei Stationsdatenreihen), Schweden (Mittel aus sieben Stationsdatenreihen) sowie Russland (Mittel aus sieben Stationsdatenreihen) in D1-D3

		Norwegen			Schweden			Russland		
	Menge [mm]	D1	D2	D3	D1	D2	D3	D1	D2	D3
Mai	0,1-1,0	3	4	5	3	3	5	4	4	6
	1,1-10	8	9	9	9	9	10	8	9	11
	>10	1	1	1	1	1	1	1	0	1
	Summe	12	14	15	13	13	16	13	13	18
Juni	0,1-1,0	4	2	4	4	3	4	3	3	5
	1,1-10	9	8	8	10	9	11	10	8	9
	>10	1	1	1	1	1	2	1	1	1
	Summe	14	11	13	15	13	16	14	12	15
Juli	0,1-1,0	3	3	4	3	3	4	2	3	4
	1,1-10	9	10	10	11	12	12	9	10	11
	>10	1	1	2	2	2	3	2	2	2
	Summe	13	14	16	17	17	19	13	15	17
August	0,1-1,0	3	3	4	4	3	4	3	3	4
	1,1-10	11	9	10	13	11	11	11	9	10
	>10	2	1	2	2	2	2	1	1	1
	Summe	16	13	16	19	17	17	15	13	15
September	0,1-1,0	5	3	4	4	4	4	4	4	5
	1,1-10	12	11	11	13	10	11	11	9	11
	>10	1	1	2	2	1	2	2	1	1
	Summe	18	15	17	19	15	17	17	14	17

Aus den Ergebnissen der intrastationären Trendanalyse kann herausgestellt werden, dass mit Ausnahme von Rovaniemi (September) durchweg positive Trends für die Anzahl an Niederschlagstagen mit geringen Mengen von Mai bis September vorherrschen (Abb. 43). Dabei werden im Mai und Juli an jeweils vier Stationen, im August und September an jeweils zwei Stationen und im Juni an einer Station (Kilpisjärvi) Niveaus erreicht, die als mindestens *schwach signifikant* einzustufen sind (Tab. 26).

Die Entwicklung der Tagesniederschläge mit mittleren Mengenangaben wird hingegen nur von geringen positiven Zunahmen im Mai und Juli gekennzeichnet, während insbesondere August und September von Rückgängen geprägt sind (Abb. 43). Mit Ausnahme von Pello

(August, September) und Oulanka (September) lassen sich diese negativen Trends nicht ausreichend statistisch belegen (Tab. 26).

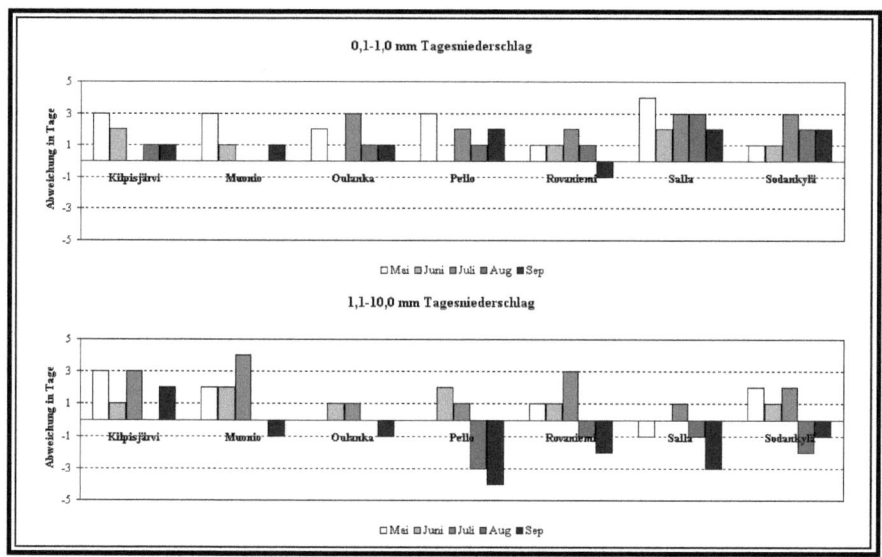

Abbildung 43: Abweichung der mittleren Anzahl an Niederschlagstagen geringer (0,1-1,0 mm) sowie mittlerer (1,1-10,0 mm) Tagesmenge zwischen D1 und D3 für die Monate Mai bis September anhand sieben ausgewählter nordfinnischer Station

Tabelle 27: Mittlere T/R-Werte für das Trendverhalten registrierter Niederschlagstage (NST) geringer sowie mittlerer Menge in den Monaten Mai bis September innerhalb der Untersuchungsperiode 1978-2007 anhand sieben ausgewählter nordfinnischer Stationsdatenreihen (fett = Signifikanzniveau >50%)

		Mai	Juni	Juli	August	September
NST (0,1-1,0 mm)	Kilpisjärvi	1,01	0,90	0,00	0,00	0,00
	Muonio	2,57	0,00	0,00	0,00	1,40
	Oulanka	0,83	0,00	1,01	0,90	1,04
	Pello	1,26	0,00	1,46	0,00	0,88
	Rovaniemi	0,00	0,00	0,00	1,23	-1,47
	Salla	1,66	0,00	0,93	0,78	0,00
	Sodankylä	0,00	0,00	0,99	0,00	0,00
NST (1,1-10 mm)	Kilpisjärvi	0,75	0,00	1,23	-0,73	0,00
	Muonio	0,97	0,00	0,74	0,00	0,00
	Oulanka	0,00	0,00	0,00	0,00	-0,91
	Pello	0,00	0,00	0,00	-1,46	-1,92
	Rovaniemi	0,87	0,00	0,70	-0,71	0,00
	Salla	0,00	-0,93	0,00	-0,81	-0,79
	Sodankylä	0,88	0,00	0,00	-0,81	-0,85

In Anbetracht eines statistischen Zusammenhanges zwischen der zeitlichen Entwicklung aller registrierten Tagesniederschläge sowie derer mit geringen Mengen geht zunächst hervor, dass in allen vier Großregionen die höchsten Korrelationskoeffizienten im Mai auftreten (Abb. 44). Dabei variieren die Werte der jeweiligen Korrelationskoeffizienten im Mai zwischen r=+0,80 (Norwegen) und r=+0,66 (Schweden; vgl. Abb. 44). Während aus dieser geringen Spannweite monatlicher Korrelationskoeffizienten der schwedischen Stationsdatenreihen eine relativ homogene Wechselbeziehung zwischen den Untersuchungsparametern erbracht wird, kennzeichnet hingegen ein nichtlinearer Zusammenhang die Niederschlagsentwicklung der übrigen Großregionen im September (Abb. 44).

Vor dem Hintergrund hoher bis sehr hoher Korrelationskoeffizienten (r $\geq$[0,9]) kann eine Rückwirkung der errechneten Trends zu mittlerer Anzahl registrierter Niederschlagstage mit mittleren Mengen erfolgen (Abb. 45). Aus der graphischen Überlappung einzelner linearer Trendlinien, die aus der relativ geringen Spannweite der jeweiligen Korrelationskoeffizienten resultiert, wird zudem deutlich, dass eine über die Monate Mai bis September relativ gleichmäßig verteilte Abhängigkeit der Anzahl an Niederschlagstagen mit mittleren Mengen von der Gesamtanzahl aller Tage mit registrierten Niederschlagsereignissen einhergeht (Abb. 45). Während die höchsten Korrelationskoeffizienten für alle Untersuchungsregionen im Juli auftreten (r: +0,93 bis +0,96), üben statistische Wechselbeziehungen im Mai hingegen einen geringeren Einfluss aus (r: +0,84 bis +0,94, vgl. Abb. 45).

Studien zur Struktur und Dynamik der Sommerniederschläge in Finnisch-Lappland

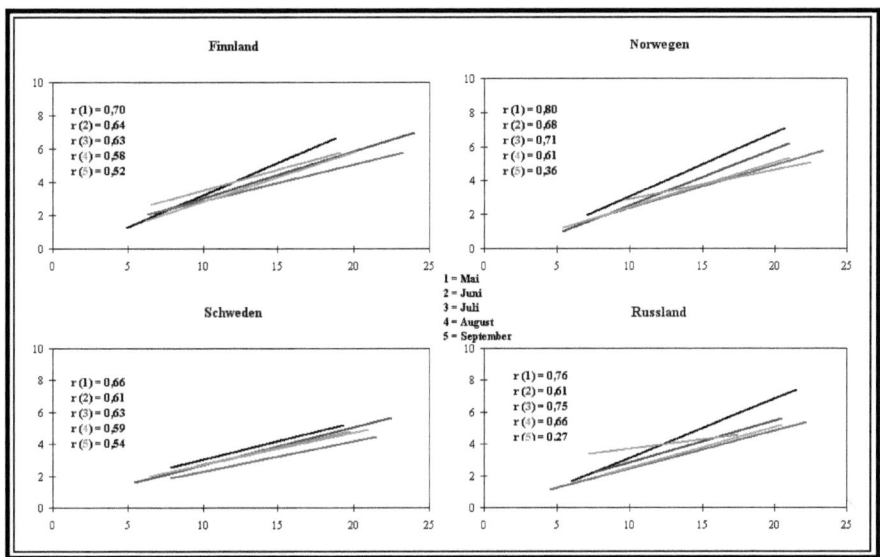

Abbildung 44: Statistischer Zusammenhang zwischen mittlerer Anzahl aller registrierten Niederschlagstage (x-Achse) sowie mittlerer Anzahl aller Niederschlagstage geringer Mengen (0,1-1,0 mm) (y-Achse) von Mai-September für Finnland, Norwegen, Schweden und Russland im Beobachtungszeitraum 1978-2007 (Signifikanzniveau ≥95%)

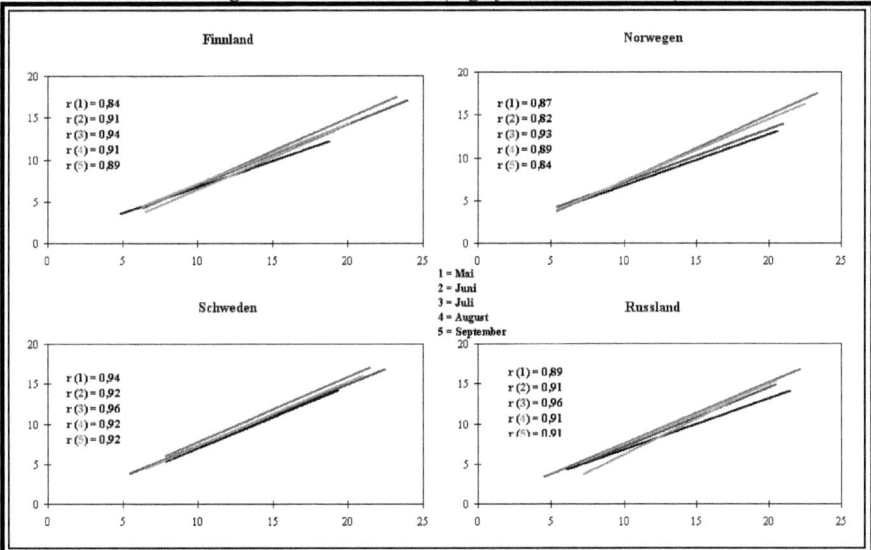

Abbildung 45: Statistischer Zusammenhang zwischen mittlerer Anzahl aller registrierten Niederschlagstage (x-Achse) sowie mittlerer Anzahl aller Niederschlagstage geringer Mengen (1,1-10,0 mm) (y-Achse) von Mai-September für Finnland, Norwegen, Schweden und Russland im Beobachtungszeitraum 1978-2007 (Signifikanzniveau ≥95%)

4.2.3 Die sommerliche Trockenperiode

Im Hinblick auf die Beschreibung typischer Niederschlagsstrukturen über Finnisch-Lappland und deren angrenzender lappländischer Regionen in Norwegen, Schweden und Russland bildet neben den untersuchten Parametern Niederschlagssumme bzw. Anzahl aller erfasster Tage mit geringen, mittleren sowie hohen Mengen u. a. die Dauer an aufeinander folgenden Tagen ohne registriertem Niederschlag ein zusätzliches Merkmal hygrischer Prozessdynamik.

Die Auswertungen der sommerlichen Trockenperioden ergeben im Mai zunächst einen signifikanten Rückgang bezüglich der Dauer aufeinander folgender Tage ohne Niederschlag (Tab. 28). Überdies ist eine deutliche Verringerung der maximalen Trockenperiode für Kevo, Kilpisjärvi, Muonio und Pello von D2 nach D3 festzustellen. Die Trockenperioden von Juni bis September zeigen gegenüber Mai keine eindeutigen Entwicklungstendenzen auf, wonach der Einfluss unterschiedlicher regionaler Strukturen ersichtlich wird. Demnach kennzeichnen Kevo, Rovaniemi und Sodankylä verlängerte Trockenperioden im Juni, während für die übrigen Datenreihen der finnischen Stationen geringe *nicht signifikante* Negativtrends vorherrschen, deren Werte keine eindeutige Interpretation zulassen (Tab. 28). Die Auswertungen der mittleren Dauer an aufeinander folgenden Tagen ohne Niederschläge ergeben im Juli verkürzte Trockenperioden für etwa 75% aller untersuchten Stationen, während die Anzahl für August im Verlauf der Untersuchungsperiode größtenteils stagniert (Tab. 28). Indessen verläuft die Dauer an niederschlagsfreien Tagen im September relativ homogen. Entsprechend ist eine Zunahme der mittleren Dauer an aufeinander folgenden Tagen ohne registrierten Niederschlag in allen Stationen von D1 nach D2 gemein (Tab. 28).

Tabelle 28: Mittlere (Mit) bzw. maximale (Max) Dauer an aufeinander folgenden Tage ohne Niederschlag für die Monate Mai bis September in D1, D2 und D3, t-Werte (fett=Signifikanzniveau >50%) sowie mittlere Standardabweichungen (Stabw) an acht ausgewählten Stationsdatenreihen über den Gesamtuntersuchungszeitraum 1978-2007

		Kevo		Kilpisjärvi		Muonio		Pello		Pudasjärvi		Rovaniemi		Salla		Sodankylä	
		Mit	Max	Mit	Max	Mit	Max	Mit	Max	Mit	Max	Mit	Max	Mit	Max	Mit	Max
Mai	D1	8,9	12	9,0	14	10,3	14	10,2	14	9,8	17	9,7	16	8,2	12	10,0	13
	D2	9,2	17	9,0	17	8,2	12	9,2	16	7,6	12	9,3	16	7,0	11	9,5	16
	D3	4,3	9	4,8	9	5,3	10	6,3	10	6,4	11	6,3	11	5,0	12	6,2	13
	t-Wert	<0,2		<0,2		<0,05		<0,2		**<0,5**		**<0,5**		**<0,5**		<0,1	
	Stabw	3,9		3,7		3,8		3,8		3,7		4,6		3,5		5,0	
Juni	D1	5,7	8	7,6	11	6,1	13	8,4	14	9,2	25	7,4	15	5,4	8	4,9	8
	D2	7,7	16	6,8	13	6,6	13	6,9	14	7,0	14	7,6	19	6,7	14	7,4	16
	D3	8,4	16	6,7	11	5,7	8	6,8	8	6,0	9	8,6	15	6,0	14	7,6	14
	t-Wert	**<0,5**		>0,5		>0,5		>0,5		>0,5		>0,5		>0,5		**<0,5**	
	Stabw	3,3		3,2		2,6		3,2		4,6		4,2		2,7		3,7	
Juli	D1	8,4	11	6,4	13	6,8	14	6,6	15	6,2	11	8,1	16	5,6	16	7,1	16
	D2	6,9	9	6,3	17	6,4	10	7,7	10	7,9	9	8,7	14	7,1	11	7,8	14
	D3	4,4	8	6,8	9	5,8	12	6,2	12	8,1	12	6,7	8	6,3	11	6,4	9
	t-Wert	<0,05		>0,5		>0,5		>0,5		**<0,5**		**<0,5**		>0,5		>0,5	
	Stabw	3,1		3,5		2,9		2,9		2,7		2,9		3,5		3,8	
August	D1	7,2	21	6,0	11	5,3	13	6,1	11	6,7	13	6,7	17	6,9	8	6,8	15
	D2	6,9	15	7,0	10	5,7	10	7,2	13	5,9	12	6,3	12	6,2	11	6,2	12
	D3	6,3	7	4,9	11	5,7	11	7,1	13	7,9	11	7,3	20	4,9	8	5,6	12
	t-Wert	>0,5		>0,5		>0,5		>0,5		>0,5		>0,5		>0,5		>0,5	
	Stabw	4,2		3,0		2,6		3,0		2,9		4,0		2,9		3,2	
September	D1	5,9	16	7,3	13	6,0	9	5,8	9	5,6	13	5,4	12	6,0	9	4,6	8
	D2	6,2	12	7,7	10	6,4	10	8,4	15	8,3	12	10,2	18	6,7	11	9,4	19
	D3	5,1	7	4,0	7	6,1	9	6,2	9	5,7	13	6,5	10	5,0	9	5,8	9
	t-Wert	>0,5		**<0,5**		>0,5		>0,5		>0,5		>0,5		>0,5		>0,5	
	Stabw	2,9		3,1		2,3		3,0		3,3		4,6		2,2		4,0	

Eine Beschreibung der sommerlichen Trockenperiode führt zunächst zu der Annahme, dass eine abnehmende Anzahl an registrierten Niederschlagstagen eine Zunahme der mittleren Dauer an aufeinander folgenden Tagen ohne erfassten Niederschlag hervorrufen könnte. Die Ergebnisse der Gegenüberstellung der linearen Trends zeigen, dass insbesondere für Mai ein starker negativer statistischer Zusammenhang zwischen Trockenperiode und mittlerer Anzahl registrierter Niederschlagstage vorherrscht (Abb. 46). Aus den Korrelationskoeffizienten der übrigen Monate wird zwar eine gewisse lineare Beziehung deutlich, widerspricht aber mit diesem Resultat der allgemeinen Annahme, dass mit einer Zunahme der Trockenperiode auch eine Abnahme an Niederschlagstagen zu assoziieren ist. Im Gegensatz zum Mai, in welchem aufgrund einer räumlich homogen verlaufenden Entwicklungstendenz zwischen Zunahme an Niederschlagstagen und Verkürzung der Trockenperiode eine sehr hohe Korrelation besteht (vgl. Tab. 28), liegt das Maß eines statistischen Zusammenhanges zwischen den benannten

Parametern in den übrigen Monaten Juni bis September deutlich darunter (Abb. 46). Eine räumlich heterogen verlaufende Trendentwicklung gemäß der Dauer an zusammenhängenden niederschlagsfreien Tagen sowie stationär differenzierte Tendenzen bezüglich der Anzahl an erfassten Niederschlagstagen könnten mögliche Erklärungsansätze für ein reduziertes Maß an statistischem Zusammenhang darstellen. Zudem treten trotz rückläufigen Trends immer wieder extreme Jahre mit längeren Perioden ohne Niederschlagsereignissen in Erscheinung (Tab. 28).

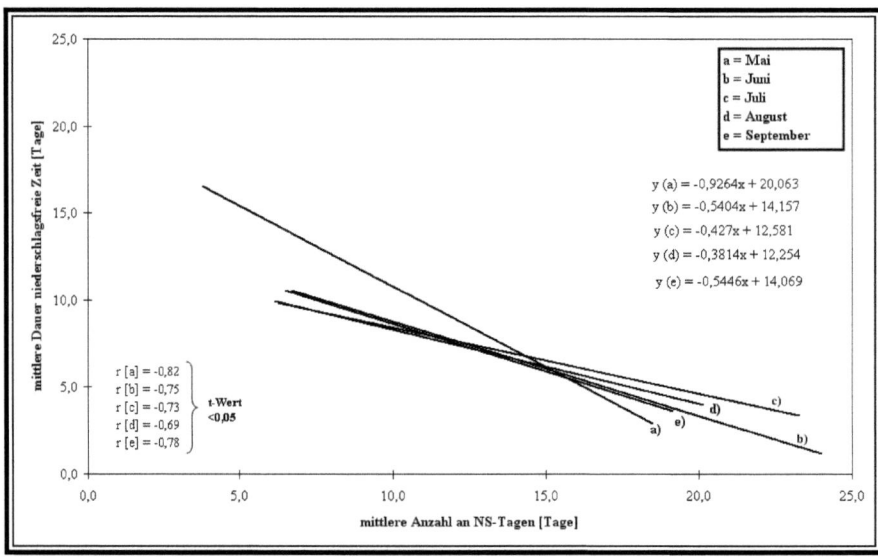

Abbildung 46: Relative Beziehung zwischen mittlerer Anzahl registrierter Niederschlagstage (x-Achse) und mittlerer Dauer aufeinander folgender Tage ohne Niederschlag (y-Achse) für die Monate Mai bis September während der Untersuchungsperiode 1978-2007 in Finnisch-Lappland (Mittel aus acht nordfinnischen Stationen [r=Korrelationskoeffizient; t=Signifikanzwert])

4.2.4 Zusammenfassung: Niederschlag

Aus der Zeitreihenanalyse der Niederschlagsverhältnisse für den Beobachtungszeitraum 1978-2007 geht hervor, dass Finnisch-Lappland einem Klima mit räumlich und zeitlich variaten Niederschlägen unterliegt. Die großskalige Verteilung der Niederschläge ist hierbei von der Luftdruckverteilung und der Zyklonenaktivität abhängig. Ferner entstammen Niederschläge im Frühjahr, Herbst und im Winter ausschließlich zyklonalem Ursprungs, während die Sommermonate insbesondere in den kontinental geprägten Regionen unter Einfluss konvektiver Niederschlagsbildung stehen. Die Variabilität der Zyklonensysteme führt zu sehr unterschiedlich ausgeprägten interannuellen Fluktuationen der Summen, die je nach Region auch zu sehr differenzierten zentralen Entwicklungstendenzen während des Untersuchungszeitraumes führen können.

In der Variabilitätsanalyse konnten die interannuellen Schwankungen der Niederschlagsjahressummen den jeweils regional vorherrschenden Zyklonensystemen zugeordnet werden. Je konstanter die Zyklonensysteme in ihren Zugbahnen und Intensitäten sind, desto geringer ist die Variation der Jahressummen. Zudem ist die Variabilität der annuellen Niederschlagswerte in den ganzjährig zyklonal beeinflussten maritimen Regionen mit winterlichen Niederschlagsmaxima am geringsten. In den kontinentalen Regionen mit sommerlichen Niederschlagsmaxima, die sich auf einen wesentlich kürzeren Zeitraum konzentrieren sowie bei zeitgleicher Lage an der in Position und Intensität unbeständigen Polarfront, ist die Variabilität hingegen am höchsten. Als Ursache für die unterschiedlich hohen Jahressummen konnte eine ausgeprägte Niederschlagsvariabilität während der Monate mit den charakteristischen Niederschlagsmaxima einer Region nachgewiesen werden. Die Variationen in allen Zeitreihen sind außerdem eher durch das Auftreten von besonders niederschlagsintensiven, also besonders feuchten Jahren, als durch besonders trockene Jahre gekennzeichnet.

Die aus der statistischen Analyse ermittelten Trendrichtungen und Trendwerte für die Niederschlagsmessungen der Beobachtungsperiode 1978-2007 variieren von Region zu Region und auch jahreszeitlich sehr stark. Sämtliche regionale Trends konnten lediglich als *schwach signifikant* eingestuft werden und sind somit kritisch zu bewerten. Der gemittelte lineare Trend der Niederschläge ergibt für die vier untersuchten Regionen Nordskandinaviens jeweils schwach signifikante Anstiegsraten von +5,1% (Finnland), +7,9% (Norwegen),

+13,8% (Schweden) und +9,4% (Russland). Einzelne Stationen weichen von dieser Gesamttendenz erheblich ab. In dem Untersuchungszeitraum verzeichnen insbesondere maritim geprägte Regionen Zunahmen, während kontinentale Räume hingegen Abnahmen verzeichnen. Die jeweiligen Entwicklungsrichtungen der Niederschläge sind in den vier Untersuchungsregionen insbesondere für Winter und Frühjahr identisch. Die Veränderungen der Niederschlagsmengen im Frühjahr und Winter sind höher als die meisten sommerlichen Anstiegsraten (v. a. Norwegen und Schweden). Hingegen kennzeichnen Abnahmen in der Herbstsumme eine Vielzahl an Stationsdatenreihen in Finnisch- und Schwedisch-Lappland. Unter besonderer Berücksichtigung der monatlichen Niederschlagsanalyse ergeben sich im Mai und im Juli positive Niederschlagstrends, während im August deutliche Abnahmetrends aufgezeigt werden. Für den Juni und den September lassen sich keine allgemein gültigen Niederschlagstrends herausarbeiten.

Ferner ist eine Erhöhung der Niederschlagstage insbesondere für den Norden des Untersuchungsgebietes innerhalb des Beobachtungszeitraumes festzustellen (bis zu +1,0 Tage pro Jahr). Dem steht eine geringe Abnahme im Südwesten Finnisch-Lapplands, die aus einer geringer werdenden Anzahl an frühjährlichen und sommerlichen Niederschlagstagen resultiert, gegenüber. Die Zunahme an Niederschlagstagen während des Zeitraumes 1978-2007 beruht auf eine intensive Erhöhung von D2 nach D3.

Im jahreszeitlichen Vergleich kennzeichnet insbesondere Frühjahr und Winter eine Zunahme an Niederschlagstagen, während der Herbst durch einen erheblichen Rückgang charakterisiert wird.

Das Untersuchungsgebiet wird hinsichtlich seiner täglich registrierten Niederschlagsmengen durch einen Rückgang an Niederschlagstagen mit geringen und mittleren Mengen von D1 nach D2 gekennzeichnet. Hingegen stagniert ein ohnedies geringer Anteil an Starkregentagen von D1 nach D2. Prägend für das Niederschlagsregime in D3 zeichnet sich eine insbesondere für Sommer und Winter (jeweils +8 Tage) signifikante Zunahme an täglich registrierten Niederschlagsereignissen geringer (+20 Tage) sowie mittlerer Mengen (+5 Tage) aus. Gleichwohl ergeben sich aus der monatlichen Verteilung sommerlicher Tagesniederschläge mit geringen und mittleren Mengen Unterschiede in den klimatologischen Entwicklungstrends. Während für nahezu alle untersuchten Stationen des Untersuchungsgebietes Zunahmen in der Häufung täglich registrierter

Niederschlagsereignisse geringer Mengen für die Monate Mai bis September ersichtlich werden, kennzeichnen den August und September deutliche Abnahmetrends bezüglich der Anzahl an Niederschlagstagen mittlerer Mengen.

Mit Ausnahme des Mais lassen sich für die übrigen Monate Juni bis September keine eindeutigen Trends in Bezug auf eine verlängerte bzw. verkürzte Dauer der sommerlichen Trockenperiode herausstellen. Gleichwohl die maximale Dauer aufeinander folgender Tage ohne Niederschlagsereignisse für die meisten der zu untersuchenden Stationen für die Monate Mai bis September in D1 deutlich höher liegt als in D2, charakterisiert eine signifikante Abnahme D3.

4.3 Niederschlag in Abhängigkeit ermittelter Klimamessgrößen

Zwischen dem Verlauf der jährlichen Niederschlagssumme und der Anzahl an Niederschlagstagen besteht ein gewisser statistischer Zusammenhang. Demnach werden bis auf wenige Ausnahmen (vgl. r=+0,07 [Ivalo/April], r=+0,14 [Ivalo/Mai], r=+0,09 [Muonio/Oktober], r=+0,23 [Oulu/April], r=+0,13 [Salla/Mai] in Tab. 29) sämtliche Stationsdatenreihen durch Korrelationen gekennzeichnet, deren Werte im Mittel zwischen +0,31 und +0,88 liegen (Tab. 29). Demgemäß bildet eine über den Jahresraum gleich verteilte Wechselbeziehung zwischen der Niederschlagssumme und der Anzahl an Gesamtniederschlagstagen ein wichtiges Charakteristikum des nördlichen Niederschlagsverhaltens.

Tabelle 29: Relative Korrelationskoeffizienten r zwischen mittlerer Niederschlagssumme und mittlerer Anzahl aller Niederschlagstage für Januar-Dezember im Untersuchungszeitraum 1978-2007 anhand 13 ausgewählter nordfinnischer Stationen (fett=Signifikanzniveau ≥95%)

Stationen	Jan	Feb	Mrz	Apr	Mai	Jun	Jul	Aug	Sep	Okt	Nov	Dez
Ivalo	0,59	0,69	0,52	0,07	0,14	0,61	0,67	0,68	0,69	0,70	0,58	0,67
Kajaani	0,64	0,71	0,54	0,62	0,66	0,85	0,61	0,81	0,62	0,71	0,88	0,76
Kevo	0,62	0,45	0,50	0,41	0,37	0,35	0,77	0,60	0,59	0,48	0,50	0,31
Kilpisjärvi	0,80	0,61	0,63	0,54	0,81	0,66	0,59	0,80	0,36	0,56	0,74	0,53
Kuusamo	0,70	0,40	0,58	0,59	0,52	0,63	0,59	0,39	0,51	0,86	0,70	0,60
Muonio	0,75	0,70	0,55	0,73	0,41	0,75	0,71	0,66	0,55	0,09	0,67	0,66
Oulanka	0,62	0,45	0,58	0,73	0,52	0,37	0,62	0,40	0,52	0,71	0,67	0,69
Oulu	0,66	0,58	0,50	0,23	0,74	0,67	0,64	0,68	0,74	0,88	0,81	0,70
Pello	0,57	0,34	0,47	0,71	0,60	0,78	0,77	0,62	0,61	0,65	0,70	0,71
Pudasjärvi	0,72	0,83	0,67	0,41	0,82	0,59	0,72	0,83	0,64	0,84	0,73	0,47
Rovaniemi	0,58	0,82	0,60	0,64	0,63	0,79	0,72	0,68	0,71	0,57	0,77	0,66
Salla	0,49	0,57	0,55	0,46	0,13	0,66	0,68	0,54	0,48	0,60	0,44	0,62
Sodankylä	0,47	0,72	0,36	0,75	0,35	0,44	0,74	0,40	0,50	0,55	0,60	0,38

In Anbetracht geringer Korrelationswerte (r: +/-0,3) zwischen der Niederschlagsmenge und der Anzahl an Niederschlagstagen mit geringen Mengenangaben ist für die meisten Stationen des Untersuchungsgebietes kein statistischer Zusammenhang im Betrachtungszeitraum 1978-2007 zu ersehen (Tab. 30). Geringe negative Korrelationen kennzeichnen Muonio (r=-0,47), Rovaniemi (r=-0,44) und Sodankylä (r=-0,38) im Dezember, Ivalo im Januar (r=-0,36), Kuusamo im Februar (r=-0,36) und September (r=-0,55) sowie Muonio im Oktober (r=-0,46) (Tab. 30). Positive Korrelationen lassen sich für Sodankylä im April (r=+0,50), für Kilpisjärvi im Mai (r=+0,65), für Kevo im Juli (r=+0,38) sowie für Kilpisjärvi im August (r=+0,46) herausstellen (Tab. 30).

Studien zur Struktur und Dynamik der Sommerniederschläge in Finnisch-Lappland

Tabelle 30: Relative Korrelationskoeffizienten r (nach Pearson) zwischen mittlerer Niederschlagssumme und mittlerer Anzahl aller Niederschlagstage mit geringen Mengen für Januar-Dezember im Untersuchungszeitraum 1978-2007 anhand 13 ausgewählter nordfinnischer Stationen (fett=Signifikanzniveau ≥95%)

Stationen	Jan	Feb	Mrz	Apr	Mai	Jun	Jul	Aug	Sep	Okt	Nov	Dez
Ivalo	**-0,36**	0,11	-0,22	0,00	-0,09	-0,16	0,08	0,33	0,10	-0,23	0,12	-0,21
Kajaani	0,24	-0,21	0,17	0,19	0,18	0,05	0,06	-0,11	-0,18	-0,11	-0,17	0,19
Kevo	0,18	-0,24	0,16	-0,06	0,02	-0,08	**0,38**	0,07	-0,10	-0,16	-0,22	-0,24
Kilpisjärvi	0,04	0,11	-0,10	0,14	**0,65**	0,25	0,19	**0,46**	0,10	-0,03	-0,07	-0,18
Kuusamo	-0,05	**-0,36**	0,18	-0,31	-0,25	-0,34	0,08	-0,33	**-0,55**	0,33	-0,16	0,09
Muonio	0,18	-0,17	-0,08	0,03	-0,20	0,07	-0,06	-0,01	0,00	**-0,46**	-0,24	**-0,47**
Oulanka	0,00	-0,12	-0,15	0,29	-0,02	0,04	0,24	-0,10	-0,20	-0,16	-0,18	0,23
Oulu	0,09	-0,14	-0,14	-0,29	0,16	0,10	0,01	0,19	0,30	0,19	0,34	-0,11
Pello	0,10	0,17	0,06	0,33	-0,11	0,22	-0,26	-0,27	0,04	0,03	-0,05	-0,07
Pudasjärvi	0,25	-0,19	0,14	-0,06	0,27	-0,15	0,15	-0,10	-0,15	-0,22	-0,31	-0,04
Rovaniemi	-0,07	0,10	0,21	0,07	0,26	-0,04	0,26	-0,23	0,09	-0,02	-0,22	**-0,44**
Salla	-0,01	0,21	-0,08	-0,05	-0,13	0,06	0,18	-0,02	-0,31	-0,18	-0,08	-0,26
Sodankylä	-0,12	0,09	0,00	**0,50**	-0,21	0,07	0,16	-0,34	-0,01	-0,11	0,21	**-0,38**

Tabelle 31: Relative Korrelationskoeffizienten r (nach Pearson) zwischen mittlerer Niederschlagssumme und mittlerer Anzahl aller Niederschlagstage mit mittleren Mengen für Januar-Dezember im Untersuchungszeitraum 1978-2007 anhand 13 ausgewählter nordfinnischer Stationen (fett=Signifikanzniveau ≥95%)

Stationen	Jan	Feb	Mrz	Apr	Mai	Jun	Jul	Aug	Sep	Okt	Nov	Dez
Ivalo	**0,88**	**0,77**	**0,73**	0,11	0,26	**0,78**	**0,72**	**0,56**	**0,66**	**0,72**	**0,71**	**0,77**
Kajaani	**0,67**	**0,87**	**0,62**	**0,68**	**0,76**	**0,90**	**0,72**	**0,81**	**0,76**	**0,81**	**0,88**	**0,80**
Kevo	**0,66**	**0,71**	**0,66**	**0,63**	**0,56**	**0,59**	**0,84**	**0,78**	**0,75**	**0,70**	**0,70**	**0,61**
Kilpisjärvi	**0,91**	**0,74**	**0,80**	**0,68**	**0,82**	**0,78**	**0,60**	**0,81**	**0,41**	**0,70**	**0,91**	**0,76**
Kuusamo	**0,87**	**0,66**	**0,67**	**0,76**	**0,75**	**0,80**	**0,68**	**0,58**	**0,80**	**0,84**	**0,88**	**0,59**
Muonio	**0,88**	**0,88**	**0,81**	**0,85**	**0,66**	**0,84**	**0,77**	**0,75**	**0,64**	**0,46**	**0,83**	**0,92**
Oulanka	**0,94**	**0,44**	**0,86**	**0,78**	**0,78**	**0,44**	**0,74**	**0,70**	**0,76**	**0,87**	**0,88**	**0,72**
Oulu	**0,81**	**0,87**	**0,67**	**0,62**	**0,79**	**0,78**	**0,72**	**0,71**	**0,76**	**0,95**	**0,86**	**0,80**
Pello	**0,65**	0,32	**0,60**	**0,78**	**0,78**	**0,82**	**0,89**	**0,71**	**0,81**	**0,81**	**0,85**	**0,85**
Pudasjärvi	**0,75**	**0,92**	**0,74**	**0,41**	**0,86**	**0,73**	**0,70**	**0,89**	**0,75**	**0,93**	**0,87**	**0,58**
Rovaniemi	**0,75**	**0,93**	**0,69**	**0,81**	**0,72**	**0,86**	**0,73**	**0,84**	**0,80**	**0,70**	**0,83**	**0,84**
Salla	**0,68**	**0,53**	**0,71**	**0,54**	0,27	**0,75**	**0,78**	**0,75**	**0,60**	**0,70**	**0,56**	**0,82**
Sodankylä	**0,60**	**0,79**	**0,53**	**0,78**	**0,65**	**0,53**	**0,81**	**0,70**	**0,64**	**0,71**	**0,66**	**0,71**

Demgegenüber herrscht offenbar ein statistischer Zusammenhang zwischen der Niederschlagssumme und der Anzahl erfasster Niederschlagstage mittlerer Menge (Tab. 31). In den untersuchten Stationsdatenreihen werden für nahezu alle Monate (Ausnahme: Ivalo [April und Mai], Pello [Februar] und Salla [Mai]) Korrelationswerte erreicht, die im Mittel zwischen +0,7 und +0,9 liegen (Tab. 31). Insbesondere für Mai, Juni und Juli gehen eindeutig statistische Beziehungen zwischen einer erhöhten Niederschlagssumme und der Zunahme an registrierten Niederschlagstagen mittlerer Menge hervor (Tab. 31). Überdies lässt sich eine für den Großraum ersichtliche spätsommerliche Niederschlagsabnahme mit einer verringerten Anzahl registrierter Niederschlagstage mittlerer Mengen ersehen (Tab. 31).

Aufgrund eines relativ geringen Anteils am Gesamtniederschlag kann eine statistische Wechselbeziehung zwischen der Niederschlagssumme und der Anzahl an registrierten Niederschlagstagen mit hohen Mengen, die ohnedies nur zwischen April und Oktober vorherrschen, durchaus als *hochsignifikant* eingeschätzt werden (Tab. 32).

Tabelle 32: Relative Korrelationskoeffizienten r (nach Pearson) zwischen mittlerer Niederschlagssumme und mittlerer Anzahl aller Niederschlagstage mit hohen Mengen für Januar-Dezember im Untersuchungszeitraum 1978-2007 anhand 13 ausgewählter nordfinnischer Stationen (fett=Signifikanzniveau ≥95%)

Stationen	Apr	Mai	Jun	Jul	Aug	Sep	Okt
Ivalo	0,68	0,66	0,88	0,85	0,92	0,86	0,84
Kajaani	0,77	0,51	0,87	0,53	0,72	0,65	0,71
Kevo	0,62	0,66	0,83	0,89	0,41	0,64	0,76
Kilpisjärvi	0,92	0,48	0,83	0,76	0,64	0,48	0,74
Kuusamo	0,50	0,75	0,87	0,79	0,86	0,80	0,73
Muonio	0,63	0,82	0,75	0,88	0,81	0,67	0,79
Oulanka	0,62	0,79	0,68	0,65	0,84	0,86	0,80
Oulu		0,75	0,56	0,75	0,33	0,73	0,45
Pello	0,63	0,81	0,79	0,77	0,82	0,83	0,63
Pudasjärvi	0,60	0,73	0,86	0,76	0,77	0,79	0,75
Rovaniemi	0,84	0,44	0,86	0,84	0,80	0,79	0,85
Salla	0,61	0,63	0,89	0,81	0,76	0,76	0,64
Sodankylä	0,81	0,59	0,80	0,83	0,61	0,80	0,75

4.4 Entwicklung sommerlicher Niederschläge als Folge veränderter atmosphärischer Zirkulationsdynamik

Der Frage nach den Ursachen für die immer wiederkehrenden Klimaschwankungen im Laufe der Erdgeschichte wurde stets große Aufmerksamkeit gewidmet. Welche Faktoren beziehungsweise Konstellationen müssen gegeben sein, damit sich das Klima ändert? Angesichts der Vielzahl an Faktoren, die das globale und regionale bzw. lokale Klima bestimmen (Klimafaktoren), verwundert es nicht, dass seitdem viele Gründe für Klimaänderungen angeführt wurden. Die Ursachen hierfür werden entsprechend der

Klimasteuerung systematisch in extraterrestrischer und terrestrischer Antriebsmechanismen unterschieden. Da mittlerweile der Mensch eine entscheidende Rolle im Klimageschehen einnimmt, werden übergreifend die natürlichen Ursachen getrennt von den anthropogenen behandelt. Zugleich ist zu berücksichtigen, dass die Ursachen der Klimaänderung innerhalb des Klimasystems selbst oder außerhalb liegen können (SCHÖNWIESE 1995).

Interne Mechanismen als Träger von Klimaprozessen und somit von Klimazuständen und Klimaänderungen agieren nicht unabhängig voneinander, sondern sind zudem in zahlreiche Wechselwirkungen eingebunden. Demnach beziehen sich diese auf das allgemeine Verbundsystem aus Atmosphäre, Hydrosphäre, Kryosphäre, Pedosphäre und Lithosphäre sowie Biosphäre. Zu diesem Ursachenbereich gehört prinzipiell die gesamte atmosphärische und ozeanische Zirkulation (SCHÖNWIESE 1995).

4.4.1 Änderung der Großwetterlagen in Europa

Von 1941 bis 1943 entstand im ehemaligen Forschungsinstitut für langfristige Witterungsvorhersagen in Bad Homburg unter Leitung von BAUR et al. (1944) erstmals ein „Kalender der Großwetterlagen Europas" für die Jahre 1881 bis 1939 (BAUR 1947). Das in den Jahren 1950/1951 überarbeitete und später als „Katalog der Großwetterlagen" von HESS & BREZOWSKY (1952, 1969, 1977) sowie von GERSTENGARBE & WERNER (1993) ständig aktualisierte Nachschlagewerk verschafft einen Überblick über die „...mittlere Luftdruckverteilung eines Großraumes, mindestens von der Größe Europas während eines mehrtägigen Zeitraumes, in welchem gewisse Züge aufeinander folgender Wetterlagen gleich bleiben, eben jene Züge, welche die Witterung in den einzelnen Teilgebieten des Großraums bedingen." (BAUR 1963).

Als Merkmale bestimmter festgelegter Großwetterlagen wird einmal die geographische Lage der Steuerungszentren, zum anderen die Lage der Erstreckung von Frontalzonen herangezogen. So ergibt sich eine Einteilung in zonale, gemischte und meridionale Zirkulationsformen (GERSTENGARBE & WERNER 1993).
Dabei herrscht ein zonaler Witterungsverlauf vor, wenn zwischen einem ausgeprägten subtropischen Hochdruckgebiet in Normallage über dem Nordatlantik und einem gleichfalls hoch reichendem System tiefen Luftdrucks im subpolaren Raum eine quasi West-Ost-

Strömung besteht, in der einzelne Tiefdruckgebiete mit ihren Frontensystemen vom östlichen Atlantik zum europäischen Festland wandern (GERSTENGARBE & WERNER 1993).

Demgegenüber sind stationäre, blockierende Hochdruckzentren zwischen 50 und 65 °N für den meridionalen Zirkulationstyp charakteristisch (GERSTENGARBE & WERNER 1993).

Bei der gemischten Zirkulationsform sind die zonalen und meridionalen Strömungskomponenten etwa gleich groß, d.h. der Austausch von Luftmassen verschiedener geographischer Breiten erfolgt nicht unmittelbar auf den kürzesten (meridionalen) Weg, sondern mit einem deutlichen zonalen Strömungsanteil (GERSTENGARBE & WERNER 1993).

Im Zentrum der Fragestellung dieser Arbeit steht der kausale Zusammenhang zwischen veränderten sommerlichen Niederschlagsverhältnissen hinsichtlich seiner registrierten Niederschlagssummen (einschließlich Mai bis September) und der Dynamik von Großwetterlagen gemäß seiner Klassifizierung in zonale, meridionale und gemischte Zirkulationsformationen.

4.4.1.1 Zonale Zirkulationsformationen

Das sommerliche Niederschlagsverhalten Finnisch-Lapplands ist gemäß seiner registrierten Niederschlagssumme mit einigen Einschränkungen auf das veränderte Auftreten zonaler Zirkulationsformationen zurückzuführen (Abb. 47). Dabei besteht für August ein statistischer Zusammenhang zwischen einer erhöhten Niederschlagssumme und einem überdurchschnittlichen Anteil an zonalen Großwetterlagen in D1 sowie zwischen abnehmender Regenmenge und einer geringen Anzahl zonaler Zirkulationsformationen in D2 und D3 (Abb. 47). Hingegen lassen sich für Mai, Juni, Juli und September nur bedingt positive Korrelationen zwischen veränderter Niederschlagssumme und relativem Anteil zonaler Zirkulationsformationen erkennen (Juni [D2]: $r = +0,61$; September [D2]: $r = +0,73$; vgl. Abb. 47). Hingegen führen hohe negative Korrelationen in D3 im Juli ($r = -0,96$) und September ($r = -0,90$) zu der Annahme, dass erhöhte Niederschlagssummen zuungunsten von zonalen Zirkulationsmustern einhergehen (Abb. 47).

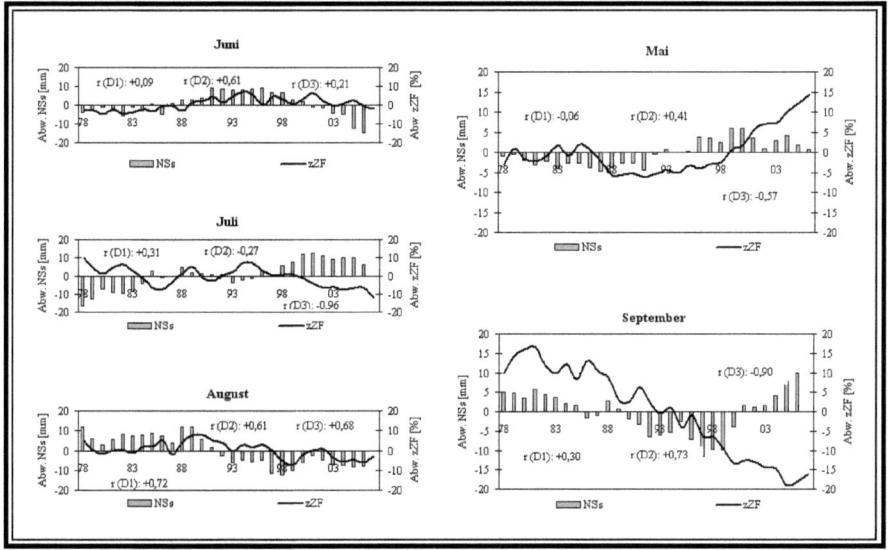

Abbildung 47: Verlauf der jährlichen Abweichung von Niederschlagssumme (NSs) [mm] und relativem Anteil zonaler Zirkulationsformationen (zZF) [%] sowie relative Korrelationskoeffizienten r für Mai-September (D1-D3) in Finnisch-Lappland

Überdies besteht im Juni (D1) eine statistische Beziehung zwischen der Anzahl an registrierten Niederschlagstagen und dem relativen Anteil zonaler Zirkulationsformationen (Tab. 33). Hingegen ergeben sich für die übrigen Monate Mai, August und September in D1 und D2 keine signifikanten statistischen Zusammenhänge. Geringe negative Korrelationen im Mai (r = -0,62) und September (r = -0,59) kennzeichnen indessen D3 (Tab. 33).

Beziehungen zwischen dem relativen Anteil zonaler Großwetterlagen und der Anzahl an registrierten Niederschlagstagen mit geringen Mengen ergeben im Juli (D1) und im September (D2) hochsignifikant negative Korrelationen sowie im Mai (D2) und im Juli (D3) hochsignifikant positive Korrelationen (Tab. 33).

Gemäß einer Einflussnahme veränderter zonaler Zirkulationsformationen auf die Anzahl aller erfasster Niederschlagstage mit mittleren Mengen kennzeichnen dem August (D1), September (D2) und Juli (D3) hochsignifikant positive Korrelationen, während im Juli (D1) eine hochsignifikant negative Korrelation vorherrscht (Tab. 33).

Tabelle 33: Relative Korrelationskoeffizienten r für Wechselbeziehung zwischen Anzahl aller Niederschlagstage (GNT), Niederschlagstage geringer Mengen NT (0,1-1,0 mm) und Niederschlagstage mittlerer Mengen NT (1,1-10 mm) sowie relativem Anteil zonaler Großwetterlagen (D1-D3) für Mai-September in Finnisch-Lappland (fett = Signifikanzniveau ≥95%)

		D1	D2	D3
GNT [> 0.1 mm]	Mai	0,24	-0,42	**-0,62**
	Juni	-0,59	0,26	-0,09
	Juli	**-0,84**	0,22	-0,06
	August	0,41	0,20	0,49
	September	0,23	0,53	-0,59
NT [0.1-1.0 mm]	Mai	-0,02	**0,86**	0,20
	Juni	-0,54	-0,14	-0,50
	Juli	**-0,74**	0,08	**0,64**
	August	-0,12	-0,37	-0,02
	September	0,39	**-0,62**	0,50
NT [1.1-10 mm]	Mai	-0,55	-0,51	-0,12
	Juni	-0,49	0,46	0,56
	Juli	**-0,83**	0,29	**0,66**
	August	**0,64**	0,47	0,42
	September	-0,16	**0,83**	-0,57

4.4.1.2 Meridionale Zirkulationsformationen

Veränderungen in der Häufigkeit von Großwetterlagen mit meridionalen Zirkulationsformationen können zum Teil als Erklärungsansatz für die Variabilität des sommerlichen Niederschlagsregimes herangeführt werden.

Insbesondere lässt sich ein rückläufiger Niederschlagstrend im August (D2, D3) auf eine Vielzahl meridionaler Großwetterlagen zurückführen (Abb. 48). Überdies könnte eine für September (D1) ausgeprägte Niederschlagsabnahme (r =+0,88) das Ergebnis abnehmender Präsenz von Großwetterlagen meridionalen Ursprungs darstellen (Abb. 48). Abgesehen von Niederschlagssumme besteht im August (r [D1] =+0,72) und im September (r [D1] =+0,80) offenbar ein statistischer Zusammenhang (Tab. 38).

Studien zur Struktur und Dynamik der Sommerniederschläge in Finnisch-Lappland

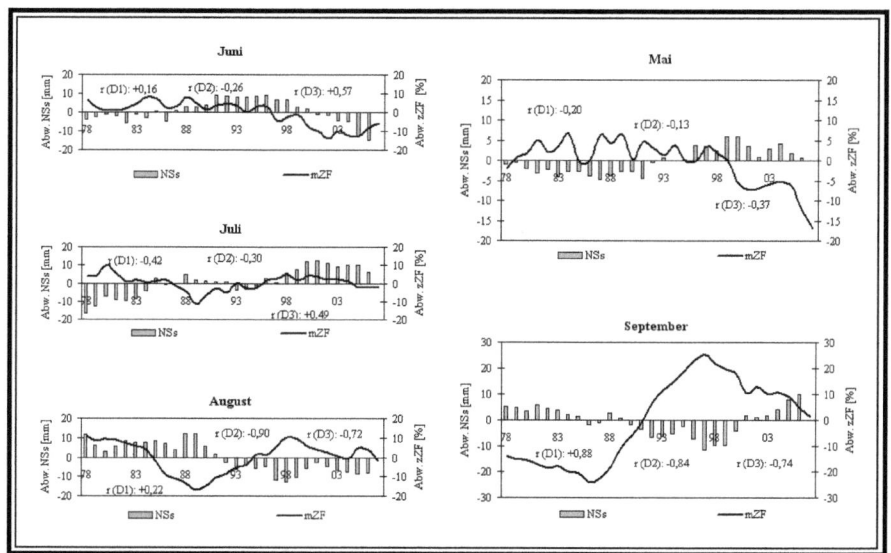

Abbildung 48: Verlauf der jährlichen Abweichung von Niederschlagssumme (NSs) [mm] und relativem Anteil meridionaler Zirkulationsformationen (mZF) [%] sowie relative Korrelationskoeffizienten r für Mai-September (D1-D3) in Finnisch-Lappland

Tabelle 34: Relative Korrelationskoeffizienten r für Wechselbeziehung zwischen Anzahl aller Niederschlagstage (GNT), Niederschlagstage geringer Mengen NT (0,1-1,0 mm) und Niederschlagstage mittlerer Mengen NT (1,1-10 mm) sowie relativem Anteil meridionaler Großwetterlagen (D1-D3) für Mai-September in Finnisch-Lappland (fett = Signifikanzniveau ≥95%)

		D1	D2	D3
GNT [> 0.1 mm]	Mai	-0,03	0,02	-0,45
	Juni	-0,13	**-0,67**	0,30
	Juli	-0,10	**0,63**	0,35
	August	**0,72**	-0,26	-0,44
	September	**0,80**	**-0,71**	**-0,84**
NT [0.1-1.0 mm]	Mai	0,00	-0,31	**0,71**
	Juni	-0,32	-0,54	-0,28
	Juli	-0,35	**0,76**	0,57
	August	**0,95**	**0,72**	0,49
	September	**0,95**	**0,60**	**0,73**
NT [1.1-10 mm]	Mai	-0,03	0,50	0,50
	Juni	0,05	**-0,64**	0,03
	Juli	-0,02	0,41	**0,66**
	August	0,38	**-0,78**	0,36
	September	0,03	**-0,96**	-0,14

Hinsichtlich der Anzahl aller erfasster Niederschlagstage bestehen im August (r [D1] =+0,72) und September (r [D1] =+0,80) statistische Zusammenhänge zu meridionalen Großwetterlagen (Tab. 34). Überdies führen sehr hohe Koeffizienten für August und September zu der Annahme, dass insbesondere zu Beginn der Untersuchungsperiode ein statistischer Zusammenhang zwischen der Anzahl an registrierten Niederschlagstagen mit geringen Mengen und dem Auftreten meridionaler Zirkulationsformationen besteht (Tab. 34).

4.4.1.3 Gemischte Zirkulationsformationen

Wie schon aus der Betrachtung zonaler und meridionaler Zirkulationsmuster hervorgeht, üben insbesondere im August und September gemischte Großwetterlagen einen erheblichen Einfluss auf veränderte Niederschlagsbedingungen hinsichtlich der registrierten Niederschlagssummen aus (Abb. 49).

Hohe positive Korrelationen zwischen Niederschlagsmenge und Anteil gemischter Großwetterlagen prägen den Juli in D1, den August in D2 sowie den September in D2 und D3. Hingegen ergeben sich im Juni in D3 (r =-0,62) und September in D1 (r =-0,73) gegenläufige Wechselbeziehungen (Abb. 49).

Studien zur Struktur und Dynamik der Sommerniederschläge in Finnisch-Lappland

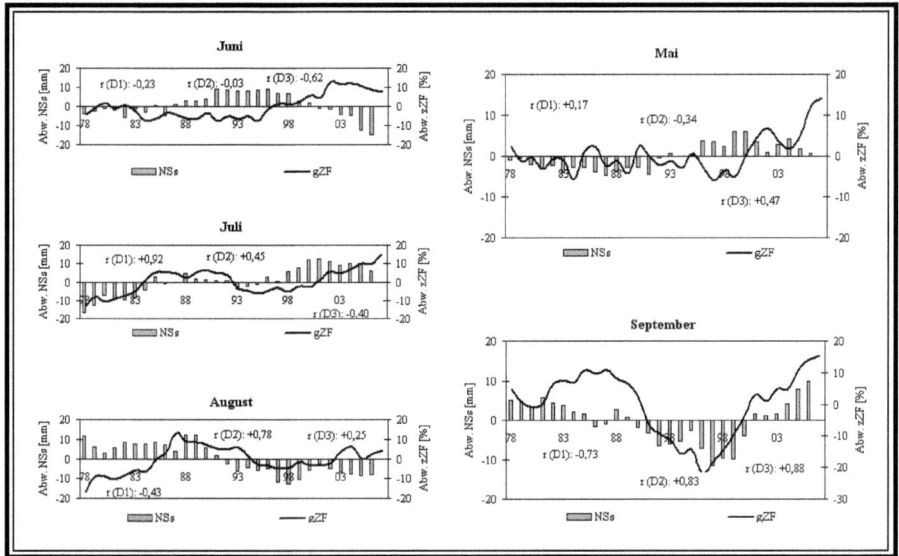

Abbildung 49: Verlauf der jährlichen Abweichung von Niederschlagssumme (NSs) [mm] und relativem Anteil gemischter Zirkulationsformationen (gZF) [%] sowie relative Korrelationskoeffizienten r für Mai-September (D1-D3) in Finnisch-Lappland

Indessen bestimmen hochsignifikant negative Korrelationen zwischen dem Anteil gemischter Zirkulationsformen und der Anzahl registrierter Niederschlagstage mit geringen Mengen den August und den September insbesondere in D2 (Tab. 35). Hingegen kennzeichnen signifikant positive Wechselbeziehungen den Juni (r =+0,61) und Juli (r =+0,73) in D1 (Tab. 35). Während im Juni (D2) ein Einfluss gemischter Zirkulationsformationen auf registrierte Niederschlagstage mit geringen Mengen deutlich nachlässt, ändert sich diese Entwicklung hingegen im Juli des gleichen Zeitraumes (r =-0,64; Tab. 35). Im Vergleich dazu charakterisieren geringe positive Wechselbeziehungen den Juli in D1, den August in D2, den September in D2 sowie den Mai in D3 (Tab. 35).

Tabelle 35: Relative Korrelationskoeffizienten r für Wechselbeziehung zwischen Anzahl aller Niederschlagstage (GNT), Niederschlagstage geringer Mengen NT (0,1-1,0 mm) und Niederschlagstage mittlerer Mengen NT (1,1-10 mm) sowie relativem Anteil gemischter Großwetterlagen (D1-D3) für Mai-September in Finnisch-Lappland (fett = Signifikanzniveau ≥95%)

		D1	D2	D3
GNT [> 0.1 mm]	Mai	0,28	**-0,60**	-0,26
	Juni	0,44	**0,71**	-0,26
	Juli	**0,69**	**-0,65**	**-0,71**
	August	**-0,83**	0,21	**-0,71**
	September	-0,48	0,49	-0,27
NT [0.1-1.0 mm]	Mai	0,12	**-0,58**	**-0,63**
	Juni	**0,61**	**0,82**	0,02
	Juli	**0,73**	**-0,64**	0,56
	August	**-0,88**	**-0,68**	0,37
	September	**-0,82**	-0,55	0,39
NT [1.1-10 mm]	Mai	0,22	-0,08	**0,62**
	Juni	0,19	0,53	-0,06
	Juli	**0,64**	-0,52	0,54
	August	-0,56	**0,69**	0,36
	September	0,08	**0,96**	0,59

4.4.2 Niederschlagsvariabilität und Telekonnektionen

Seit vielen Jahren ergänzen Beiträge über die synoptische Variabilität des Wetter- und Klimahaushaltes die Literatur vieler Meteorologen, Klimatologen und Meereswissenschaftler (vgl. WALKER 1924; WALKER & BLISS 1932; LOEWE 1966). Die insbesondere in den Ektropen unter dem Fachbegriff „Telekonnektionen" bekannte charakteristische Verteilung atmosphärisch bedingter Druckgebilde erzeugt einen weiteren wichtigen Parameter zur Bewertung der Klimavergangenheit sowie zukünftiger Klimaprognosen. In den mittleren und hohen Breiten der nördlichen Hemisphäre üben nach Ansicht renommierter Wissenschaftler insbesondere die Nordatlantische Oszillation (NAO), die Arktische Oszillation (AO) sowie der Skandinavien-Index (SCAND) einen erheblichen Einfluss auf die dort vorherrschenden Klimabedingungen aus (VAN LOON & ROGERS 1978; ROGERS & VAN LOON 1979; ROGERS 1990; HURREL 1995, HURREL1996, HURREL & VAN LOON 1997, HURREL et al. 2003).

4.4.2.1 NAO-Index

Der bereits in den 1920-er Jahren von Sir Gilbert Walker geprägte Begriff „Nordatlantische Oszillation" (NAO) beschreibt im Wesentlichen die Schwankungen der Druckverhältnisse zwischen dem Islandtief im Norden und dem Azorenhoch im Süden des Nordatlantiks (LATIF & BARNETT 1996). Der NAO-Index basiert heute üblicherweise auf der Differenz der standardisierten Luftdruck-Anomalien zwischen den Referenzstationen Ponta Delgada (Azoren) und Reykjavik (Island) (LATIF & BARNETT 1996). Bei einem positiven NAO-Index sind sowohl Azorenhoch als auch Islandtief gut ausbildet und führen schließlich in den meisten Fällen zu einer Verstärkung der Westdrift, die milde und feuchte Luft nach Europa führt. Demgegenüber kennzeichnen einen negativen NAO-Index schwach ausgeprägte Aktionszentren, die eine Verlagerung der Druckgebilde in südlichere Regionen bewirken, während hingegen häufige „Kaltlufteinbrüche" aus dem Nordosten Europas zu entsprechend strengen Wintern führen können (LATIF & BARNETT 1996, SCHMITH 2001).

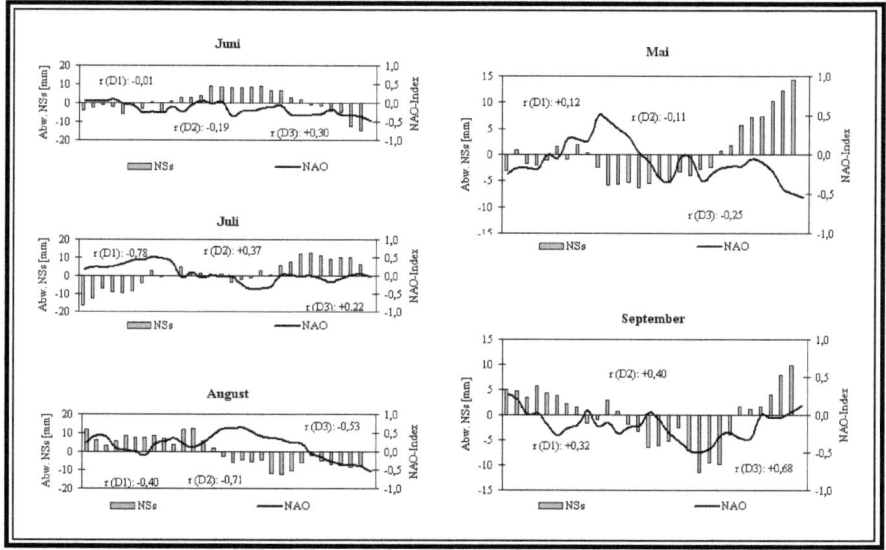

Abbildung 50: Verlauf der jährlichen Abweichung von Niederschlagssumme (NSs) [mm] und NAO-Index sowie relative Korrelationskoeffizienten r für Mai-September (D1-D3) in Finnisch-Lappland

Für September besteht demnach ein geringer positiver statistischer Zusammenhang zwischen NAO-Index und der jährlichen Veränderung registrierter Sommerniederschläge von D1 nach

D3 (Abb. 50). Hingegen verhält sich dieses Verhältnis für die hochsommerlichen Monate Juli (r [D1]: -0,78) und August (r [D1]: -0,40; r [D2]: -0,71; r [D3]: -0,53) größtenteils umgekehrt (Abb. 50).

Als ein möglicher Erklärungsansatz könnte eine infolge positiver NAO-Werte verstärkte Westdrift dienen, die nach HESS & BAUR (1946) in Europa als Großwetterlagen zonalen Strömungsmusters einen maßgeblichen Anteil an der vermehrten Anzahl registrierter Niederschlagstage mit geringen Mengen aufweisen und demnach einer Ausprägung der im Juli und August üblichen Konvektivniederschläge mit Starkregenereignissen entgegenwirken.

4.4.2.2 AO-Index

Neben dem NAO bildet die AO (Arctic Oscillation) eine weitere Grundlage zur Bestimmung großskaliger atmosphärischer Zirkulationsformationen. Das inmitten der polaren und mittleren Breiten der Nordhemisphäre lokalisierte Druckgebilde schwankt zwischen einer positiven und negativen Phase. Während in der negativen Phase, die aufgrund erhöhter Druckwerte im polaren Bereich kalte und stürmische Wetterbedingungen bis in die mittleren Breiten der USA, Westeuropa sowie dem mediterranen Raum überführen, keine wesentlichen Veränderungen der klimatischen Verhältnisse in Nordskandinavien auftreten, üben stattdessen nasskalte Witterungsbedingungen, die innerhalb einer positiven AO-Phase dominieren, einen erheblichen Einfluss auf Temperatur und Niederschlag aus (BARNSTON & LIVEZEY 1987; THOMPSON & WALLACE 1998).

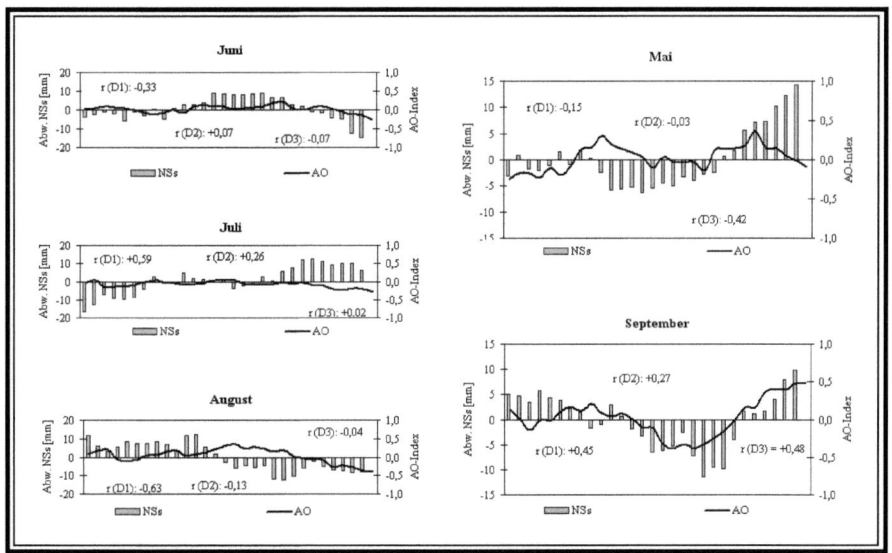

Abbildung 51: Verlauf der jährlichen Abweichung von Niederschlagssumme (NSs) [mm] und AO-Index sowie relative Korrelationskoeffizienten r für Mai-September (D1-D3) in Finnisch-Lappland

Aus der Variabilität der über Finnisch-Lappland registrierten Niederschlagssummen für Mai bis September (1978-2007) geht zunächst hervor, dass im September eine geringe positive Korrelation zwischen dem AO-Index und der Niederschlagssumme in D1 (r =+0,45) und D3 (r =+0,48) besteht (Abb. 51). Überdies herrscht im Juli (D1) eine signifikant positive Korrelation zwischen dem AO-Index und der Niederschlagssumme vor (Abb. 51).

Eine vermehrte Anzahl relativ geringer Korrelationskoeffizienten, die über wenig statistische Aussagekraft verfügen, lassen sich veränderte Niederschlagsverhältnisse in Finnisch-Lappland demzufolge nicht eindeutig klären.

4.4.2.3 SCAND-Index

Allgemeingültig versteht man unter SCAND ein Zirkulationszentrum über Skandinavien, welchem schwach ausgeprägte Nebenzentren mit entgegengesetzten Drucktendenzen über Westeuropa und Sibirien/Westmongolei zugeordnet sind (BARDOSSY & CASPARY 1990; ALEXANDERSSON 1996). Während einer positiven Phase, die durch großflächig blockierende

Antizyklonen begleitet werden, kennzeichnen Temperaturwerte, die unter bzw. Niederschlagssummen, die über dem langjährigem Mittel liegen, die thermischen und hygrischen Bedingungen Nordskandinaviens. Demgegenüber erreichen Temperaturen und Niederschlagssummen während negativer Phasen entsprechend über- bzw. unterdurchschnittliche Werte in den Klimamessgrößen (BARNSTON & LIVEZEY 1987).

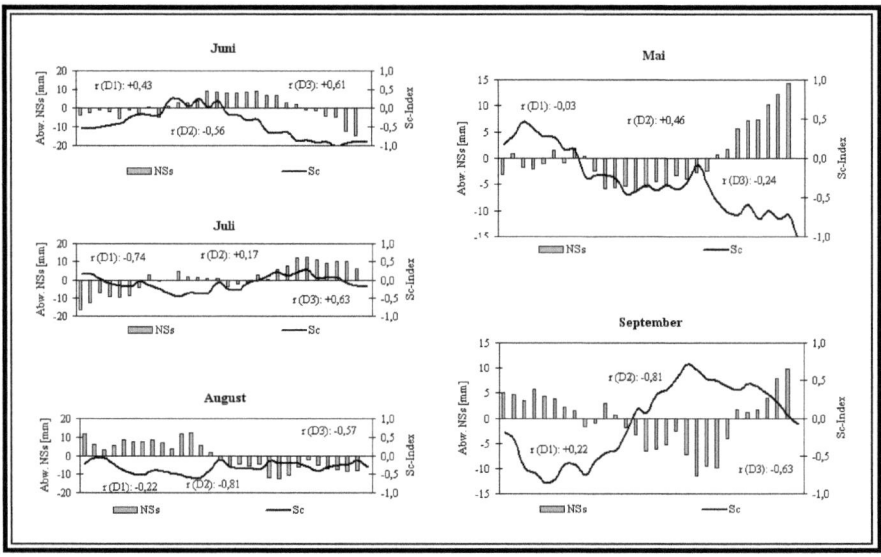

Abbildung 52: Verlauf der jährlichen Abweichung von Niederschlagssumme (NSs) [mm] und SCAND-Index sowie relative Korrelationskoeffizienten r für Mai-September (D1-D3) in Finnisch-Lappland

Im Hinblick auf Entwicklung sommerlicher Niederschlagsverhältnisse in Finnisch-Lappland wird ein statistischer Zusammenhang zwischen der Summenabweichung und dem SCAND-Index in einigen Untersuchungsdekaden des Beobachtungszeitraumes 1978-2007 ersichtlich (Abb. 52). Demnach besteht insbesondere im Juni in D1 und D3 sowie im Mai in D2 ein signifikanter Zusammenhang zwischen der negativen SCAND-Phase und den minimalen Summenwerten (Abb. 52).

Hingegen können erhöhte Niederschlagssummen im Juli (D3) auf eine positive SCAND-Phase zurückgeführt werden (Abb. 52). Vielmehr kennzeichnen negative Rückkoppelungen zwischen den Summenwerten und dem SCAND-Index die sommerlichen

Niederschlagsverhältnisse im Juli in D1 (r =-0,74), im August in D2 (r =-0,81) und D3 (r =-0,57) sowie im September in D2 (r =-0,81) und D3 (r =-0,63) (Abb. 52).

Der Einfluss großskalig atmosphärischer Zirkulationsformationen auf Veränderungen klimatischer relevanter Untersuchungsparameter langjähriger Beobachtungsreihen erlangt zunehmend an Bedeutung (vgl. MAKROGIANNIS 1984, SERREZE et al. 1997, WIBIG 1999, PRZYBYLAK 2000, TUOMENVIRTA et al. 2000, JAAGUS 2006). Darüber hinaus existieren wissenschaftliche Studien zum Einfluss atmosphärischer Zirkulationsformationen auf die Phänologie zentral– und osteuropäischer Pflanzenarten (AHAS et al. 2002, AASA et al. 2004). Zu diesen klimaökologischen Parametern zählen dendrochronologische Studien, dessen veränderte Wachstumsverhaltensmuster zunehmend auf die Variation des großräumigen atmosphärischer Zirkulationsgeschehens hinweisen können (vgl. MÄKINEN et al. 2000, MÄKINEN et al. 2001, MÄKINEN et al. 2003). Zudem finden sich Studien zu Interaktionen zwischen der Variabilität nordhemisphärischer atmosphärischer Strömungsmuster sowie den Massenbilanzen großflächiger Gletscherareale auf Svalbard (WASHINGTON et al. 2000).

5 Studien zum Bestandsinterzeptionsvermögen borealer Waldflächen

5.1 Niederschlagsverhältnisse

5.1.1 Tagesniederschläge

Eine 19 Tage umfassende Messperiode I ist in der ersten Beobachtungshälfte gekennzeichnet durch ein vermehrtes Niederschlagsaufkommen (24.05.-01.06.; vgl. Abb. 53). Für diesen kurzen Zeitabschnitt konnten bereits acht (2 NST [>10 mm]; 5 NST [1,1-10 mm]; 1 NST [0,1-1,0 mm]) der insgesamt zehn Niederschlagstage erfasst werden (Abb. 53). Hingegen präsentiert sich die zweite Hälfte von Messperiode I deutlich trockener. Charakteristisch sind dabei zwei Trockenperioden (02.06.-04.06. bzw. 06.06.-08.06.; vgl. Abb. 53). Die Gesamtsumme der in Messperiode I ermittelten Niederschläge beträgt 52,5 mm (Abb. 53).

Messperiode II umfasst eine 18-tägige Messzeitreihe, die aus drei Tagen mit geringen Niederschlagsmengen bzw. einem Tag mit mittlerer Menge besteht (Abb. 53). Die Gesamtmenge der in Periode II ermittelten Niederschläge (2,5 mm) entspricht einem relativen Anteil von etwa 5% der in Messperiode I ermittelten Gesamtmenge (Abb. 53). Die geringmächtigen Niederschlagsereignisse in Periode II äußern sich nicht nur dahingehend, dass nahezu alle Ereignistage durch geringe Mengenzugaben charakterisiert werden, sondern eine lang andauernde Trockenperiode (26.07.-03.08) für entsprechende Dürreverhältnisse in den Untersuchungsflächen geführt hat (Abb. 53).

Mit einer Gesamtmenge von 23,4 mm bzw. acht registrierten Niederschlagstagen (4 NST [0,1-1,0 mm]; 4 NST [1,1-10 mm]) bildet Messperiode III demnach ein Übergangsstadium zwischen den relativ feuchten Ausgangsbedingungen in Periode I und der relativ niederschlagarmen Periode II. In Periode III konzentriert sich die Niederschlagsaktivität dabei insbesondere um den 20. September (Abb. 53). Trockenperioden unterschiedlicher Dauer (15.09.-17.09., 27.09.-01.10.) kennzeichnen hingegen die Niederschlagsverhältnisse zu Beginn bzw. am Ende von Messperiode III (Abb. 53).

Aus der nahezu 3-monatigen Messperiode IV im Sommer 2007 (11.06.-06.09.) konnten insgesamt 41 Niederschlagstage ermittelt werden (12 NST [0,1-1,0 mm], 24 NST [1,1-10 mm] und 5 NST [>10 mm]; vgl. Abb. 54). Aus der Verteilung der Niederschläge ergeben sich demnach niederschlagsintensive Zeiträume (25.06.-27.06, 14.07.-19.07., 30.07.-02.08., 17.08.-19.08.), die mit Phasen andauernder Trockenheit (21.06.-24.06., 05.08.-08.08., 27.08.-02.09.) korrespondieren (Abb. 54). Die in Messperiode IV erbrachte Gesamtsumme beträgt demnach 185,6 mm (Abb. 54).

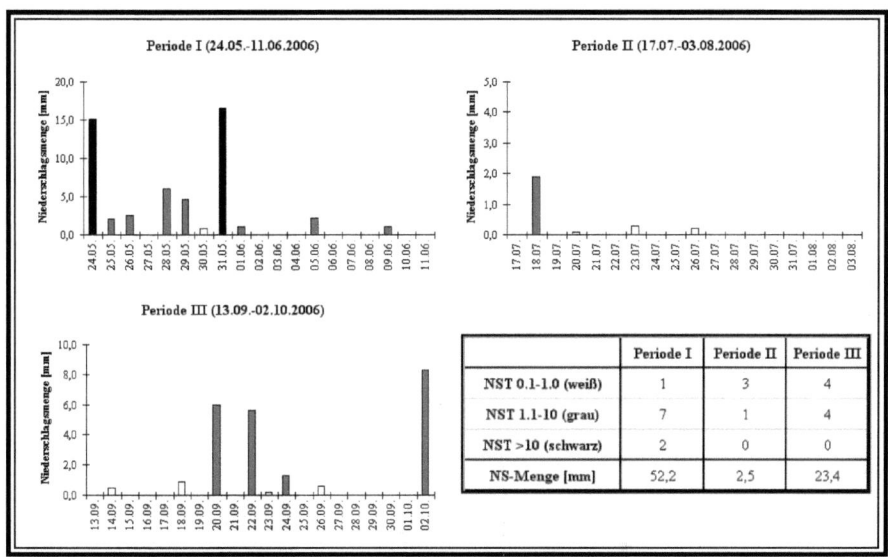

Abbildung 53: *Verteilung der Tagesniederschläge in Messperiode I (24.05.06–11.06.06), Messperiode II (17.07.06 – 03.08.06) und Messperiode III (13.09.06-02.10.06) sowie Angabe über Anzahl an Niederschlagstagen mit geringen, mittleren und hohen Mengen bzw. Gesamtsumme*

Studien zum Bestandsinterzeptionsvermögen borealer Waldflächen

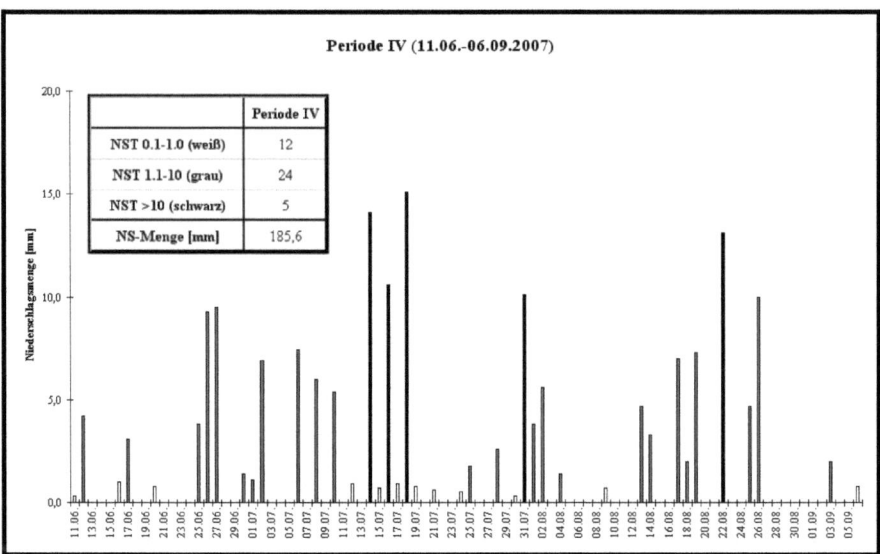

Abbildung 54: Tagesniederschläge während Messperiode IV (11.06.07 – 06.09.07) sowie Differenzierung in Niederschlagstage mit geringen, mittleren und hohen Mengen bzw. Gesamtsumme

5.1.2 Niederschlagsereignisse

Im Hinblick auf eine detaillierte Erfassung von Bestandsniederschlag bzw. dem daraus resultierendem Interzeptionsvermögen rückt die Betrachtung von Einzelereignissen in die statistischen Auswertearbeiten dieser Studie ein. Die empirischen Untersuchungen im Sommer 2006 und 2007 ergaben dabei eine Gesamtanzahl von 92 Einzelereignissen.

Um detaillierte Aussagen zu Niederschlagscharakteristik hinsichtlich seiner zeitlichen sowie mengenmäßigen Variabilität zu treffen, erfolgte eine Einteilung der zu untersuchenden Regenereignisse in Klassen unterschiedlicher Menge und Dauer (n=12). Dabei kennzeichnet beispielsweise ein Ereignis der Klasse 2.2 eine mittlere Regenmenge von 1,1-5,0 mm sowie eine mittlere Dauer zwischen 1,1 und 5,0 h (Abb. 55).

Aus dieser Klasseneinteilung geht zunächst hervor, dass nahezu ein Viertel aller betrachteten Regenereignisse (n=24) von Regenmengen zwischen 0,1 und 1,0 mm geprägt sind, die innerhalb eines Zeitraumes von 0,1-1,0 h auftreten (vgl. Klasse 1.1 in Abb. 55). Nach dieser Einteilung bildet Klasse 1.1 demnach den am häufigsten zu beobachtenden Ereignistyp

(Abb. 55). Niederschläge derselben Mengenangabe, die über längere Zeiträume eintreten, finden hingegen deutlich seltener statt (vgl. Klasse 1.2 [n=11] & Klasse 1.3 [n=3] in Abb. 55).

Regenfälle mit einer mittleren Menge von 1,1-5,0 mm sind insbesondere mit einer Durchschnittsdauer von 1,1-5,0 h in Zusammenhang gebracht worden (vgl. Klasse 2.2 in Abb. 55). Demzufolge bildet Klasse 2.2 mit n=15 den zweithäufigsten Niederschlagstyp aller betrachteten Regenereignisse (Abb. 55).

Niederschlagsereignisse mit einer durchschnittlichen Regenmenge von 5,1-10 mm treten allerdings nur in Verbindung mit einer mittleren Dauer von 1,1-5,0 h (n=4), 5,1-10 h (n=5) bzw. >10 h (n=4) auf (vgl. Klasse 3.2, Klasse 3.3 und Klasse 3.4 in Abb. 55).

Regenereignisse mit einer mittleren Dauer zwischen 5,1 und 10 h sowie >10 h prägen indessen typische Starkregenereignisse (vgl. Klasse 4.3 und Klasse 4.4 in Abb. 55).

Aus der Entstehungsart geht eine Dominanz zyklonaler Niederschlagsereignissen hervor (n=77), die in allen der zu untersuchenden Klassen anzutreffen sind (Abb. 55). Hingegen treten Konvektivniederschläge (n=15) meist nur in Zusammenhang mit einer kurzer Dauer auf (vgl. Klasse 1.1 bzw. 2.1 in Abb. 55). Diesen Niederschlagstyp kennzeichnet überdies eine erhöhte Niederschlagsintensität (>1,0 mm/h), die aus den Mengen- bzw. Zeitangaben der für 2.1 bzw. 3.2 ermittelten Ereignisklassen hervorgehen (Abb. 55).

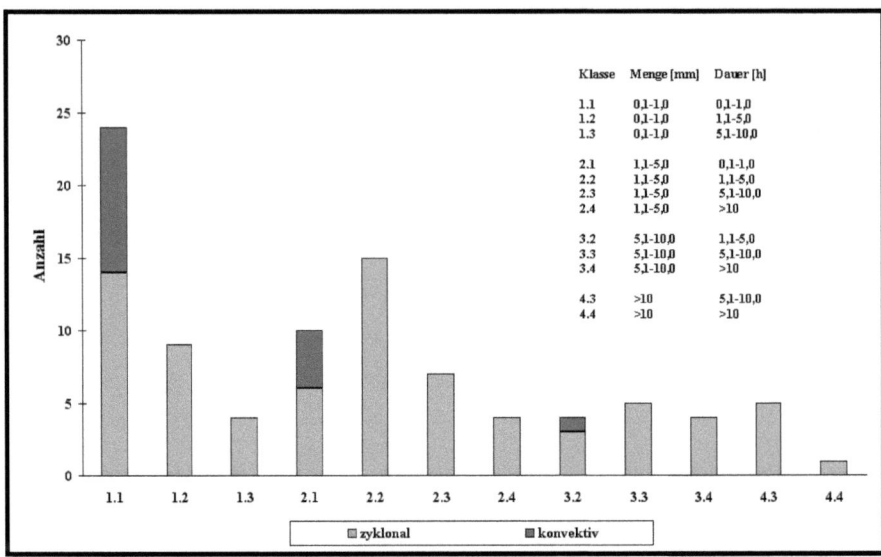

Abbildung 55: Verteilung aller 92 registrierter Niederschlagsereignisse hinsichtlich ihrer Klasseneinteilung nach Menge und Dauer bzw. Entstehungstyp

5.2 Bestandsniederschlag und -interzeption

5.2.1 Deckungsgrad

Eine saisonal differenziert ausgeprägte Vegetationsbedeckung kann einen maßgeblichen Einfluss auf die Höhe des im Bestand registrierten Niederschlags ausüben. Über die Ergebnisse der umfangreichen Vegetationserhebungen beider Versuchsflächen informieren die Abbildungen 56 bis 64.

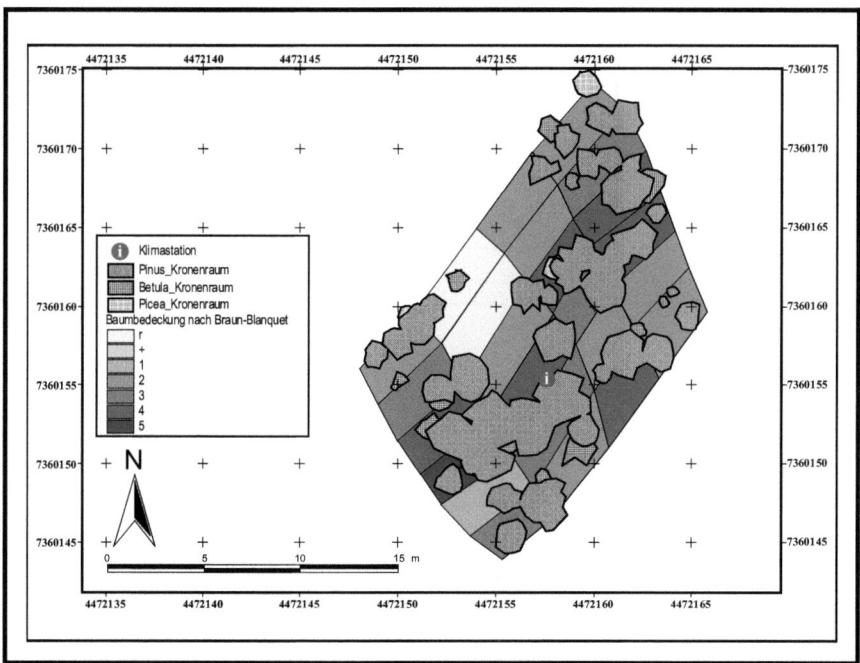

Abbildung 56: Mittlerer Kronenraum und Deckungsgrad für Baumschicht in VF Auf (nach BRAUN-BLANQUET 1964)

Studien zum Bestandsinterzeptionsvermögen borealer Waldflächen

Abbildung 57: Mittlerer Kronenraum und Deckungsgrad für Baumschicht in VF Alt (nach BRAUN-BLANQUET *1964)*

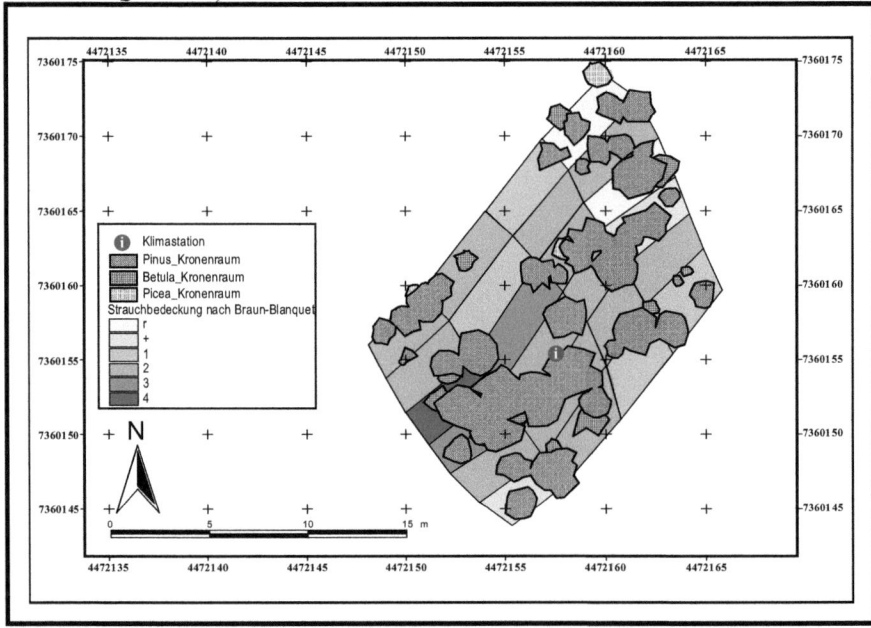

Abbildung 58: Mittlerer Kronenraum und Deckungsgrad für Strauchschicht in VF Auf (nach BRAUN-BLANQUET *1964)*

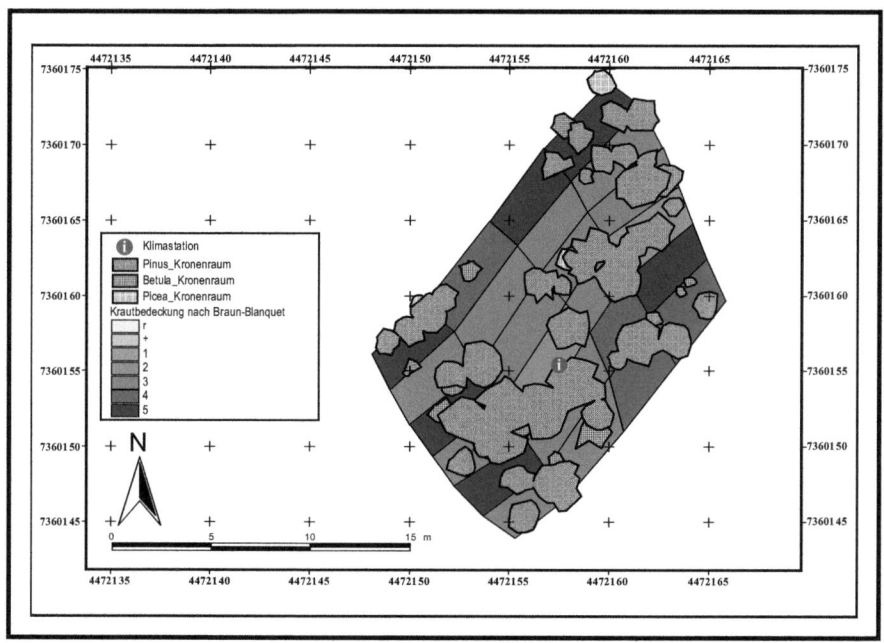

Abbildung 59: Mittlerer Kronenraum und Deckungsgrad für Krautschicht in VF Auf (nach BRAUN-BLANQUET 1964)

Abbildung 60: Mittlerer Kronenraum und Deckungsgrad für Krautschicht in VF Alt (nach BRAUN-BLANQUET 1964)

Studien zum Bestandsinterzeptionsvermögen borealer Waldflächen

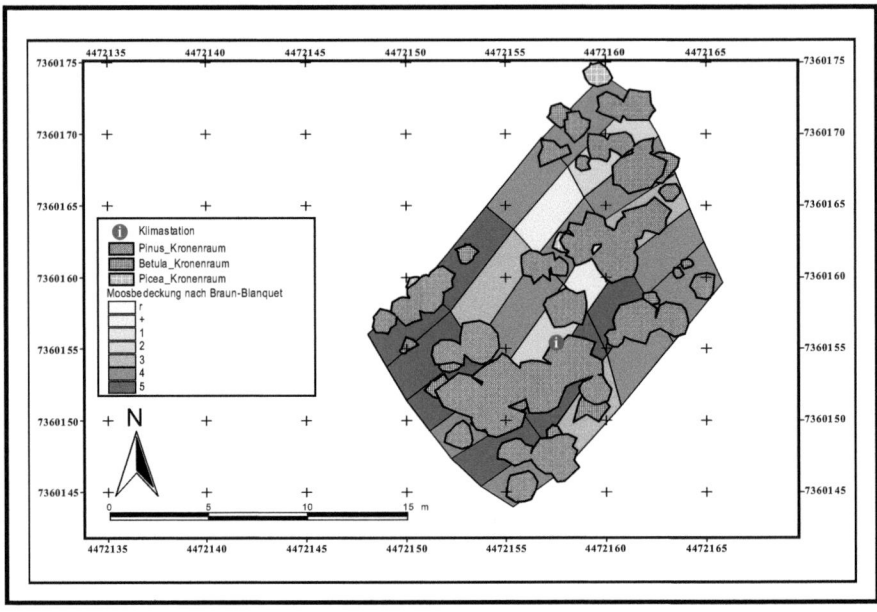

Abbildung 61: Mittlerer Kronenraum und Deckungsgrad für Moosschicht in VF Auf (nach BRAUN-BLANQUET 1964)

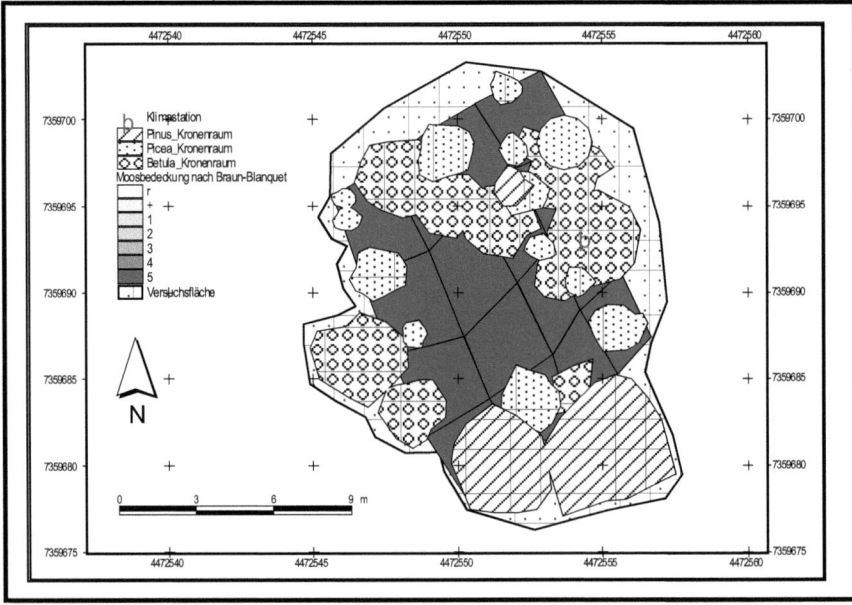

Abbildung 62: Mittlerer Kronenraum und Deckungsgrad für Moosschicht in VF Alt (nach BRAUN-BLANQUET 1964)

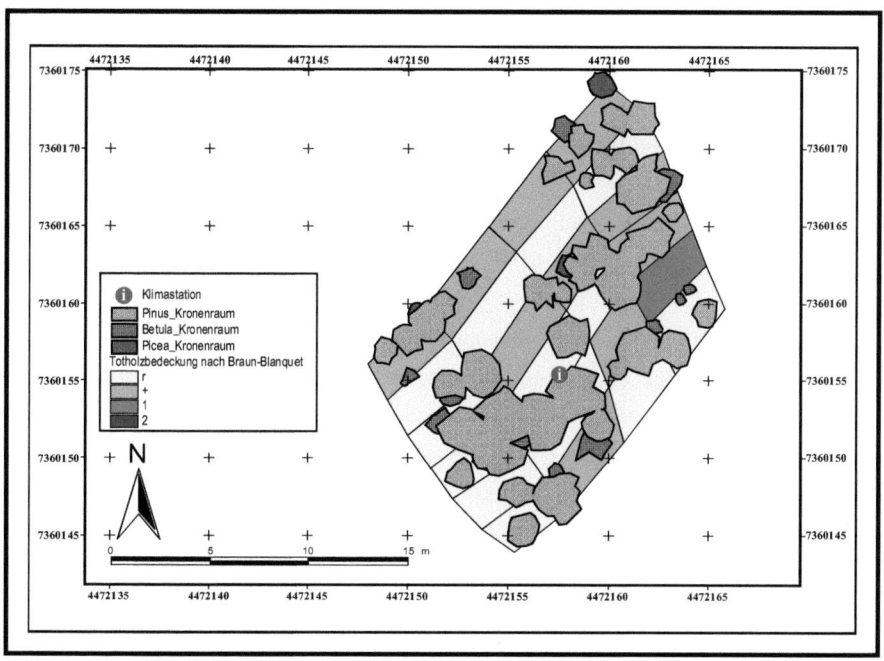

Abbildung 63: Mittlerer Kronenraum und Totholzbedeckung in VF Auf (nach BRAUN-BLANQUET 1964)

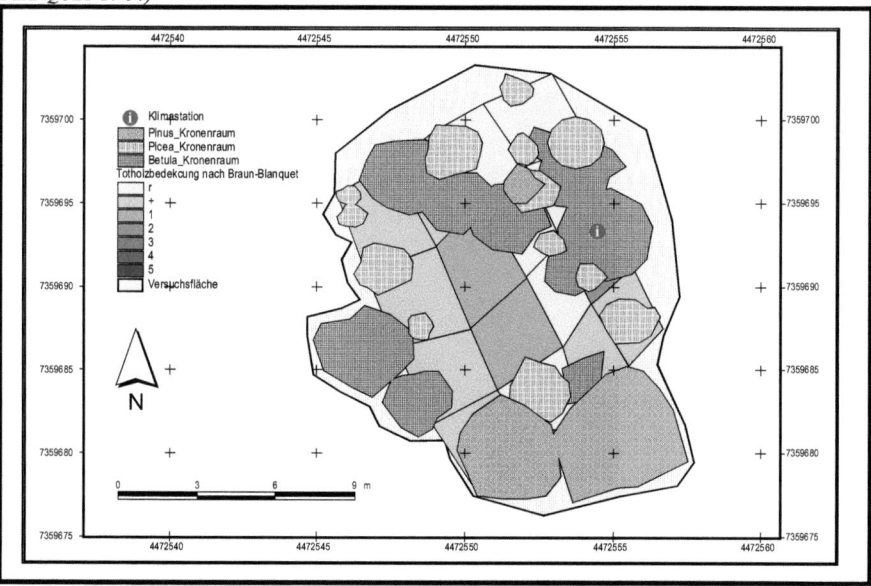

Abbildung 64: Mittlerer Kronenraum und Totholzbedeckung in VF Alt (nach BRAUN-BLANQUET 1964)

Demnach wird VF Auf zu 39,0% und VF Alt zu 38,1% durch ein ausgeprägtes Baumkronendach abgeschirmt (Tab. 36). Eine im Vergleich zu VF Auf erhöhte Standardabweichung in VF Alt führt zunächst zu der Annahme, dass der Deckungsgrad in der Baumschicht (VF Alt) auf ein saisonal differenziert ausgeprägtes Entwicklungsstadium von *Betula pubescens* zurückzuführen ist. Dementsprechend liegt der Bedeckungsgrad in der Baumschicht zu Beginn der Vegetationsperiode infolge noch geringer Laubentwicklung (vgl. Periode I) bzw. am Ende der Vegetationsperiode aufgrund einsetzenden Laubabwurfs (vgl. Periode III) deutlich niedriger im Vergleich zu Periode II (Tab. 36). Hingegen kennzeichnet VF Auf eine infolge der homogenen Bestandstruktur (*Pinus sylvestris*-Plantage) herabgesetzte jahreszeitliche Variabilität im Bedeckungsgrad der Baumschicht.

Während für VF Alt eine ausgeprägte Strauchschicht gänzlich fehlt, beträgt der für VF Auf ermittelte Bedeckungsgrad 65,1% (Tab. 36).

Der Bedeckungsgrad für VF Auf in der Krautschicht liegt mit 86,4% deutlich über dem Abschirmungsbereich der Strauchschicht (Tab. 36). Für VF Alt beträgt der mittlere Abdeckungsgrad hingegen 82,6% (Tab. 36). Eine leicht erhöhte Standardabweichung im Bedeckungsgrad der Krautschicht in VF Alt kann auf die saisonale Variabilität des Entwicklungszustandes insbesondere von *Vaccinium myrtillus* zurückgeführt werden.

Unter der Krautschicht kennzeichnet ein nur wenig Zentimeter mächtiger Moosteppich die Vegetationsverhältnisse beider Untersuchungsflächen (Tab. 36). Dabei beträgt die Differenz beider Moosschichten zwei Zentimeter, während der Unterschied für die im unteren Vegetationsstockwerk dominanten Streuauflagen hingegen deutlich ausgeprägt ist (Tab. 36).

Tabelle 36: Mittlerer Bedeckungsgrad (%) und Standardabweichung in der Baum-, Strauch-, Kraut-, Moos- und Streuschicht sowie mittlere Mächtigkeit der Moos- und Streuschicht (cm) auf VF Aufforstung und VF Altbestand innerhalb der vier Untersuchungsperioden (n.a. = nicht ausgeprägt)

mittl. Bedeckung (%) (Stabw)	VF_Aufforstung	VF_Altbestand
Baumschicht	39 (1,2)	38,1 (5,2)
Strauchschicht	65,1 (1,2)	n.a.
Krautschicht	86,4 (0,8)	82,8 (1,2)
Moosschicht	100 (0,2)	100 (0,2)
Streuschicht	100 (0,2)	100 (0,2)
mittl. Mächtigkeit (cm)	VF_Aufforstung	VF_Altbestand
Moosschicht	3,0	5,0
Streuschicht	20,0	30,0

5.2.2 Summe der Bestandsniederschläge und Interzeptionsvermögen

Ausgehend von einer Niederschlagsgesamtsumme von 264,3 mm ist eine Abnahme der Bestandsniederschläge bei zunehmender Bestandesdichte festzustellen (Abb. 65). Dabei werden zunächst für VF Auf in der Baumschicht 82,9% vom Freilandniederschlag (FN) (232,1 mm) sowie für VF Alt 83,0% FN (220,4 mm) als Kronendurchlass (KD) registriert (Abb. 65). Im Vergleich zu KD übt der Stammabfluss mit 0,4% FN (1,1 mm) in VF Auf bzw. 0,3% FN (0,9 mm) in VF Alt nahezu keinen Einfluss auf die Niederschlagsstruktur im Bestand aus (Abb. 65). Wissenschaftliche Studien zur hydrologischen Rolle des Waldes stellen insbesondere in Koniferen-Altbeständen (Baumalter >100 Jahre) einen abnehmenden Einfluss des am Stamm abfließenden Niederschlagswassers aufgrund zunehmender Rauhigkeit fest (vgl. LUNDBERG & KOIVUSALO 2003, POMEROY & HEDSTROM 1998, POMEROY et al. 1998, POMEROY et al. 2002, HALL 2003, HASHINO et al. 2002). Nicht selten wird dabei der Anteil des Stammabflusses für die Betrachtung des Bestandsniederschlags gänzlich vernachlässigt bzw. nicht erhoben (vgl. PECK & MAYER 1996). Aus der Differenz von Niederschlagssumme und Bestandsniederschlag (Kronendurchlass + Stammabfluss) ergibt sich für die Baumschicht demnach ein mittlerer Interzeptionsverlust von 16,6% für VF Auf bzw. 16,7% für VF Alt (Abb. 65). Damit liegen die Werte für die Baumschicht im Rahmen früherer wissenschaftlicher Untersuchungen, jedoch verweisen sowohl die eigenen Ergebnisse als auch die Zusammenstellung älterer Messwerte auf ein hohes Maß an Variabilität hin.

SIREN (1955) registrierte für einen *Picea*-Bestand in Pelkosenniemi (Nordfinnland) Interzeptionsraten zwischen 15% und 18%, während PERTTU et al. (1980) für einen 60 Jahre alten *Pinus*-Bestand von vergleichbarer Höhe und Dichte wie VF Alt mittlere Interzeptionsraten von 20% ermittelte. Untersuchungen von KRESTOVSKY (1969) sowie KRESTOVSKY & SOKOLOVA (1980) geben für Bestände mit etwa 40% mittlerer Kronenschlussdichte Interzeptionsraten zwischen 20% (*Picea*) und 10% (*Pinus*) bzw. 15% (Mischbestand) an. Zudem ermittelte VENZKE (1990) für einen *Picea-/Pinus*-Bestand in Mittelschweden mit mittleren Kronenschlussdichten zwischen 50% und 80% Interzeptionswerte von 17-20%. Waldareale mit höherem Kronenschluss wiesen dementsprechend höhere Interzeptionsraten auf; wie BRATSEV & BRATSEV (1979) in einem *Picea*-Bestand (29-46%) und in einem *Pinus*-Bestand (25-30%) im nördlichen Russland untersuchten.

Die Gesamtsumme des interzipierten Niederschlagsanteils in der Strauchschicht beträgt 3,6% FN (10,5 mm), während 79,8% FN (210,8 mm) durch den Bestand auf eine ausgeprägte Krautschicht treffen (Abb. 65).

Die Krautschicht zeichnet sich wie die Strauchschicht in VF Auf durch geringe Interzeptionsverluste aus (VF Auf: 5,5% FN bzw. 15,0 mm; VF Alt: 4,4% FN bzw. 11,9 mm; vgl. Abb. 65).

Demgegenüber prägt ein hohes Wasserspeichervermögen die nur wenige Zentimeter mächtige Moosschicht. Dabei werden in VF Auf 55% FN (143,6 mm) sowie für VF Alt 60,9% FN (161,0 mm) von der artenarmen Moosschicht zurückgehalten (Abb. 65). Der für VF Alt in Moosschicht um 5,9% höhere Interzeptionsverlust rührt vermutlich aus der für VF Alt ermittelten höheren Moosmächtigkeit gegenüber VF Auf her und wirkt demzufolge als effektiver Wasserspeicher (vgl. dazu Tab. 36).

Während ein Großteil des Niederschlags in der Moosschicht verbleibt, erreichen immerhin 19,8% FN (52,5 mm) die etwa 20 cm mächtige, unzersetzte Streuauflage von VF Auf sowie 18,0% FN (47,5 mm) die 30 cm mächtige, teils fermentierte Streuschicht von VF Alt (Abb. 65). Auf VF Auf interzipieren 11,3% FN (29,8 mm) bzw. auf VF Alt 12,8% FN (33,8 mm) in den entsprechenden Streuauflagen (Abb. 65).

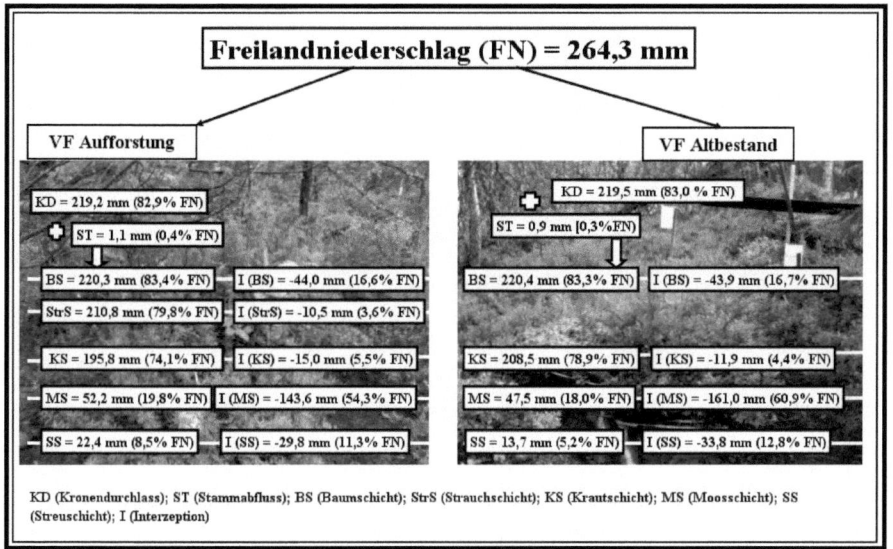

Abbildung 65: Summe aller Bestandsniederschläge in den entsprechenden Vegetationsstockwerken sowie stratenspezifische Interzeptionsverluste während des Gesamtuntersuchungszeitraumes auf VF Aufforstung und VF Altbestand

Derjenige Niederschlagsanteil, der die mächtige Streuauflage passiert, kann als Sickerwasser in den humosen Oberboden (Ah-Horizont) eindringen. Die Gesamtsumme des infiltrierenden Anteils in VF Auf beträgt dabei 8,5% FN (22,4 mm) und übertrifft damit den in VF Alt ermittelten Sickerwassereintrag um 3,3% (5,2% FN bzw. 13,7 mm; vgl. Abb. 65). Wie schon für die Moosschicht herausgestellt, begünstigt eine mächtigere Streuauflage in VF Alt einen höheren Wasserverbrauch (vgl. dazu Tab. 36).

5.2.3 Bestandsinterzeptionsvermögen in Messperiode I-IV

Bei einer Gesamtniederschlagsmenge von 52,5 mm werden auf VF Alt 18% in der Baumschicht interzipiert, während im Kronenraum von VF Auf mit 12% Interzeptionsverlust deutlich weniger Niederschlag zurückgehalten werden (Abb. 66). Es liegt die Erklärung nahe, dass in Periode I aufgrund zahlreichen Niederschlags ein Prädispositions-Effekt vorliegt, der durch Auffüllung der Kronenspeicherkapazität und noch nicht vollständig erfolgter Evaporation den neuerlichen Niederschlag relativ rasch und in überdurchschnittlichem Maße zum Abfluss aus der Krone kommen lässt. Zudem könnte ein für VF Alt frühes Phänologie-

Stadium von *Betula pubescens*, die nur eine bedingte Einschränkung des Abschirmungsbereiches zulassen, maßgeblichen Einfluss auf erhöhte Kronendurchlasswerte ausüben. Demgegenüber steht ein etwa 5%-iger Interzeptionsverlust in der Strauchschicht von VF Auf (Abb. 66). Während die Krautschicht (0-2%) eine unwesentliche Rolle in der Niederschlagszurückhaltung einnimmt, verbleiben hingegen >60% FN in der Moosschicht (Abb. 66). Im Vergleich dazu fällt der in der Streuschicht ermittelte Interzeptionsverlust (ca. 8%) relativ niedrig aus (Abb. 66). Der in den Oberboden infiltrierende Sickerwassereintrag beträgt für beide Versuchsflächen jeweils 11% (Abb. 66).

Periode II kennzeichnet eine lang anhaltende Trockenperiode, deren Dauer von geringen Niederschlagsereignissen zeitweilig unterbrochen wird (Gesamtsumme: 2,5 mm; vgl. Abb. 66). Eine damit einhergehende Entleerungsphase der Kronenspeichermenge durch Abtrocknungsprozesse der Pflanzenoberflächen nach Niederschlagsereignissen führt bereits in der Baumschicht zu entsprechend hohen Interzeptionsverlusten, die Werte zwischen 32% und 40% annehmen (Abb. 66). Dieser Wasserverlust wird hinsichtlich der ermittelten Interzeptionsverluste in der Strauch- und Krautschicht fortgesetzt. Demnach werden auf VF Auf in der Strauch- und Krautschicht zusammen 20% FN abgefangen, wobei der interzipierte Anteil in der Krautschicht (17%) dem in der Strauchschicht (3%) deutlich übertrifft (Abb. 66). Dem steht ein interzipierter Niederschlagsanteil von 4% in der Krautschicht von VF Alt gegenüber (Abb. 69).

In Periode II werden damit bereits 60% FN in der Baum-, Strauch- und Krautschicht verbraucht, ehe ein etwa 32%-iger (VF Alt) bzw. 40%-iger (VF Auf) Wasserverlust in der Moosschicht einsetzt (Abb. 66). Damit wird deutlich, dass in VF Alt trotz intensiver Abtrocknung ein höheres Wasserspeicherpotenzial im Vergleich zu VF Auf existiert.

Die Ergebnisse zum Bestandsinterzeptionsvermögen in Periode III zeigen, dass in VF Alt 24% FN und in VF Auf 26% in der Baumschicht zurückgehalten werden (Abb. 66). Der bereits zu Beginn von Messperiode III einsetzende Laubwurf in VF Alt (*Betula pubescens*) und ein damit abnehmender Deckungsgrad könnte den im Vergleich zu VF Auf herabgesetzten Interzeptionsverlust in der Baumschicht von VF Alt erklären.

Während 12% FN in der Strauchschicht von VF Auf verbleiben, trifft nahezu jeder Regentropfen, der die Strauchschicht passiert, auf die darunter liegende Krautschicht (Abb. 66). Ein geringes Interzeptionsvermögen in der Krautschicht von VF Alt (3%)

verdeutlicht eine bereits erfolgte Benetzung bzw. Aufsättigung der in der Krautschicht dominierenden Arten.

Das Interzeptionsvermögen der Moosschicht von VF Auf beträgt mit 40% nur etwa die Hälfte der im Freiland ermittelten Niederschlagmenge, die in der Moosschicht von VF Alt abgefangen wird (>70%; vgl. Abb. 66). Vermutlich liegt eine vertikale Verlagerung der bereits in der Moosschicht von VF Auf erfolgten Wiederbenetzung bzw. Entleerung von Speicherkapazitäten nach Abtrocknung von Moos- in Streuschicht vor, die geringe Interzeptionsverluste in der Moosschicht zur Folge haben.

Der für Periode III ermittelte Sickerwassereintrag beträgt auf der VF Auf 6% und liegt demnach doppelt so hoch wie auf der VF Alt (3%; vgl. Abb. 66).

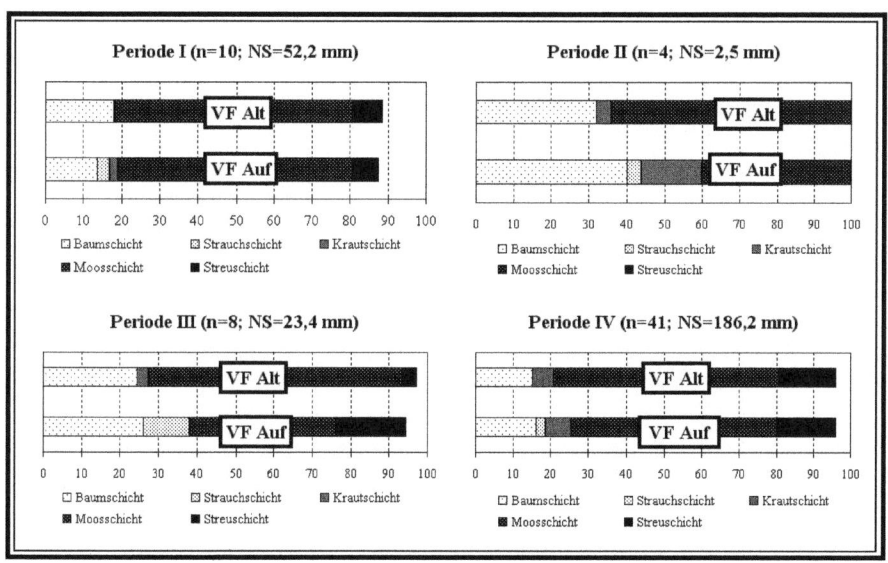

Abbildung 66: Interzeptionsverluste in der Baum-, Strauch-, Kraut-, Moos- und Streuschicht von Messperiode I-IV für VF Auf und VF Alt mit Angabe über Anzahl an Niederschlagstagen sowie Gesamtniederschlagsmenge

In Periode IV gehen etwa 15% FN in der Baumschicht beider Versuchsflächen verloren (Abb. 66). Der interzipierte Niederschlagsanteil in der Strauchschicht von VF Auf fällt mit 2% FN hingegen relativ gering aus (Abb. 66).

Indessen verbleiben mit 8% FN deutlich mehr Niederschlagsanteile in der Krautschicht von VF Auf, während auf der VF Alt etwa 6% FN in der Krautschicht interzipieren (Abb. 66). Ein Großteil des Bestandsniederschlags verbleibt in der Moosschicht (VF Auf: 55%; VF Alt: 60%; vgl. Abb. 66). Ein weiterer Niederschlagsverlust erfolgt in der Streuschicht, in denen 10% FN auf der VF Auf bzw. 15% auf der VF Alt abgehalten werden (Abb. 66).

Aus dieser Wasserbilanz ergibt sich schließlich derjenige Niederschlagsanteil, der als Sickerwasser in den Oberboden beider Versuchsflächen (jeweils 5% FN) eindringen kann.

Aus dieser Ergebnisdarstellung wird zunächst einmal deutlich, dass für VF Auf der Großteil anfallender Niederschläge insbesondere in der Baum-, Strauch- und Krautschicht zurückgehalten wird. Dem steht ein deutlich geringerer Interzeptionsverlust für VF Alt in der Baum- und Krautschicht gegenüber. Hingegen verbleibt in VF Alt ein höherer Niederschlagsanteil in der Moosschicht. Trotz höherer Interzeptionsverluste in der Baum-, Strauch-, Kraut- und Streuschicht liegt der infiltrierende Sickerwasseranteil in der VF Auf geringfügig höher.

5.2.4 Bestandsinterzeptionsvermögen in Niederschlagsereignisklassen

5.2.4.1 Klassentyp 1.X

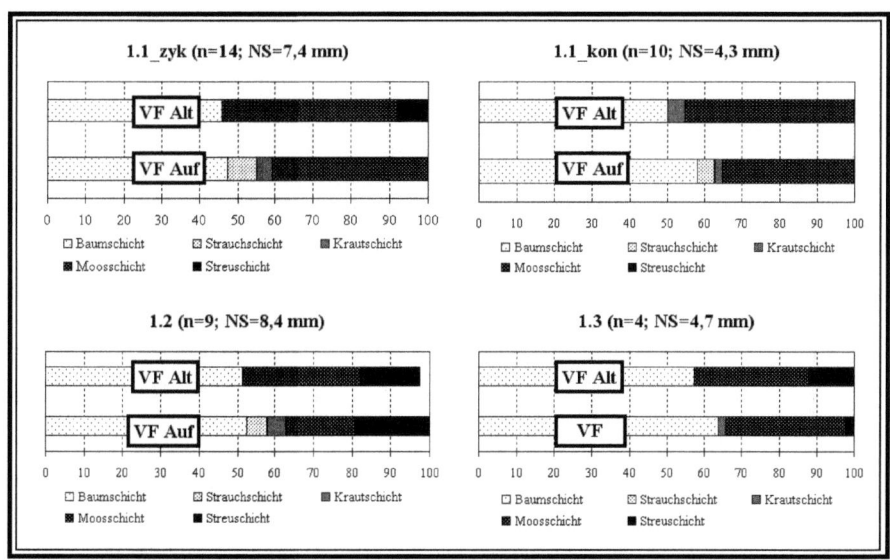

Abbildung 67: Interzeptionsverluste in Baum-, Strauch-, Kraut-, Moos- und Streuschicht in den Ereignisklassen 1.1_zyk, 1.1_kon, 1.2 und 1.3 für VF Auf bzw. VF Alt mit Angabe über Anzahl an Niederschlagsereignissen sowie Gesamtniederschlagsmenge

Die Ergebnisse der Bestandsinterzeptionsvermögen vom Klassentyp 1.X zeigen, dass mit Ausnahme von VF Alt (1.2) sämtlicher Niederschlag im Bestand zurückgehalten wird und demzufolge dem Oberboden nicht zur Verfügung steht (Abb. 67). Darüber hinaus ist zu erwähnen, dass in 1.1 45-50% FN in der Baumschicht abgefangen werden. Mit zunehmender Dauer erhöht sich der Interzeptionsverlust in der Baumschicht bis zu 65% FN (VF Auf: 1.3; vgl. Abb. 67). Während kurzzeitig intensive Ereignisse (1.1) ein relativ schnelles Wiederauffüllen geleerter Wasserspeicherräume gewährleisten können, erlaubt eine im Vergleich zu 1.1 geringere Intensität in 1.2 und 1.3 eine langsame Benetzung der Pflanzenoberflächen.

Inwieweit eine differenzierte Entstehung von Niederschlägen Einfluss auf veränderte Niederschlagsstrukturen im Bestand ausüben kann, zeigt ein Vergleich der

Interzeptionsverluste von 1.1_kon und 1.1_zyk. Höhere Temperaturwerte in 2 m Höhe, eine geringere Luftfeuchte sowie ein erhöhtes Evaporationsvermögen in 2 m Höhe in 1.1_kon führen dabei zu der Annahme, dass im Vergleich zu 1.1_zyk niedrige Wassersättigung in 1.1_kon ein höheres Interzeptionsvermögen in der Baumschicht erzeugt (VF Auf: +10%; VF Alt: +5%; vgl. Abb. 67).

Überdies bleibt festzuhalten, dass in der Baumschicht der VF Auf im Vergleich der VF Alt stets höhere Interzeptionsverluste ermittelt werden konnten (bis zu 10%; vgl. Abb. 67). Zudem kennzeichnen die VF Auf weitere Niederschlagseinbußen in der Strauch- und Krautschicht, die mittlere Werte von 10-15% FN erreichen (Abb. 67). Dem steht eine erhöhte Wasserspeicherfähigkeit in der Moos- und Streuschicht der VF Alt gegenüber. Zudem kommt für die VF Alt mögliches Sickerwasser (1.2) in Betracht (Abb. 67). Vermutlich liegt diese Entwicklung in der relativ kurzen Trockenheitspause (26,9 h) begründet, die ein rasches Wiederbefüllen geleerter Wasserspeicher in den Pflanzenoberflächen gewährleistet (Tab. 37).

Tabelle 37: Angaben zu Dauer, Menge, Trockenheit und meteorologischen Kenngrößen während der Ereignisklassen 1.1_zyk, 1.1_kon, 1.2 und 1.3 auf VF Auf & VF Alt (WG=Windgeschwindigkeit; WR=Windrichtung; LT_2m=Lufttemperatur in 2 m Höhe; EOT_5cm=Erdoberflächentemperatur in 5 cm Höhe)

	1.1_zyk		1.1_kon		1.2		1.3	
	Auf	Alt	Auf	Alt	Auf	Alt	Auf	Alt
Anzahl (n)	14	14	10	10	9	9	4	4
NS-Summe [mm]	7,4	7,4	4,3	4,3	8,4	8,4	4,7	4,7
mittl. Dauer [h]	0,4	0,4	0,3	0,3	2,1	2,1	7,3	7,3
max. Dauer [h]	1,0	1,0	0,6	0,6	4,7	4,7	8,4	8,4
mittl. Menge [mm]	0,5	0,5	0,4	0,4	0,6	0,6	0,7	0,7
max. Menge [mm]	1,0	1,0	0,9	0,9	0,9	0,9	1,0	1,0
mittl. Trockenzeit [h]	40,2	40,2	32,9	32,9	26,9	26,9	42,6	42,6
max. Trockenzeit [h]	82,4	82,4	124,1	124,1	99,0	99,9	87,8	87,8
mittl. WG [m/s]	0,4	0,3	0,7	0,4	0,7	0,3	0,5	0,4
max. WG [m/s]	1,2	0,8	1,5	0,8	1,4	0,8	0,7	0,9
WR [°]	146	213	240	209	139	113	215	191
LT_2m [°C]	11,2	11,9	13,5	13,7	11,1	11,5	7,7	8,1
EOT_5cm [°C]	11,3	11,9	14,7	13,3	11,5	11,6	7,5	7,7
rel. Feuchte [%]	86,1	88,4	75,2	76,0	92,5	92,9	89,2	88,6
Evaporation_10cm [mm]	3,2	1,8	2,8	2,4	2,2	0,9	3,0	1,8
Evaporation_50cm [mm]	2,9	2,6	2,8	3,8	2,2	1,8	2,9	1,9
Evaporation_200cm [mm]	3,2	2,8	3,6	4,7	2,6	2,4	3,3	2,3

Aus den weiteren Untersuchungen geht hervor, dass die im Zuge der Bestandsniederschlagsmessung erhobenen Windgeschwindigkeiten der VF Auf um 30-50% höhere Werte gegenüber der VF Alt erbrachten (Tab. 37; Abb. 68 & 69). Demzufolge könnte ein gewisser Niederschlagsanteil vom Wind verdriftet werden, bevor dieser bei entsprechender Aufsättigung an Pflanzenspeicher als Abtropfniederschlag in ein tiefer gelegenes Vegetationsstockwerk gelangt.

Darüber hinaus bleibt zu erwähnen, dass Windgeschwindigkeiten während der Niederschlagsvorkommen der Klassen 1.X von einem hohen Calmenanteil (Windstärke <0,5 m/s) bestimmt werden (Abb. 68 und 69).

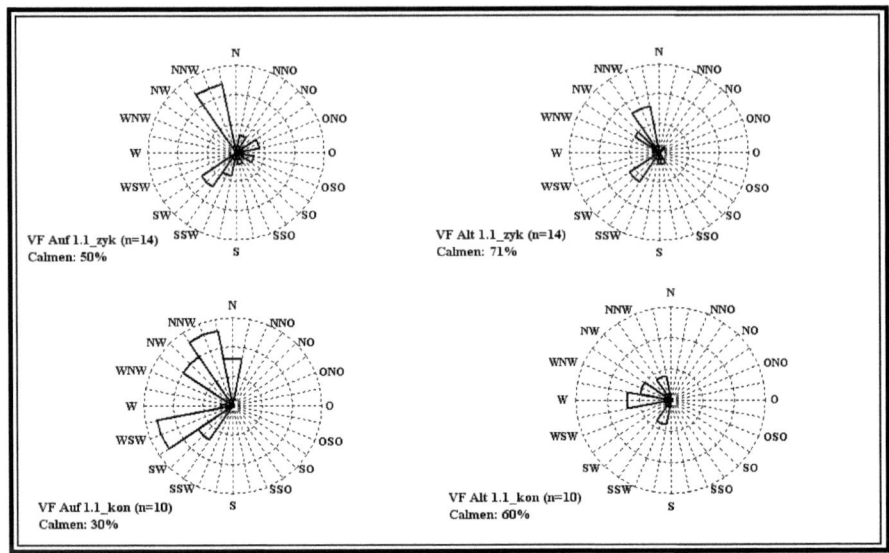

Abbildung 68: Angabe zu Windrichtung bzw. Windstärke in den Ereignisklassen 1.1_zyk und 1.1_kon für VF Auf und VF Alt (innerer Kreis = 0,5 m/s; mittlerer Kreis = 1,0 m/s; äußerer Kreis = 1,5 m/s)

Bezüglich der Niederschlagsherkunft bleibt festzuhalten, dass die Niederschlagsereignisse der Klassen 1.1_kon bzw. 1.1_zyk insbesondere durch westlichen Wind (SSW-NNW) dominiert werden (Abb. 68). Demgegenüber herrschten bei Niederschlagsereignissen der Klassen 1.2 bzw. 1.3 südliche bzw. östliche Winde vor (Abb. 69).

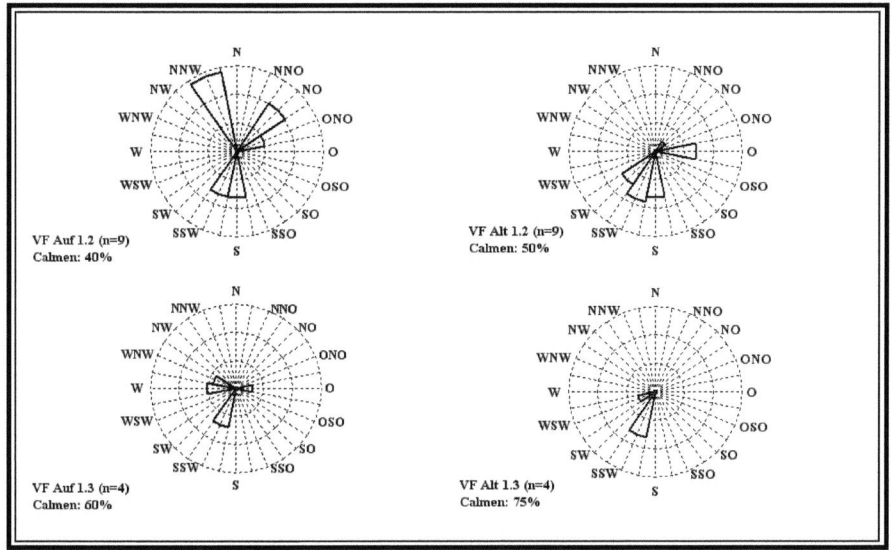

Abbildung 69: Angabe zu Windrichtung bzw. Windstärke in den Ereignisklassen 1.2 und 1.3 für VF Auf und VF Alt (innerer Kreis = 0,5 m/s; mittlerer Kreis = 1,0 m/s; äußerer Kreis = 1,5 m/s)

5.2.4.2 Klassentyp 2.X

Aus den Untersuchungen zum Bestandsinterzeptionsvermögen während der Niederschlagsregistrierung der Klassen 2.X wird ersichtlich, dass mit einer Zunahme der Ereignisdauer eine vertikale Verlagerung ermittelter Interzeptionsverluste von oberen Vegetationsstockwerken in tiefer gelegene Straten einsetzt (Abb. 70). Einem mittleren Interzeptionsverlust in der Baumschicht (VF Alt) von jeweils 18% in 2.1_zyk bzw. 2.1_kon folgen 14% in 2.2, 11% in 2.3 und etwa 1% in 2.4 (Abb. 70). Eine ähnliche Entwicklung lässt sich in der Baumschicht von VF Auf erkennen, wobei insbesondere in 2.1_zyk bzw. 2.1_kon mit 30-32% FN deutlich höhere Verluste gegenüber der VF Alt erzielt werden (Abb. 70).

Im Vergleich zu 1.X verbleibt ein höherer Niederschlagsanteil in der Strauchschicht von VF Auf (jeweils 8% für 2.2-2.4; 12% für 2.1_zyk; vgl. Abb. 70). Eine kurze Trocknungszeit (7,6 h), die etwa nur 20-40% derjenigen aus 2.1_zyk bzw. 2.2-2.4 entspricht, bewirkt in 2.1_kon eine erhöhte Speicherkapazität der Pflanzenoberflächen bis zur Aufsättigung und erniedrigt somit das Interzeptionsvermögen (vgl. Tab. 38 bzw. Abb. 70).

Die Bedeutung der Krautschicht als permanentem Wasserspeicher ist angesichts des niedrigen Interzeptionsverlusts (0-7%) durchaus als gering einzuschätzen (Abb. 70). Dies gilt insbesondere für die VF Auf, dessen relativer Anteil an interzipiertem Niederschlages mit zunehmender Dauer gänzlich fehlt (vgl. 2.3 & 2.4 in Abb. 70).

Wie schon für 1.X herausgestellt, kennzeichnet ein hohes Interzeptionsvermögen die Moosschicht beider Versuchsflächen. Mittlere Werte zwischen 50-70% verdeutlichen einen hohen Wasserverbrauch in der Moosschicht (Abb. 70).

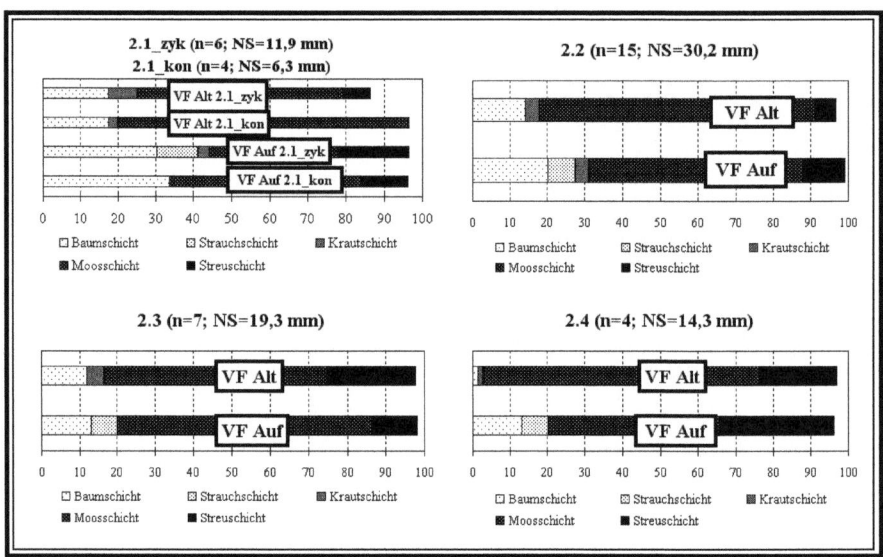

Abbildung 70: Interzeptionsverluste in der Baum-, Strauch-, Kraut-, Moos- und Streuschicht in den Ereignisklassen 2.1_zyk, 2.1_kon, 2.2, 2.3 und 2.4 für VF Auf bzw. VF Alt mit Angabe über Anzahl an Niederschlagsereignissen sowie Gesamtniederschlagsmenge

Tabelle 38: Angaben zu Dauer, Menge, Trockenheit und meteorologischen Kenngrößen während der Ereignisklassen 2.1_zyk, 2.1_kon, 2.2, 2.3 und 2.4 auf VF Auf & VF Alt (WG=Windgeschwindigkeit; WR=Windrichtung; LT_2m=Lufttemperatur in 2 m Höhe; EOT_5cm=Erdoberflächentemperatur in 5 cm Höhe)

	2.1_zyk		2.1_kon		2.2		2.3		2.4	
	Auf	Alt	Auf	Alt	Auf	Alt	Auf	Alt	Auf	Alt
Anzahl (n)	6	6	4	4	15	15	7	7	4	4
NS-Summe [mm]	11,9	11,9	6,3	6,3	30,2	30,2	19,3	19,3	14,3	14,3
mittl. Dauer [h]	0,5	0,5	0,7	0,7	2,9	2,9	6,6	6,6	13,2	13,2
max. Dauer [h]	0,9	0,9	1,0	1,0	4,8	4,8	8,7	8,7	15,6	15,6
mittl. Menge [mm]	2,0	2,0	1,6	1,6	2,0	2,0	2,8	2,8	3,6	3,6
max. Menge [mm]	3,8	3,8	2,5	2,5	3,3	3,3	4,7	4,7	4,6	4,6
mittl. Trockenzeit [h]	18,0	18,0	7,6	7,6	34,6	34,6	26,9	26,9	25,6	25,6
max. Trockenzeit [h]	55,0	55,0	18,2	18,2	174,8	174,8	81,6	81,6	83,8	83,8
mittl. WG [m/s]	0,9	0,6	0,9	0,5	0,7	0,5	0,3	0,2	0,6	0,4
max. WG [m/s]	1,4	1,3	1,2	0,7	1,4	1,2	0,8	0,5	1,4	0,7
WR [°]	289	164	273	245	158	129	102	119	163	145
LT_2m [°C]	13,0	13,7	10,7	11,6	9,9	10,3	9,9	10,3	9,8	10,2
EOT_5cm [°C]	13,4	13,8	11,7	11,5	10,2	10,4	10,2	10,2	9,7	9,9
rel. Feuchte [%]	92,4	91,7	90,0	84,7	94,4	94,5	92,5	92,7	92,7	92,5
Evaporation_10cm [mm]	2,0	0,8	3,3	0,8	1,8	1,7	2,4	1,9	4,2	2,5
Evaporation_50cm [mm]	1,7	1,3	3,2	1,4	1,8	2,2	2,5	2,4	5,1	3,4
Evaporation_200cm [mm]	2,0	1,3	4,2	1,7	1,9	2,6	2,2	2,8	5,6	3,8

Unabhängig von der Ereignisdauer (2.1-2.4) steht dem Oberboden ein geringer Anteil an infiltrierendem Sickerwasser zur Verfügung (Abb. 70). Trotzdem sei zu erwähnen, dass mit abnehmender Ereignisdauer eine Erhöhung des Sickerwasseranteils einhergeht (vgl. 2.1 in Abb. 70). Der für die VF Alt relativ hohe Sickerwasseranteil (15% FN) in 2.1_zyk lässt sich auf eine Kette mehrerer günstiger Umstände wie geringe stratenspezifische Interzeptionsverluste, geringes Evaporationsverhalten in allen drei Messhöhen sowie hohe Luftfeuchtigkeit ableiten (Abb. 70; Tab. 38).

Die innerhalb der Niederschlagsereignisse der Klassen 2.1_zyk, 2.1_kon sowie 2.2 ermittelten Windstärken zeigen wiederum auf, dass die daraus abgeleiteten Interzeptionsverluste in der VF Auf deutlich stärker ausgeprägt sind wie in der VF Alt (Abb. 71 und 72).

Studien zum Bestandsinterzeptionsvermögen borealer Waldflächen

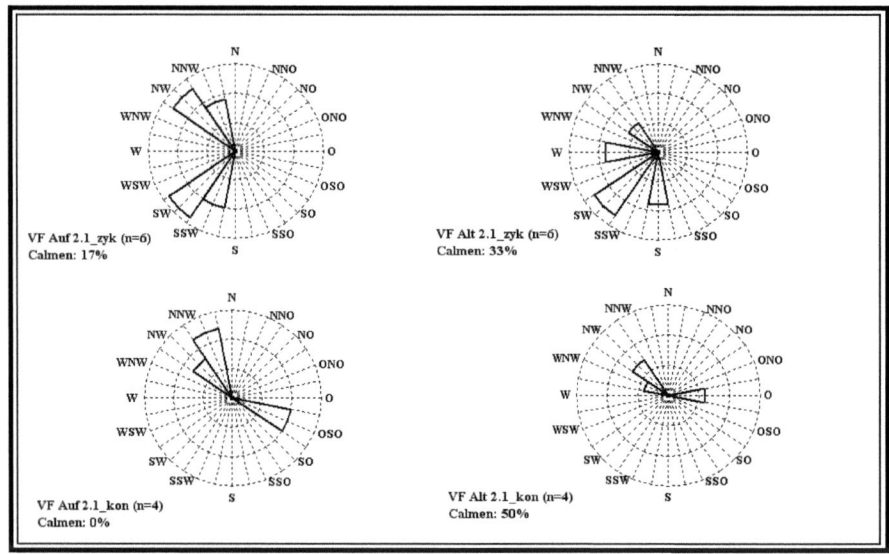

Abbildung 71: Angabe zu Windrichtung bzw. Windstärke in den Ereignisklassen 2.1_zyk und 2.1_kon für VF Auf und VF Alt (innerer Kreis = 0,5 m/s; mittlerer Kreis = 1,0 m/s; äußerer Kreis = 1,5 m/s)

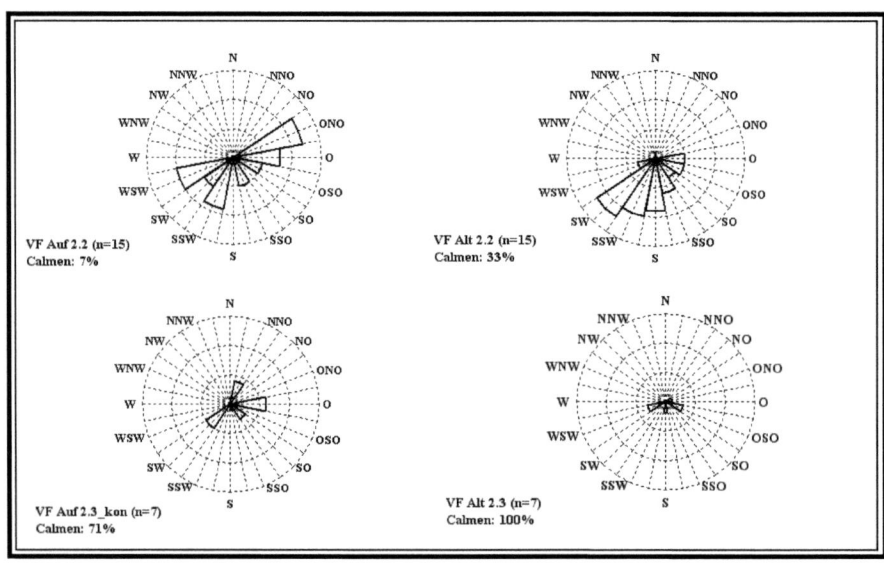

Abbildung 72: Angabe zu Windrichtung bzw. Windstärke in den Ereignisklassen 2.2 und 2.3 für VF Auf und VF Alt (innerer Kreis = 0,5 m/s; mittlerer Kreis = 1,0 m/s; äußerer Kreis = 1,5 m/s)

5.2.4.3 Klassentyp 3.X

Im Vergleich zu 1.X bzw. 2.X fällt der in der Baumschicht beider Versuchsflächen ermittelte Interzeptionsverlust für Niederschläge des Klassentyps 3.X deutlich geringer aus (Abb. 73). Dabei ist festzustellen, dass eine Erhöhung der in der Baumschicht registrierten Interzeptionsverluste mit einer Zunahme der Ereignisdauer einhergeht (Abb. 73). Eine hohe Niederschlagsintensität in 3.2 führt demnach zu einer raschen Auffüllung der Kronenspeicherkapazität und damit zu einer Erhöhung der Kronentraufe (vgl. Abb. 73 bzw. Tab 39).

Im Vergleich zur Baumschicht zeichnen sich hingegen für die Strauch- (VF Auf) und Krautschicht (VF Auf & VF Alt) keine ersichtlichen Trends ab. Die geringen Interzeptionsverluste in der Strauch- und Krautschicht (je 2% FN für VF Auf & VF Alt in 3.2) liegen demnach in einer raschen Auffüllung vorhandener Speicherräume vorhandener Oberflächen begründet (Abb. 73).

Inwieweit die Trockendauer einen erheblichen Einfluss auf das Bestandsinterzeptionvermögen ausübt, zeigt ein hoher Anteil an Interzeptionsverlusts in der Baum- und Strauchschicht von der VF Auf während der Niederschlagsereignisse in Klasse 3.3 (Tab. 39).

Aufgrund der in der Baum-, Strauch- und Krautschicht erhobenen Evaporationswerte lässt sich eine gewisse Trocknungstendenz mit zunehmender Höhe ableiten (Tab. 39). Somit liegt die Vermutung nahe, dass eine lang andauernde Trockenphase mit relativ hohen Evaporationswerten für eine Erhöhung des Interzeptionsvermögen in der Baum- und Strauchschicht beitragen kann.

Erhöhte Evaporation in 0,1 m Höhe (VF Alt [3.2]: 2,6 mm gegenüber VF Alt [3.3]: 1,1 mm und VF Alt [3.4]: 0,0 mm; vgl. Abb. 73) kann indessen Einfluss auf ein erhöhtes Interzeptionsvermögen in der Krautschicht ausüben (VF Alt: >30% FN; vgl. Abb. 73).

Eine hohe Variabilität in Bezug auf die Niederschlagszurückhaltung charakterisiert hingegen die Moosschicht, dessen ermittelte Werte je nach Menge und Dauer zwischen 45% FN (VF Auf in 3.3) und 80% FN (VF Auf in 3.2) variieren (Abb. 73).

Studien zum Bestandsinterzeptionsvermögen borealer Waldflächen

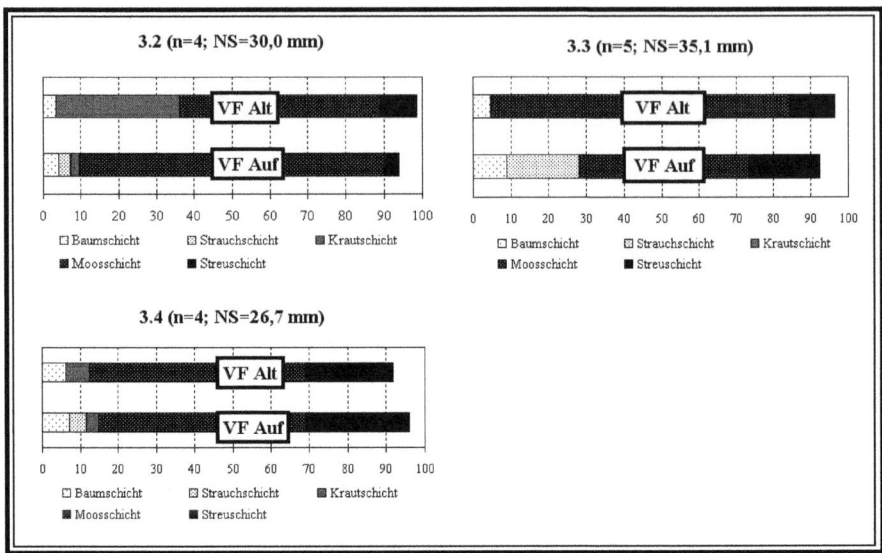

Abbildung 73: Interzeptionsverluste in der Baum-, Strauch-, Kraut-, Moos- und Streuschicht in den Ereignisklassen 3.2, 3.3 und 3.4 für VF Auf bzw. VF Alt mit Angabe über Anzahl an Niederschlagsereignissen sowie Gesamtniederschlagsmenge

Für die Streuschicht erwächst ein zunehmender Interzeptionsverlust bei der Ereignisdauerzunahme (5-9% FN in 3.2; 12-17% FN in 3.3; 22-26% FN in 3.4; vgl. Abb. 73). Demnach geht eine rasche Benetzung/Befeuchtung in der Streuauflage in 3.2 einher.

Der für den Oberboden gewichtige Niederschlagsanteil erreicht in beiden Versuchsflächen Werte von 7-9% FN, wobei insbesondere aus 3.2 und 3.3 höhere Sickerwasseranteile für VF Auf anfallen (Abb. 73).

Eine Einflussnahme der gemessenen Windstärken auf das Bestandsinterzeptionsvermögen in 3.2-3.4 kann aufgrund geringer bzw. fehlender Werte nur bedingt nachvollzogen werden (Abb. 74 und 75).

Tabelle 39: Angaben zu Dauer, Menge, Trockenheit und meteorologischen Kenngrößen während der Ereignisklassen 3.2, 3.3 und 3.4 auf VF Auf & VF Alt (WG=Windgeschwindigkeit; WR=Windrichtung; LT_2m=Lufttemperatur in 2 m Höhe; EOT_5cm=Erdoberflächentemperatur in 5 cm Höhe)

	3.2		3.3		3.4	
	Auf	Alt	Auf	Alt	Auf	Alt
Anzahl (n)	4	4	5	5	4	4
NS-Summe [mm]	30,0	30,0	35,1	35,1	26,7	26,7
mittl. Dauer [h]	4,0	4,0	6,5	6,5	16,1	16,1
max. Dauer [h]	4,6	4,6	8,3	8,3	23,3	23,3
mittl. Menge [mm]	7,5	7,5	7,0	7,0	6,7	6,7
max. Menge [mm]	9,3	9,3	9,1	9,1	9,4	9,4
mittl. Trockenzeit [h]	32,2	32,2	40,0	40,0	18,8	18,8
max. Trockenzeit [h]	85,8	85,8	130,3	130,3	26,6	26,6
mittl. WG [m/s]	0,6	0,4	0,5	0,4	0,6	0,4
max. WG [m/s]	0,9	0,6	0,7	0,7	1,4	0,9
WR [°]	84	127	163	153	126	86
LT_2m [°C]	13,7	14,1	9,0	9,3	6,9	7,2
EOT_5cm [°C]	14,3	14,2	9,0	9,2	7,1	7,2
rel. Feuchte [%]	86,1	86,0	96,3	97,1	96,1	96,4
Evaporation_10cm [mm]	3,7	2,6	1,9	1,1	0,2	0,0
Evaporation_50cm [mm]	3,4	3,4	1,5	1,4	0,2	0,0
Evaporation_200cm [mm]	3,5	4,0	1,8	1,8	0,4	0,0

Studien zum Bestandsinterzeptionsvermögen borealer Waldflächen

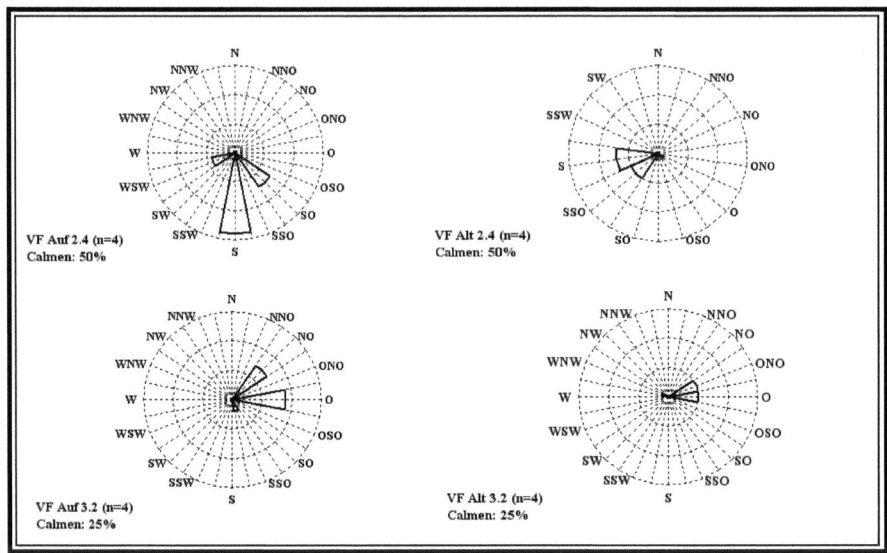

Abbildung 74: Angabe zu Windrichtung bzw. Windstärke in den Ereignisklassen 2.4 und 3.2 für VF Auf und VF Alt (innerer Kreis=0,5 m/s; mittlerer Kreis=1,0 m/s; äußerer Kreis=1,5 m/s)

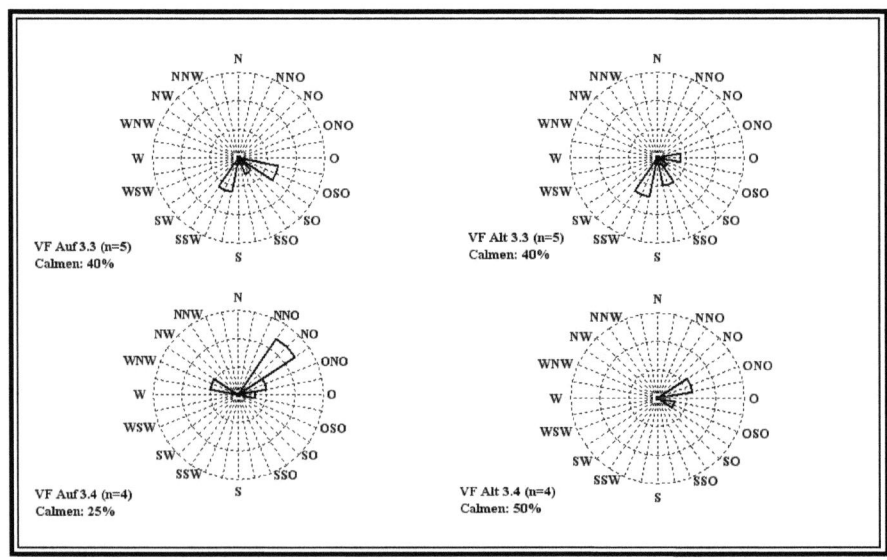

Abbildung 75: Angabe zu Windrichtung bzw. Windstärke in den Ereignisklassen 3.3 und 3.4 für VF Auf und VF Alt (innerer Kreis=0,5 m/s; mittlerer Kreis=1,0 m/s; äußerer Kreis=1,5 m/s)

5.2.4.4 Klassentyp 4.X

Aus der Analyse aller im Gesamtuntersuchungsraum erfassten Niederschläge geht hervor, dass in sechs von 92 Einzelereignissen Niederschlagssummen von >10 mm registriert wurden. Hiervon entfallen fünf Ereignisse auf Klasse 4.3, dessen ermittelte Gesamtsumme 60,2 mm beträgt (Abb. 76). Eine detaillierte Analyse des Bestandsinterzeptionsvermögens in 4.4 konnte aufgrund eines einzelnen Ereignisses nicht erfolgen.

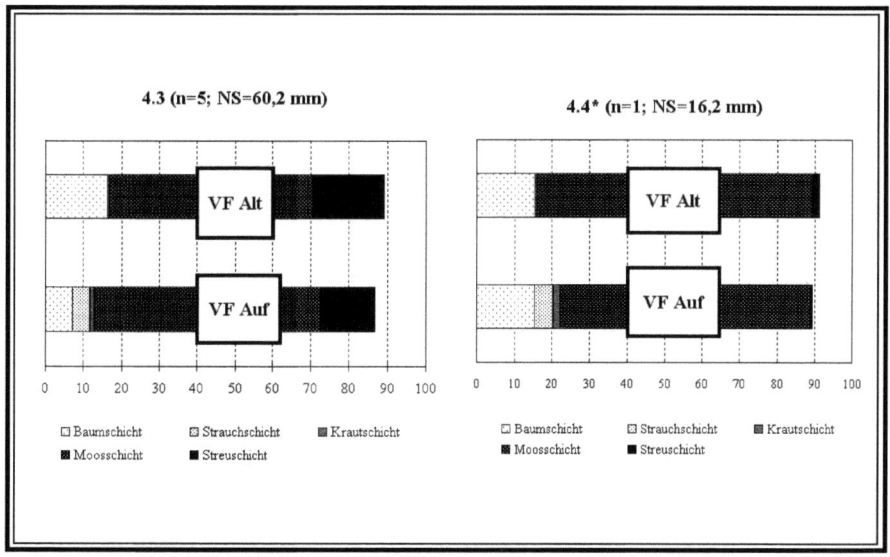

Abbildung 76: Interzeptionsverluste in der Baum-, Strauch-, Kraut-, Moos- und Streuschicht in den Ereignisklassen 4.3 und 4.4* (aufgrund eines Einzelereignisses nicht weiter analysiert) für VF Auf bzw. VF Alt mit Angabe über Anzahl an Niederschlagsereignissen sowie Gesamtniederschlagsmenge

Die für alle Straten beider Versuchsflächen ermittelten Interzeptionsverluste in 4.3 (bzw. 4.4) verdeutlichen eine rasche Wiederauffüllung geleerter Speicherräume, die erhöhte Abtropf- bzw. Durchlasswerte zur Folge haben. Aufgrund relativ hoher Niederschlagsmengen und einer daraus resultierenden raschen Wiederbenetzung der oberen Vegetationsstockwerke (Baum-, Strauch- und Krautschicht) entsteht demnach ein Eindruck kontinuierlichen „Wassernachschubs" in tiefer liegende Straten, die wiederum Tendenzen anhaltender Befeuchtung aufweisen (Abb. 76). Dies hat zur Konsequenz, dass unter Berücksichtigung relativ kühl-feuchter Verhältnisse (vgl. rel. Feuchte, Evaporation in Tab. 40) ein entsprechend herabgesetztes Interzeptionsvermögen höhere Sickerwasserabflussmengen zur Verfügung stellt (Abb. 76). In 4.3 erreichen 11% FN (VF Alt) bzw. 13% FN (VF Auf) als Sickerwassereintrag den jeweiligen Oberboden (Abb. 76).

Aus den für 4.X ermittelten Windverhältnissen geht hervor, dass 4.3 unter Einfluss östlicher Winde steht (4.4: Südwind; vgl. Abb. 77). Während großräumige Luftmassengegensätze keine erheblichen Unterschiede in der Niederschlagsstruktur erbringen, übt ein unterschiedlicher Grad an Exposition gegenüber dem Wind in den Versuchsflächen hingegen modifizierend auf die Struktur der Bestandsniederschläge aus (VF Auf: 1,7 m/s; VF Alt: 0,7 m/s; vgl. Abb. 77).

Tabelle 40: Angaben zu Dauer, Menge, Trockenheit und meteorologischen Kenngrößen während der Ereignisklassen 4.3 und 4.4* (siehe Abb. 79) auf VF Auf & VF Alt (WG=Windgeschwindigkeit; WR=Windrichtung; LT_2m=Lufttemperatur in 2 m Höhe; EOT_5cm=Erdoberflächentemperatur in 5 cm Höhe)

	4.3		4.4*	
	Auf	Alt	Auf	Alt
Anzahl (n)	5	5	1	1
NS-Summe [mm]	60,2	60,2	16,2	16,2
mittl. Dauer [h]	7,2	7,2	11,3	11,3
max. Dauer [h]	8,7	8,7	11,3	11,3
mittl. Menge [mm]	12,0	12,0	16,2	16,2
max. Menge [mm]	15,1	15,1	16,2	16,2
mittl. Trockenzeit [h]	28,1	28,1	5,7	5,7
max. Trockenzeit [h]	62,5	62,5	5,7	5,7
mittl. WG [m/s]	0,6	0,3	0,7	0,5
max. WG [m/s]	1,7	0,9	0,7	0,5
WR [°]	91	108	134	153
LT_2m [°C]	10,9	11,2	7,4	8,0
EOT_5cm [°C]	10,7	11,0	7,6	7,8
rel. Feuchte [%]	95,1	96,0	91,5	90,0
Evaporation_10cm [mm]	0,6	0,5	0,0	0,0
Evaporation_50cm [mm]	0,7	0,6	0,0	0,0
Evaporation_200cm [mm]	0,7	0,7	0,0	0,0

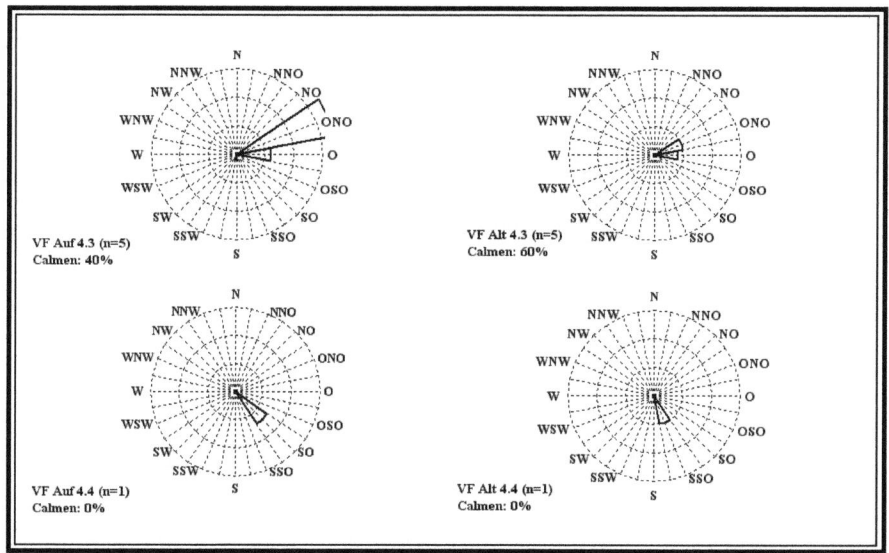

Abbildung 77: Angabe zu Windrichtung bzw. Windstärke in Ereignisklasse 4.3 und 4.4 für VF Auf und VF Alt (innerer Kreis = 0,5 m/s; mittlerer Kreis = 1,0 m/s; äußerer Kreis = 1,5 m/s)

5.2.5 Bestandsinterzeptionsvermögen in Abhängigkeit erhobener Messparameter

5.2.5.1 Niederschlagssumme

Setzt man den Interzeptionsverlust in Beziehung zu der Niederschlagsmenge, fällt zunächst einmal auf, dass für die Baumschicht nur ein bedingt statistischer Zusammenhang besteht (r [VF Auf]: +0,63; r [VF Alt]: +0,68; vgl. Abb. 78). Als ein möglicher Erklärungsansatz könnte die infolge unterschiedlicher Baumartenzusammensetzung variable Kronenschlussdichte dienen. Ferner könnten Unterschiede in der Phänologie insbesondere nemoraler Arten Einfluss auf ein in der Baumschicht verändertes Bestandsinterzeptionsvermögen ausüben. Zudem sollte berücksichtigt werden, dass die in der Baumschicht vorherrschenden Pflanzenarten aufgrund ihrer exponierten Lage im obersten Vegetationsstockwerk viel häufiger Änderungen im Luftmassenaustausch ausgesetzt sind als Pflanzen in tiefer gelegenen Straten (vgl. dazu auch WEIHE 1976, WEIHE 1984, MITSCHERLICH 1971).

Im Vergleich zur Baumschicht geht aus den ermittelten Korrelationswerten für die Strauch- und Krautschicht (r: 0,7-0,8) eine verstärkte Einflussnahme der Niederschlagsmenge auf das

Bestandsinterteptionsvermögen hervor (Abb. 78). Dabei bildet ein zunehmendes Niederschlagsrückhaltevermögen insbesondere bei hohen Niederschlagsmengen ein wesentliches Merkmal der maximalen Wasserspeicherfähigkeit in der Strauch- und Krautschicht (Abb. 78).

Hingegen besteht für die Moosschicht ein hoher statistischer Zusammenhang zwischen dem Interzeptionsvermögen und der Niederschlagssumme (r [VF Auf]: 0,95; r [VF Alt]: 0,93; vgl. Abb. 78). Daraus wird ersichtlich, dass in der Moosschicht eine maximale Aufsättigung der zur Verfügung stehenden Regenmengen zu keinem der registrierten Niederschlagsereignisse innerhalb der Gesamtuntersuchungsperiode einsetzt.

Für die Streuschicht beider Versuchsflächen besteht indessen eine geringe statistische Wechselbeziehung zwischen der Menge und dem interzipierendem Anteil des gefallenen Niederschlags (r [VF Auf]: 0,57; r [VF Alt]: 0,48; vgl. Abb. 78).

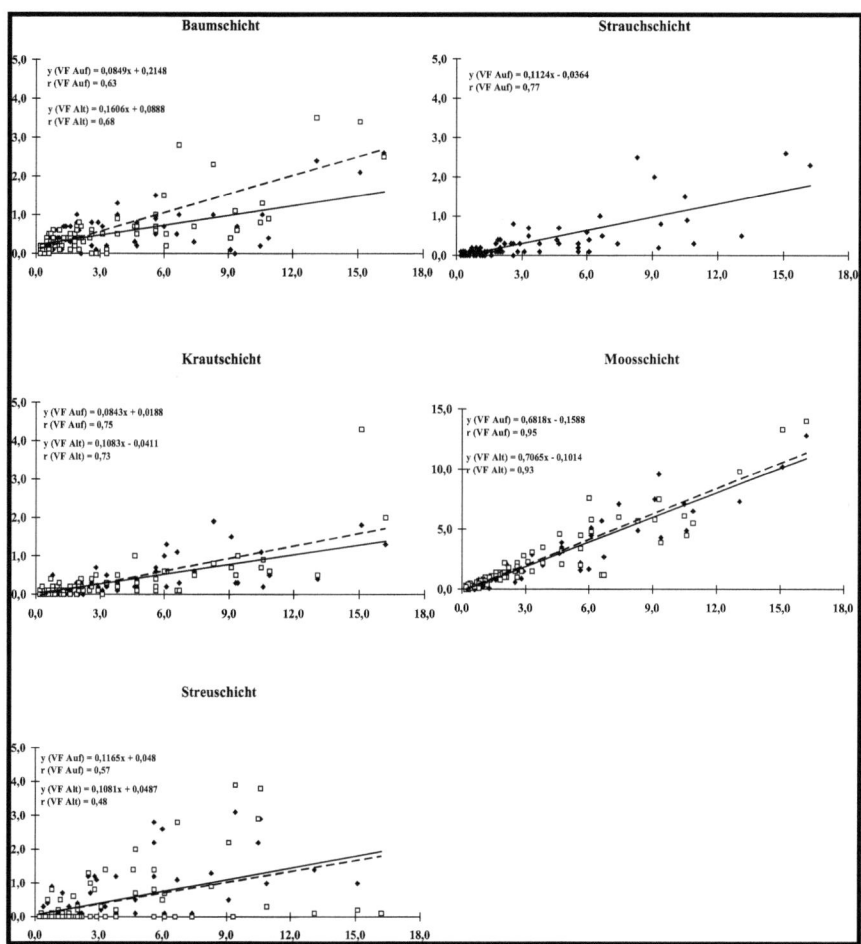

Abbildung 78: Regressionsgeraden und dazugehörige Korrelationskoeffizienten r für Beziehung zwischen Referenzniederschlag [mm] (x) und mittlerem Interzeptionsverlust [mm] (y) in den jeweiligen Straten für VF Auf (Raute + durchgezogene Trendlinie) sowie VF Alt (Rechteck + gestrichelte Linie)

5.2.5.2 Ereignisdauer

Ein statistischer Zusammenhang zwischen der Ereignisdauer und dem Bestandsinterzeptionsvermögen kann nahezu ausgeschlossen werden (Abb. 79). Hinsichtlich eines ermittelten Korrelationskoeffizienten von r =+0,66 (VF Auf) ist für die Baumschicht in der VF Auf eine geringe statistische Aussagekraft abzuleiten, die ein abnehmendes Interzeptionsvermögen mit zunehmender Ereignisdauer impliziert (Abb. 79).

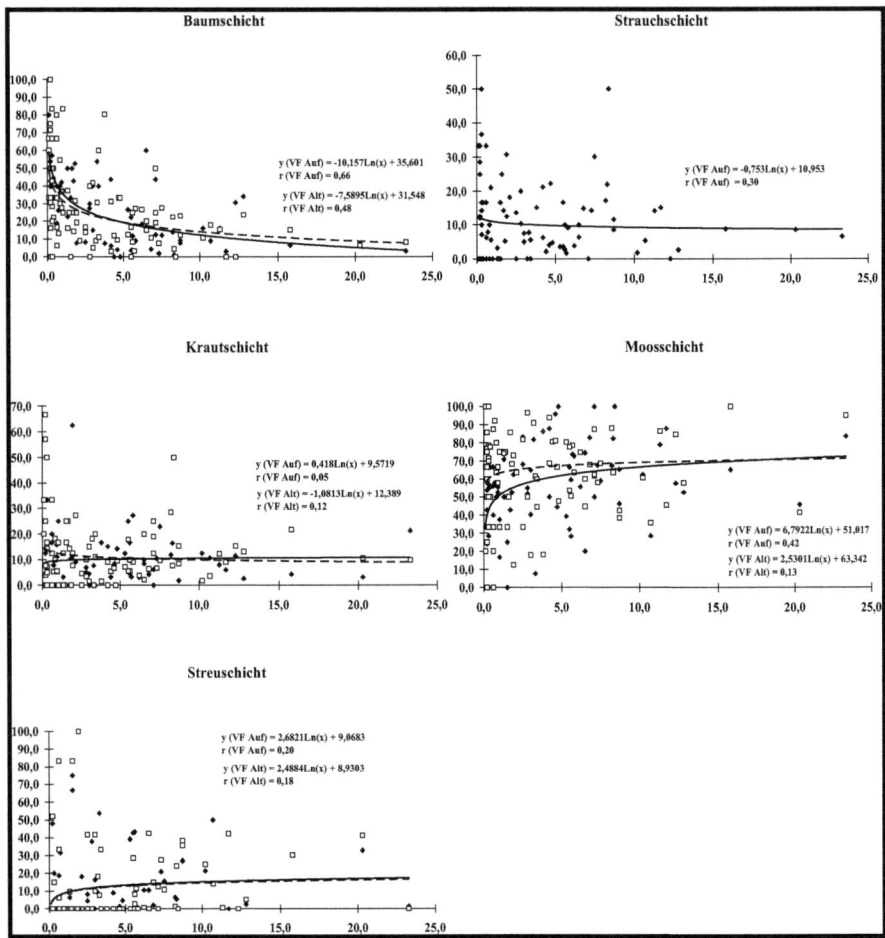

Abbildung 79: Regressionskurven und dazugehörige Korrelationskoeffizienten r für Beziehung zwischen Ereignisdauer [h] (x) und mittlerem Interzeptionsverlust [%] (y) von der Baum- bis zur Streuschicht in VF Auf (Raute + durchgezogene Trendlinie) sowie VF Alt (Rechteck + gestrichelte Linie)

5.2.5.3 Intensität

Da die Niederschlagsmenge und die Ereignisdauer die beiden Messparameter darstellen, die es zur Berechnung der Intensität bedarf, ergeben sich hinsichtlich der statistischen Bewertung einer auf das Bestandsinterzeptionsvermögen ausübenden Einflussnahme der Niederschlagsintensität Korrelationswerte, deren Einordnung entsprechend zwischen den ermittelten Werten für Niederschlagssumme und Ereignisdauer erfolgt.

5.2.5.4 Intrastratenspezifisches Interzeptionsvermögen

Aus der Korrelationsanalyse intrastratenspezifischer Interzeptionsvermögen geht hervor, dass statistische Wechselbeziehungen insbesondere zwischen der Strauch- und der Krautschicht ($r = +0,85$), zwischen der Strauch- und der Moosschicht ($r = +0,76$) sowie zwischen der Kraut- und der Moosschicht ($r = +0,73$) in der VF Auf sowie zwischen der Kraut- und der Moosschicht ($r = +0,80$) in der VF Alt bestehen (Tab. 41). Damit liegt die Vermutung nahe, dass insbesondere in tiefer liegenden Straten (Strauch-, Kraut- und Moosschicht) interne Wechselbeziehungen in Bezug auf die Niederschlagszurückhaltung existieren.

Tabelle 41: Mittlere Korrelationskoeffizienten r für Wechselbeziehung zwischen Interzeptionsvermögen in den jeweiligen Straten beider Versuchsflächen (fett=stat. Signifikanz α>95%)

		Baum	Strauch	Kraut	Moos	Streu
VF Auf	Baum	x	0,48	0,41	0,52	0,34
	Strauch	0,48	x	0,85	0,76	0,37
	Kraut	0,41	0,85	x	0,73	0,43
	Moos	0,52	0,76	0,73	x	0,33
	Streu	0,34	0,37	0,43	0,33	x
VF Alt	Baum	x	x	0,49	0,58	0,18
	Strauch	x	x	x	x	x
	Kraut	0,49	x	x	0,80	0,23
	Moos	0,58	x	0,80	x	0,25
	Streu	0,18	x	0,23	0,25	x

5.2.5.5 Wind

Zunächst sei angemerkt, dass eine Vielzahl an Niederschlagsereignissen unter windstillen Bedingungen (Kalmen: WG<0,5 m/s) erfasst worden sind (Abb. 80). Anhand dieser Ergebnisse wird zudem die für VF Alt (50 Calmen-Ereignisse) ausgeprägte windgeschützte Lage gegenüber VF Auf (35 Calmen-Ereignisse) deutlich (Abb. 80).
Während der Niederschlagsregistrierung in der VF Auf herrschten insbesondere Nord- und Ostwinde vor, deren mittlere Geschwindigkeit etwa 0,9-1,0 m/s betrug (Abb. 80). Niederschläge in der VF Alt wurden hingegen vermehrt von Südwinden begleitet, deren Häufigkeit gegenüber Ost- und Westwinden fast doppelt so hoch lag (Abb. 80).

Hohe Niederschlagssummen unter nahezu windstillen Bedingungen (Kalmen) kennzeichnen die VF Alt, während in der VF Auf insbesondere Ostwind-Wetterlagen für hohe Niederschlagssummen stehen (Abb. 80).

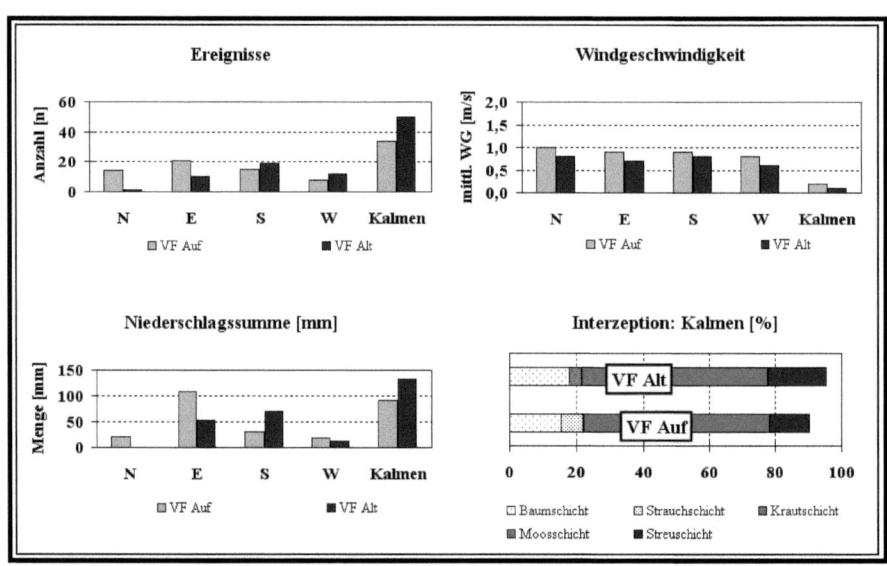

Abbildung 80: Angabe über Anzahl an Niederschlagsereignissen mit vorherrschender Windrichtung, mittlerer Windgeschwindigkeit [m/s], Niederschlagssumme [mm] sowie mittlerer Interzeptionsverlust bei Kalmen (WG<0,5 m/s) in der Baum-, Strauch-, Kraut-, Moos- und Streuschicht für VF Auf bzw. VF Alt

Demnach betragen die mittleren Interzeptionsverluste in der Baumschicht unter nahezu windstillen Verhältnissen in der VF Auf 17% bzw. in der VF Alt 19% FN (Abb. 80). Hingegen verbleibt in der Strauch- (6% FN) bzw. in der Krautschicht (0-2% FN) nur ein geringer Niederschlagsanteil (Abb. 80). Während für beide Versuchsflächen etwa 60% FN in der Moosschicht durch Interzeption verloren geht, beträgt der interzipierende Anteil hingegen in der Streuschicht 12% FN (VF Auf) bzw. 17% FN (VF Alt; vgl. Abb. 80). Demzufolge geht in der VF Auf aus Niederschlagsereignissen unter nahezu windstillen Verhältnissen ein höherer Sickerwassereintrag im Vergleich zu der VF Alt hervor (Abb. 80).

Aus den Ergebnissen zu dem Bestandsinterzeptionsvermögen unter Nordwindeinfluss geht für die VF Alt hervor, dass etwa 50% FN jeweils in der Baum- und Krautschicht verbleiben (Abb. 81). Inwieweit diese Verteilung standortspezifisch ist, lässt sich angesichts einer geringen Anzahl zu beobachtender Niederschlagsereignisse mit Nordwind in der VF Alt nur schwer beurteilen. Für die VF Auf ist das Verteilungsmuster des stratenspezifischen Interzeptionsvermögens bei nahezu windstillen Niederschlagsereignissen hingegen deutlich differenzierter ausgeprägt. Somit verbleiben 25% FN in der Baum-, 2% FN in der Strauch-, 1% FN in der Kraut-, 55% FN in der Moos- und 15% FN in der Streuschicht (Abb. 80).

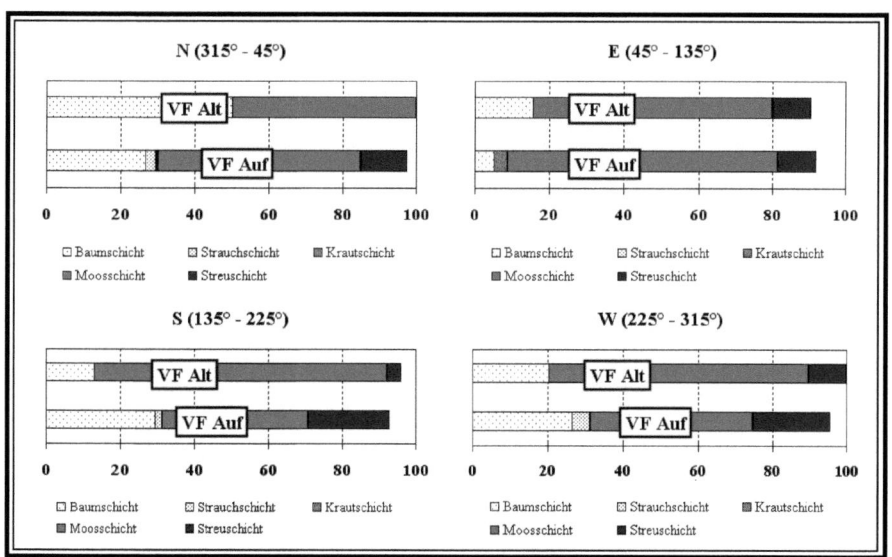

Abbildung 81: Interzeptionsverluste in der Baum-, Strauch-, Kraut-, Moos- und Streuschicht während Niederschlagsereignisse aus den vier zu unterscheidenden Windsektoren Nord (N), Ost (E), Süd (S) und West (W) für VF Auf bzw. VF Alt

Niederschläge unter Nord-, Süd- und Westwindeinfluss erbringen in der VF Auf eine jeweils 25%-ige Niederschlagszurückhaltung in der Baumschicht, während Niederschläge unter Ostwindeinfluss zu einer Herabsetzung der in der Baumschicht ermittelten Interzeptionswerte führt (5% FN; vgl. Abb. 81). Diese Entwicklung lässt sich auf die Strauch- und Krautschicht übertragen (Abb. 81). Unter Ostwindeinfluss verweilt hingegen ein Großteil der anfallenden Niederschläge in der Moosschicht (64% FN für VF Alt; 70% FN für VF Alt). Von erheblicher Bedeutung für den Bodenwasserhaushalt stellt ein infolge der reduzierten Interzeptionsverluste hoher Sickerwassereintrag (VF Alt: 11% FN; VF Auf: 9%) bei Niederschlagsereignissen mit Ostwindeinfluss dar.

Zudem liegt die Vermutung nahe, dass geringe Interzeptionsverluste in der Baum-, Strauch- und Krautschicht beider Versuchsflächen während der Niederschlagserfassung mit vorherrschendem Ostwind das Ergebnis eines reduzierten Interzeptionsvermögens infolge kühlfeuchter Witterungsbedingungen widerspiegeln könnte (LT und EOT in E etwa 4 K niedriger als LT und EOT in W, S, N & Kalmen; 93-95% rel. LF in E; geringes Evaporationsverhalten; vgl. Tab. 42).

Aufgrund einer ungleichmäßigen Verteilung von charakteristischen Einzelbaumarten in beiden Versuchsflächen kennzeichnen demnach höhere Kronendichten den südlichen bzw. westlichen Sektor der VF Auf sowie den nördlichen bzw. westlichen Sektor der VF Alt, in denen ein Großteil der vom Wind mitgeführten Niederschläge abgefangen werden (vgl. Kap. 5.2.1 und Abb. 81). Hingegen könnte die Ausprägung relativ lichter Kronendecken im Ostsektor beider Versuchsflächen vermutlich zu verstärktem Niederschlagseintrag führen, die damit eine Reduzierung des Interzeptionsvermögen in der Baumschicht implizieren (vgl. Kap. 5.2.1).

Tabelle 42: Angaben zu Trockenheit und meteorologischen Kenngrößen während Niederschlagsereignisse in den vier zu unterscheidenden Windsektoren sowie in Kalmen (WG<0,5 m/s) für VF Auf & VF Alt (LT_2m=Lufttemperatur in 2 m Höhe; EOT_5cm=Erdoberflächentemperatur in 5 cm Höhe)

	N		E		S		W		Kalmen	
	Auf	Alt	Auf	Alt	Auf	Alt	Auf	Alt	Auf	Alt
Anzahl (n)	14	1	21	10	16	19	7	12	33	49
mittl. Trockenzeit [h]	24,9	22,8	26,2	21,0	41,4	27,6	22,7	27,7	32,8	35,0
LT_2m [°C]	12,0	12,3	7,8	7,6	11,7	12,1	10,5	13,6	12,0	11,2
EOT_5cm [°C]	13,9	12,5	8,1	7,6	11,8	12,0	10,6	13,6	12,0	11,1
rel. Feuchte [%]	81,9	98,9	94,2	93,7	95,5	96,2	91,2	83,2	90,2	90,5
Evaporation_10cm [mm]	3,2	3,0	1,2	1,2	3,8	1,9	1,1	1,2	2,4	1,5
Evaporation_50cm [mm]	3,0	3,0	1,2	1,2	3,9	1,9	1,1	1,2	2,3	1,5
Evaporation_200cm [mm]	4,0	6,8	1,4	1,6	4,0	2,5	1,3	2,1	2,5	2,5

Während aus meteorologischen Gründen durchaus eine Abhängigkeit von differenzierten Windverhältnissen auszugehen ist, dürfte allerdings die räumliche Verteilung des Niederschlags im Bestand tatsächlich nur schwer mit dem Wind zu korrelieren sein, da es im Wald aufgrund einer ausgeprägten Vegetationsstruktur zu einer deutlichen Reduktion der Windgeschwindigkeit kommt. So teilen beispielsweise SZEICZ et al. (1979) für einen relativ offenen, nordborealen, flechtenreichen Fichtenwald in Labrador mit einer durchschnittlichen Bestandshöhe von 6 m eine Windgeschwindigkeitsreduktion gegenüber den Freilandmessungen um 70 bis 80% mit. Nach Untersuchungen von ODIN (1976) in nordschwedischen Wäldern treten im Bestand zu über 50% aller Messungen Windgeschwindigkeiten von nur unter 0,5 m/s auf.

5.2.5.6 Temperaturen

Aus den Ergebnissen der wechselseitigen Temperaturbeziehungen geht hervor, dass insbesondere zwischen der Lufttemperatur und der Erdoberflächentemperatur eine hohe statistische Korrelation besteht (r [VF Auf]: +0,97; r [VF Alt]: +0,99; vgl. Abb. 82). Demnach bilden die für die Baum- bis Moosschicht vorherrschenden Vegetationseinheiten keine thermischen Grenzschichten, sondern vielmehr einen Transfer gespeicherter Wärme in tiefer liegende Straten. Bezüglich der Wechselbeziehung zwischen Lufttemperatur und Bodentemperatur lässt sich eine verringerte Einflussnahme der erhobenen Lufttemperaturen mit zunehmender Bodentiefe feststellen (Abb. 82).

Im Vergleich zu Menge und Dauer kann aufgrund wenig aussagekräftiger Korrelationen eine direkte Einflussnahme thermischer Messgrößen auf eine veränderte Bestandsinterzeption ausgeschlossen werden (Tab. 42).

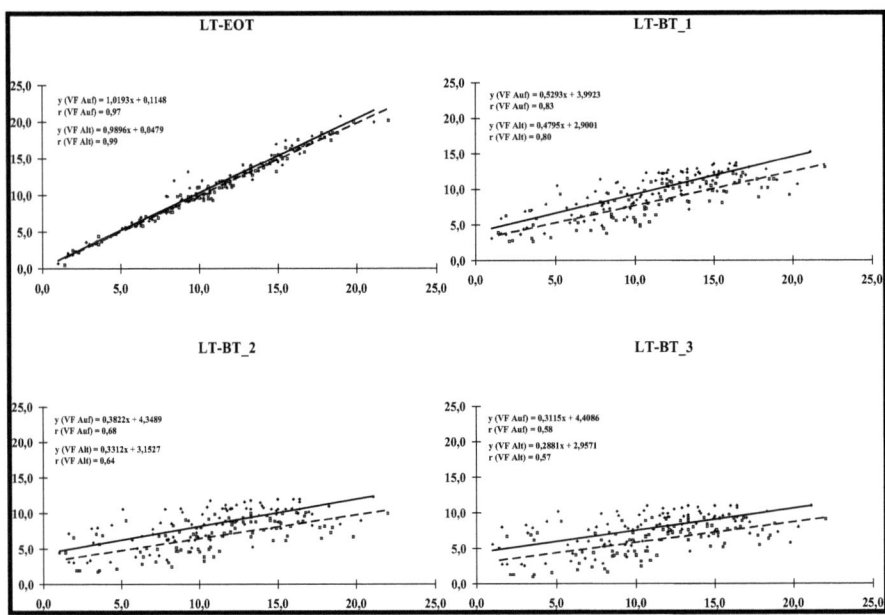

Abbildung 82: Regressionsgeraden und dazugehörige Korrelationskoeffizienten r (Signifikanzniveau α>95%) für Beziehung zwischen Lufttemperatur (LT) [°C] (x), Erdoberflächentemperatur (EOT) [°C] (y), Bodentemperatur 1 (BT_1) [°C] (y), Bodentemperatur 2 (BT_2) [°C] (y) sowie Bodentemperatur 3 (BT_3) [°C] (y) für VF Auf (Raute + durchgezogene Trendlinie) und VF Alt (Rechteck + gestrichelte Linie)

Tabelle 43: Korrelationskoeffizienten für Wechselbeziehung zwischen Lufttemperatur (LT) [°C], Erdoberflächentemperatur (EOT) [°C], Bodentemperatur 1 (BT_1) [°C], Bodentemperatur 2 (BT_2) [°C] und Bodentemperatur 3 (BT_3) [°C] und Anteil interzipierter Niederschläge in der Baum-, Strauch-, Kraut-, Moos- und Streuschicht für VF Auf bzw. VF Alt

		Baum	Strauch	Kraut	Moos	Streu
LT [°C]	VF Auf	0,04	0,18	0,00	-0,02	-0,05
	VF Alt	0,16	x	-0,09	0,08	-0,13
EOT [°C]	VF Auf	0,06	0,14	0,01	-0,02	-0,07
	VF Alt	0,15	x	-0,11	0,07	-0,13
BT_1	VF Auf	0,02	0,19	0,01	-0,13	0,08
	VF Alt	-0,03	x	-0,15	0,06	0,04
BT_2	VF Auf	0,08	0,17	0,00	-0,19	0,10
	VF Alt	-0,02	x	-0,17	0,00	0,09
BT_2	VF Auf	0,14	0,16	-0,02	-0,22	0,11
	VF Alt	0,10	x	-0,16	-0,04	0,10

Gemäß einer Aufteilung aller registrierten Niederschlagsereignisse in Klassen differenzierter Lufttemperaturbereiche gilt zu erwähnen, dass Sickerwassereinträge insbesondere aus Niederschlagsereignissen unter kühlen Witterungsverhältnissen (LT 0,1-4,9 °C) hervorgehen (Abb. 83). Bei der Betrachtung aller Niederschlagsereignisse unter kühlen Witterungsbedingungen (LT 0,1-4,9 °C und LT 5,0-9,9 °C) ergibt sich für die VF Alt ein insgesamt höherer Sickerwasseranteil gegenüber der VF Auf, während eine Umkehr dieser Entwicklung unter milden Temperaturbedingungen (LT 10,0-14,9 °C und 15,0-20,0 °C) erfolgt (Abb. 83).

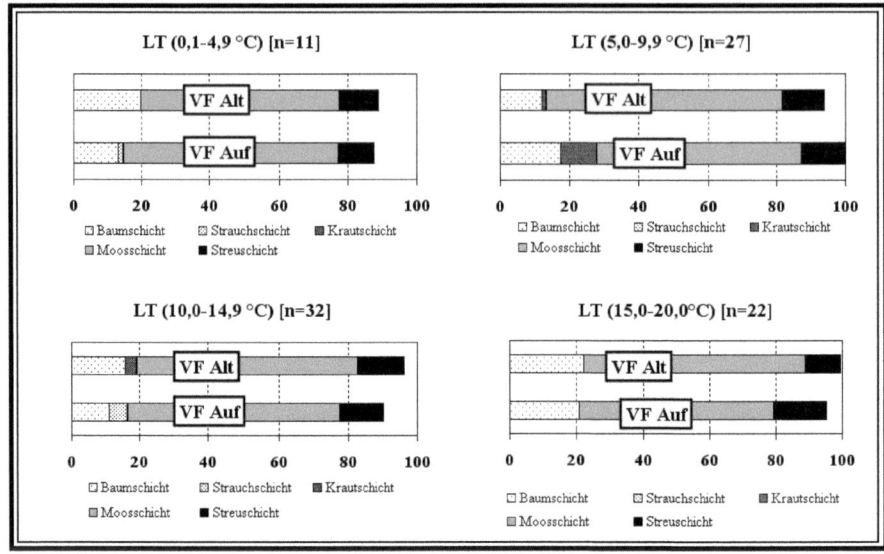

Abbildung 83: Interzeptionsverluste in der Baum-, Strauch-, Kraut-, Moos- und Streuschicht hinsichtlich einer thermischen Differenzierung aller 92 registrierten Niederschlagsereignisse für VF Auf bzw. VF Alt

5.2.5.7 Potentielle Evaporation

Aus einer hohen Übereinstimmung zwischen potentieller Evaporation in 2 m Höhe und Verdunstungsverhalten in 50 cm bzw. 10 cm Höhe (r=+0,88-0,98) lässt sich eine relativ gleichmäßige Entwicklung einsetzender Abtrocknungstendenzen für beide Versuchsflächen schließen (Abb. 84).

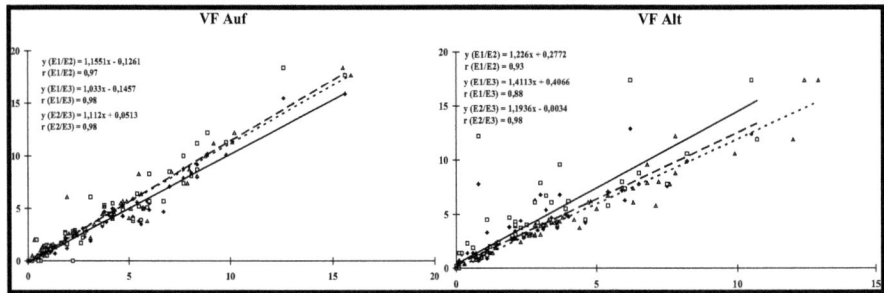

Abbildung 84: Regressionsgeraden und dazugehörige Korrelationskoeffizienten r (Signifikanzniveau >95%) für Beziehung zwischen potentieller Evaporation in 10 cm Höhe (E1) [mm], potentieller Evaporation in 50 cm Höhe (E2) [mm] sowie potentieller

Evaporation in 2 m Höhe (E3) [mm] für VF Auf und VF Alt (E1/E2: Raute + durchgezogene Linie; E1/E3: Rechteck + gestrichelte Linie; E2/E3: Dreiecke + gepunktete Linie)
Für VF Alt ergibt sich in 10 cm Höhe ein geringes Verdunstungspotenzial, das auf eine stark eingeschränkte Einstrahlung und Luftbewegung zurückzuführen ist. Hingegen werden die höchsten Evaporationsraten beider Versuchsflächen in 2 m Höhe erreicht (Abb. 85). Generell lässt sich ein Gradient zunehmender Evaporation vom Waldboden in obere Bestandsschichten feststellen (Abb. 86).

Eine statistische Beziehung zwischen potentieller Verdunstung in Waldbeständen und Trockendauer – jeweilige niederschlagsfreie Zeit zwischen zwei registrierten Niederschlagsereignissen – lässt sich aufgrund von Korrelationskoeffizienten, die Werte zwischen 0,59 und 0,64 erreichen, nur bedingt feststellen (Abb. 85). Dies gilt insbesondere für Trockenperioden, die länger als 100 Stunden andauern. Zudem lassen sich für Trockenperioden >100 h höhere Spannweiten gegenüber Trockenperioden von <50 h erkennen (Abb. 85).

Die Untersuchungen von BRINGFELT & HÄRSMAR (1974) zeigen, dass interzipierter Niederschlag nach ca. 5 Stunden bei optimalen Witterungsbedingungen aus der Krone vollständig verdunstet ist. Zudem fand BRINGFELT (1982) heraus, dass unter denselben Witterungsverhältnissen die Evaporation von einer feuchten Kronenoberfläche dreimal größer ist als von einer fast trockenen. Somit kann bei ungünstigen Verdunstungsbedingungen nach einem Niederschlagsereignis der interzipierte Niederschlagsanteil nicht aufgezehrt werden (vgl. „Prädispositions-Effekt" in BRINGFELT 1982).

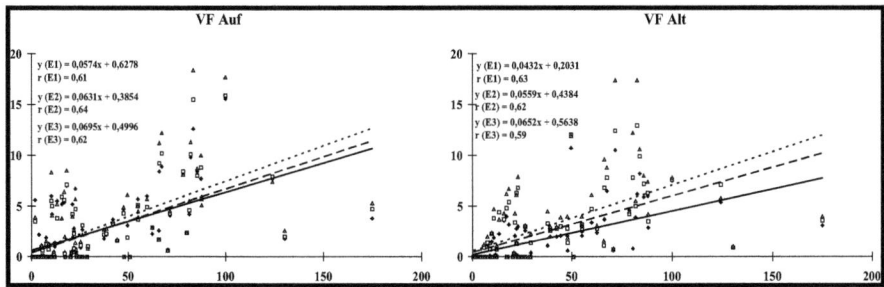

Abbildung 85: Regressionsgeraden und dazugehörige Korrelationskoeffizienten r (Signifikanzniveau >95%) für Beziehung zwischen Trockendauer [h] (x) und potentielle Evaporation in 10 cm Höhe (E1) [mm], potentielle Evaporation in 50 cm Höhe (E2) [mm] sowie potentielle Evaporation in 2 m Höhe (E3) [mm] jeweils auf (y)-Achse für VF Auf und VF Alt (E1: Raute + durchgezogene Linie; E2: Rechteck + gestrichelte Linie; E3: Dreiecke + gepunktete Linie)

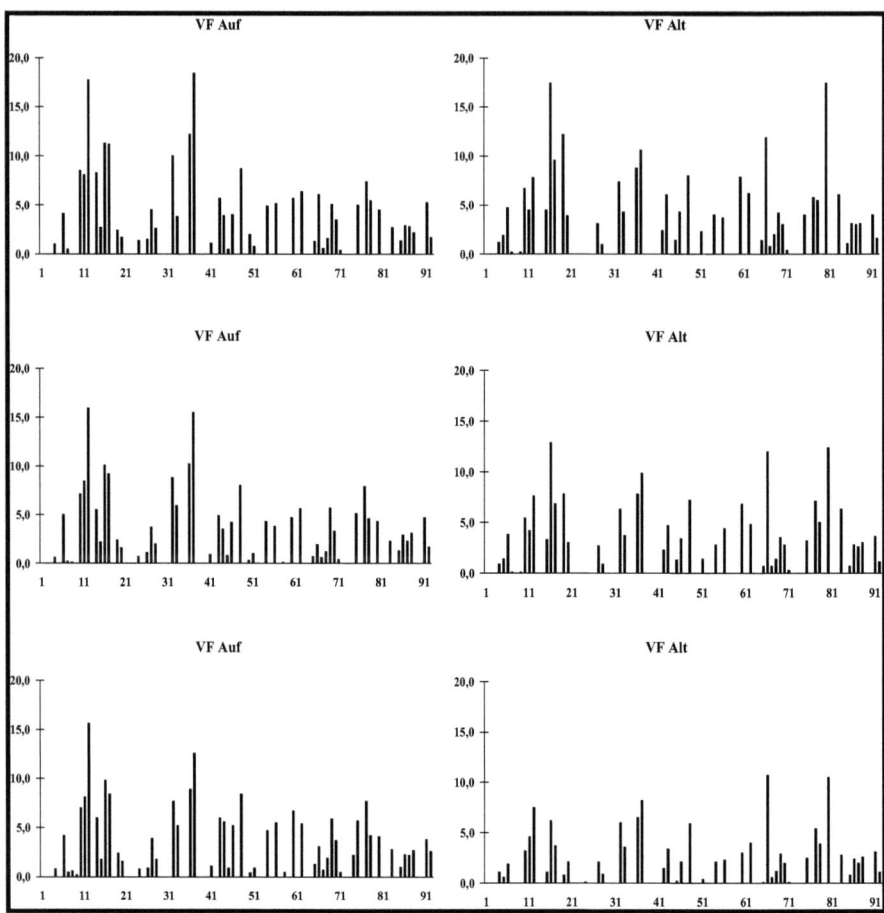

Abbildung 86: Potentielle Evaporation [mm] (y) während der 92 Niederschlagsereignisse (x) für VF Auf bzw. VF Alt (oben: pot. Evaporation in 2 m Höhe; Mitte: pot. Evaporation in 50 cm Höhe; unten: pot. Evaporation in 10 cm Höhe)

5.2.5.8 Relative Feuchte

Aus den Studien zum atmosphärischen Feuchtigkeitszustand geht zunächst hervor, dass die ermittelten Werte zur relativen Feuchte zwischen beiden Untersuchungsflächen gut miteinander korrelieren (r=+0,90; vgl. Abb. 87). Trotzdem weisen beide Versuchsflächen erhebliche Spannweiten bei Atmosphärenzuständen auf, deren relative Luftfeuchten unter 70% liegen (Abb. 87).

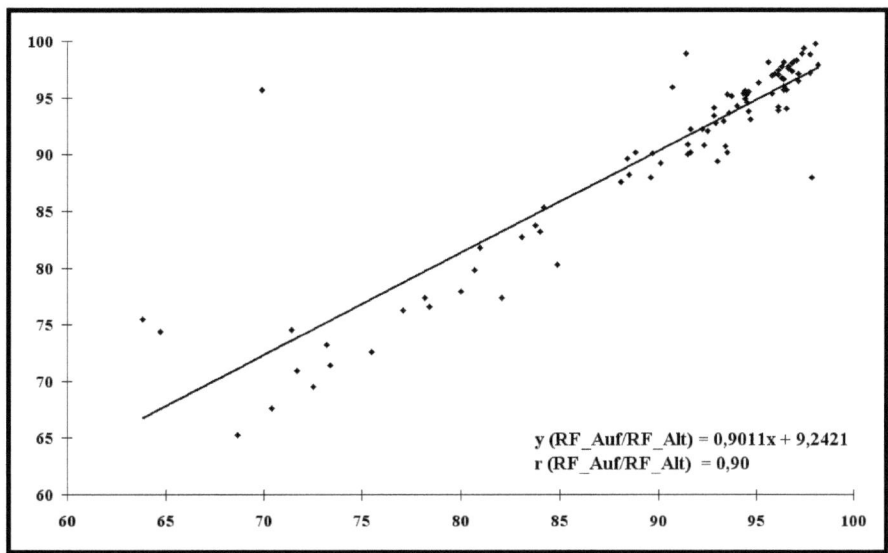

Abbildung 87: Regressionsgerade und dazugehörige Korrelationskoeffizienten r (Signifikanzniveau >95%) für Beziehung zwischen Relativer Luftfeuchte auf VF Auf [%] (x) und Relativer Luftfeuchte in VF Alt [%] (y)

Aus den Ergebnissen der Feuchtigkeitsklassen geht hervor, dass VF Alt durch einen geringfügig höheren Feuchtigkeitszustand im Vergleich zu VF Auf gekennzeichnet wird (Tab. 44). Demnach liegt die Anzahl der Niederschlagsereignisse unter relativ trockenen Atmosphärenzuständen (61-70%) in der VF Alt (n=3) deutlich unter denen in der VF Auf (n=8; vgl. Tab. 44). Dem steht eine höhere Anzahl an Niederschlagsereignissen mit nahezu gesättigten Ausgangszuständen (91-100%) in der VF Alt gegenüber (n=64; vgl. Tab. 44). Überdies ergeben sich in der VF Alt in allen Untersuchungsklassen stets höhere Beträge in der mittleren Feuchtigkeit im Vergleich zu der VF Auf (Tab. 44).

Tabelle 44: Angabe zu Anzahl, Summe [mm] und mittlerer Feuchte [%] innerhalb der vier zu untersuchenden Feuchtigkeitsklassen für VF Auf und VF Alt

	61-70 [%]		71-80 [%]		81-90 [%]		91-100 [%]	
	Auf	Alt	Auf	Alt	Auf	Alt	Auf	Alt
Anzahl (n)	8	3	11	12	12	14	61	64
Summe [mm]	2,1	1,8	12,0	7,4	19,9	34,2	232,2	202,3
mittl. Relative Feuchte [%]	66,8	67,5	75,1	75,6	86,3	86,7	95,1	96,0

Darüber hinaus lässt sich eine Abnahme des Gesamtinterzeptionsvermögens mit zunehmender Feuchte für beide Versuchsflächen herausstellen (Abb. 88). Während unter relativ trockenen Bedingungen (RF: 61-70%) 60% FN (VF Auf) bzw. 80% FN (VF Alt) in der Baumschicht verbleiben, reduziert sich dieser Anteil bei feuchter Ausgangslage (91-100%) entsprechend bis auf 12% FN (Abb. 88).

Eine ähnliche Entwicklung lässt sich für ein hochvariates Interzeptionsvermögen in der Moosschicht feststellen. Demnach gelangt unter relativ trockenen Bedingungen nur ein geringer Niederschlagsanteil (teilweise <20%; vgl. Abb. 88) in die Moosschicht beider Versuchsflächen, während unter relativ feuchten Verhältnissen (91-100%) der in der Moosschicht interzipierte Niederschlagsanteil 80% FN betragen kann (Abb. 88). Hingegen erfolgen Sickerwassereinträge nur bei entsprechend hohen Luftfeuchten (>80%; vgl. Abb. 88).

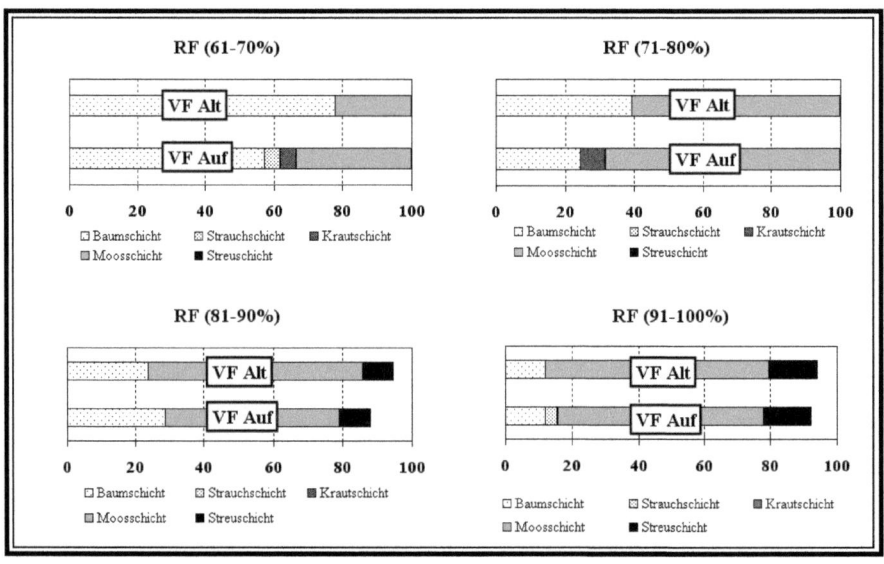

Abbildung 88: Interzeptionsverluste in der Baum-, Strauch-, Kraut-, Moos- und Streuschicht hinsichtlich einer Differenzierung aller 92 registrierten Niederschlagsereignisse in Klassen unterschiedlicher Feuchte für VF Auf bzw. VF Alt

5.3 Der Wasserhaushalt im Oberboden

5.3.1 Bodenphysikalische Parameter

Um Aussagen zur Höhe der infiltrierenden Sickerwassereinträge treffen zu können bzw. Informationen zu möglichen Befeuchtungs- bzw. Abtrocknungstendenzen in entsprechenden Bodentiefen zu gewinnen, bedarf es zunächst der Betrachtung bodenphysikalischer Messparameter.

Zunächst ist aus den für die VF Auf ermittelten Saugspannungskurven zu entnehmen, dass eine Abnahme maximaler Wasserhaltefähigkeit mit zunehmender Bodentiefe einhergeht (Abb. 89). Im Vergleich zu der VF Auf kennzeichnet eine um etwa 10% höhere Wasseraufnahmekapazität den Porenraum in 10 cm Bodentiefe von der VF Alt (ca. 65%), während maximale Wasserspeichervermögen von 47% bzw. 49% in 30 cm bzw. 50 cm Bodentiefe denen aus der VF Auf (30 und 50 cm) weitgehend ähneln (Abb. 89).

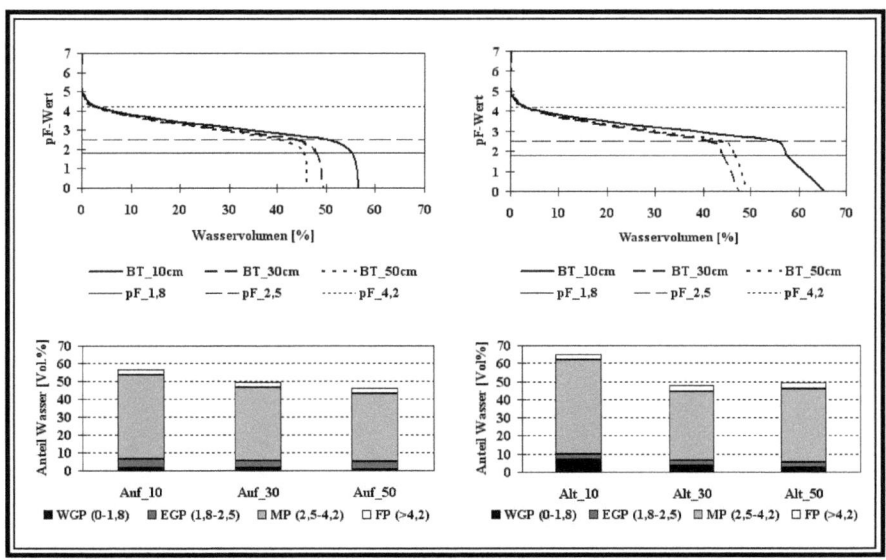

Abbildung 89: Saugspannungskurven bzw. Wasservolumen [%] für drei Bodentiefen (10 cm, 30 cm, 50 cm) sowie relativer Anteil an weiten Grobporen (WGP), engen Grobporen (EGP), Mittelporen (MP) und Feinporen (FP) mit entsprechenden pF-Werten in Klammern für VF Auf (links) und VF Alt (rechts)

Aus der Porenverteilung ergibt sich ferner eine Dominanz der Mittelporen für nahezu alle Poreneinheiten, die aufgrund ihrer ausgeprägten Haftwassereigenschaften (nutzbare Feldkapazität) ökologisch wirksam sind (Abb. 89 und Tab. 45). Der höchste Anteil an Mittelporen findet sich dabei in 10 cm Bodentiefe beider Versuchsflächen wieder (47% für VF Auf bzw. 52,3% für VF Alt; vgl. Tab. 45). Dem steht nur ein geringer Anteil an Feinporen (FP) gegenüber, dessen Wassergehalt allgemein nur Pflanzen mit speziellen Anpassungsstrategien (Xerophyten) vorbehalten ist. Hingegen dienen weite Grobporen (WGP) sowie enge Grobporen (EGP) als Transport- bzw. Durchgangszone perkolierender Sickerwässer (vgl. Abb. 89 und Tab. 45).

Tabelle 45: Angabe zu Volumenprozent bzw. Gewichtsprozent für weite Grobporen (WGP), enge Grobporen (EGP), Mittelporen (MP) und Feinporen (FP) mit entsprechenden pF-Werten in Klammern für 10 cm, 30 cm und 50 cm Bodentiefe in VF Auf & VF Alt

	Bodentiefe (cm)	WGP (0-1,8)	EGP (1,8-2,5)	MP (2,5-4,2)	FP (>4,2)
Volumen%	Auf_10	1,3	5,1	47,0	3,2
	Auf_30	1,4	4,1	41,1	2,9
	Auf_50	0,5	4,6	37,8	3,1
	Alt_10	6,9	3,0	52,3	3,1
	Alt_30	3,6	2,9	38,0	3,1
	Alt_50	2,5	2,9	40,5	3,3
Gewichts%	Auf_10	2,3	9,0	83,0	5,7
	Auf_30	2,8	8,3	83,0	5,9
	Auf_50	1,1	10,0	82,2	6,7
	Alt_10	10,6	4,6	80,1	4,7
	Alt_30	7,6	6,1	79,8	6,5
	Alt_50	5,1	5,9	82,3	6,7

5.3.2 Sickerwassergang und Bodenfeuchte

5.3.2.1 Periode I

Im Hinblick auf ein differenziertes Bestandsinterzeptionsvermögen in Periode I konnten für die VF Auf an vier Untersuchungstagen (24.05., 28.05., 29.05., 31.05.) sowie für die VF Alt an sechs Untersuchungstagen (24.05.-26.05., 28.05., 29.05., 31.05.) entsprechende Sickerwassereinträge festgestellt werden (Abb. 90 und 91).

Studien zum Bestandsinterzeptionsvermögen borealer Waldflächen

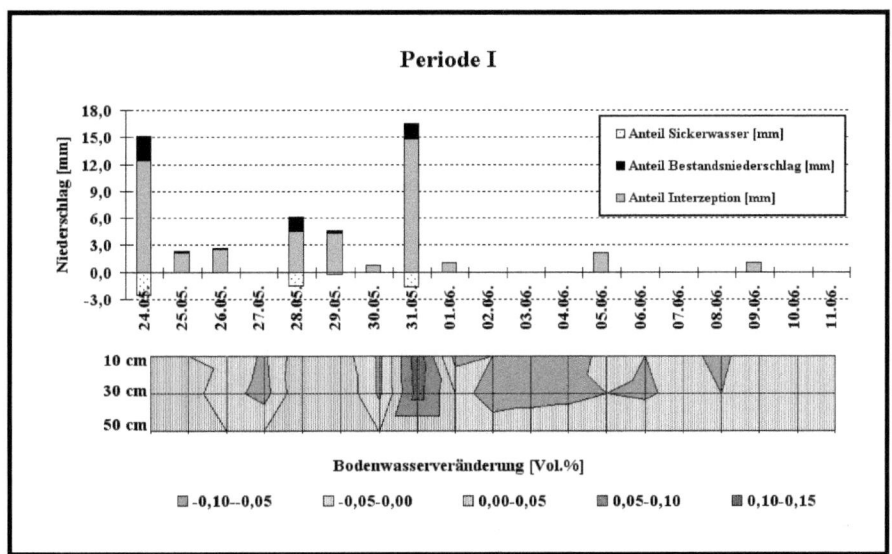

Abbildung 90: Angaben zu Interzeptionsverlust [mm], Bestandsniederschlag [mm], Sickerwasseranteil [mm] sowie Bodenwasserveränderung [%] während Periode I für VF Auf

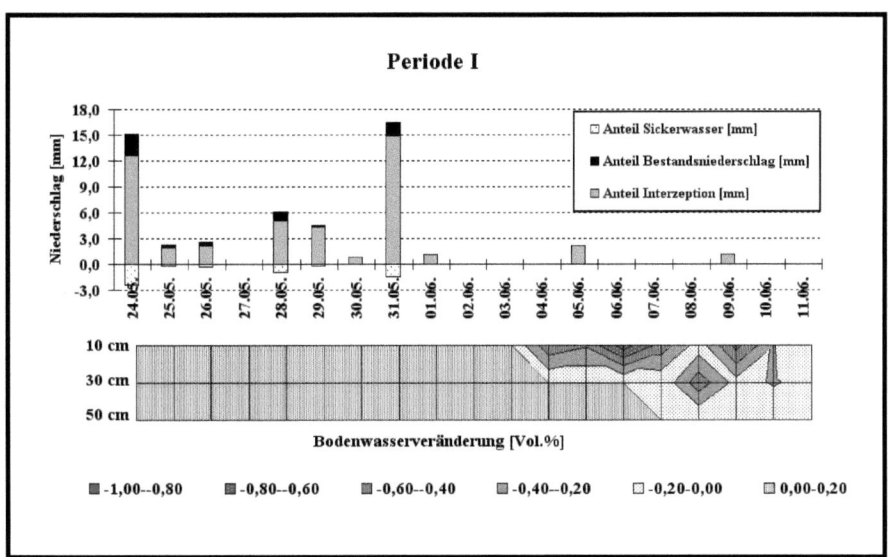

Abbildung 91: Angaben zu Interzeptionsverlust [mm], Bestandsniederschlag [mm], Sickerwasseranteil [mm] sowie Bodenwasserveränderung [%] während Periode I für VF Alt

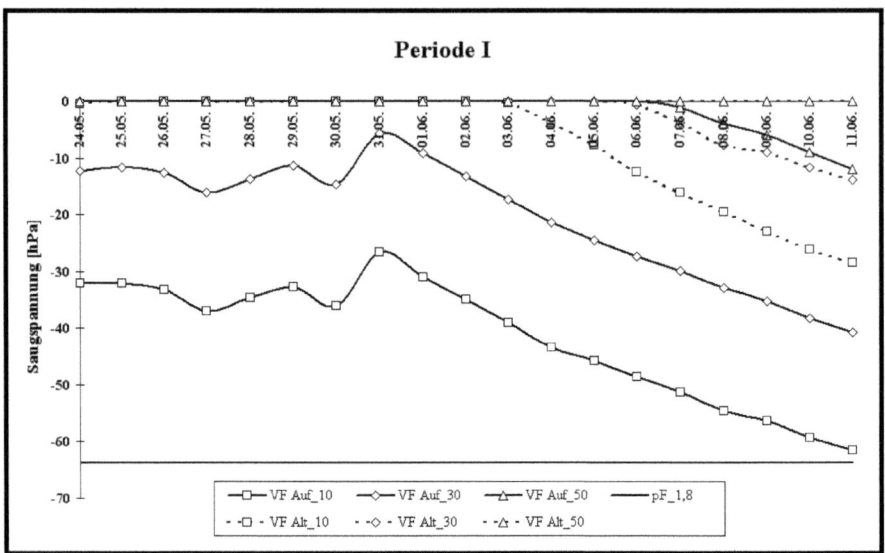

Abbildung 92: Verlauf der Bodensaugspannungen in 10 cm, 30 cm sowie 50 cm [hPa] Bodentiefe während Periode I für VF Auf bzw. VF Alt

Infiltrationsprozesse in 10 cm bzw. 30 cm Bodentiefe (VF Auf) bewirken entsprechende Reaktionen in Form von Bodenwasserzunahmen (Abb. 90). Ferner ziehen für die VF Auf ausgeprägte Trockenphasen Entleerungen im Bodenwasserspeicher nach (Abb. 90). Dem steht eine verzögerte Reaktion des Oberbodens in VF Alt auf Niederschlagseinträge bzw. Trocknungsprozessen im Zeitraum 24.05.-03.06. gegenüber (Abb. 91). Aus den entsprechenden Saugspannungskurven für die VF Alt kann entnommen werden, dass insbesondere zu Beginn von Periode I eine maximale Bodenwasserkapazität (Staunässe) vorherrscht, die aus frühsommerlichen Abtauvorgängen vorhandener Schneeschmelzreste hervorgeht (Abb. 91).

Die aufgrund einer lang anhaltenden Trockenperiode (03.06-11.06.) bzw. mangelhaften Zufuhr an infiltrierender Sickerwassereinträge ermittelten Bodenwasserverluste erreichen insbesondere im oberen Bodenprofil (10 cm und 30 cm Bodentiefe) von der VF Alt mittlere Tagesabnahmen bis -1,00 Vol.% (Abb. 91). Hingegen beträgt der maximale Bodenwasserverlust für die VF Auf (10 cm Bodentiefe) -0,10 Vol.% (Abb. 90). Es liegt die Vermutung nahe, dass dieser hohe Differenzbetrag in dem großen Porenvolumen von der VF Alt (10 cm Bodentiefe) begründet liegt und somit eine höhere Wasserspeicherfähigkeit erzeugt. Überdies kennzeichnet ein relativ hoher Anteil weiter Grobporen die oberen 10 cm in der VF Alt, die eine rasche Versickerung bzw. schnelle Entleerung gegenüber der VF Auf (10 cm) ermöglichen (Tab. 45).

Aus dem Verlauf der Saugspannungskurve für die VF Auf (10 cm) und der entsprechenden pF_1,8-Linie für den Zeitraum wird ferner ersichtlich, dass nahezu alle weiten Grobporen in 10 cm Bodentiefe am Ende von Periode I von Wasser entleert sind (Abb. 92).

5.3.2.2 Periode II

Aus den Ergebnissen der Bodenfeuchte ist zu entnehmen, dass Periode II durch erhebliche Wassereinbußen, die als Folge ausbleibender Niederschläge bzw. fehlender Sickerwassereinträge zu verstehen sind, gekennzeichnet wird (Abb. 93 und 94).

Während für die VF Auf (10 cm) zu Beginn der Untersuchungsperiode (17.07.-24.07.) tägliche Wasserabnahmen bis -0,50 Vol.% registriert wurden, betrug der mittlere Tagesverlust hingegen am Ende von Periode II -2,50 Vol.% (Abb. 93). VF Alt wurde indessen von einem relativ gleichmäßig ablaufenden Trocknungsvorgang gekennzeichnet, deren täglicher Wasserverlust -0,05 Vol.% betrug (Abb. 94).

Dieser enorme Wasserverlust im Oberboden von der VF Auf resultiert aus einem hohen Evaporationsvermögen, deren Werte diejenigen aus der VF Alt deutlich übertreffen (vgl. dazu Kap. 5.2.2.7). Ferner ist eine Einflussnahme der Transpiration (Pfahlwurzel- bzw. Senkerwurzelsystems von *Pinus sylvestris*) auf den im Oberboden ausgeprägten Feuchtigkeitssog nicht gänzlich auszuschließen (PERTTU et al. 1980). CIENCALA et al. (1997) ermittelten in der Vegetationsperiode des Jahres 1997 die jeweiligen Transpirationsraten anhand von Saftfluss- bzw. Xylemmessungen für einen nordborealen *Pinus sylvestris*-bzw. *Picea abies*-Bestand in Nordschweden. Unter trockenen Bedingungen stellte er dabei heraus, dass insbesondere junge *Pinus sylvestris*-Individuen (max. 50 Jahre) maximale Transpirationsraten bis zu 2,8 mm pro Tag erreichen können, während die Werte für ältere Kiefern (50-100 Jahre) bzw. für *Picea abies* jeden untersuchten Alters deutlich niedriger lagen (CIENCALA et al. 1997).

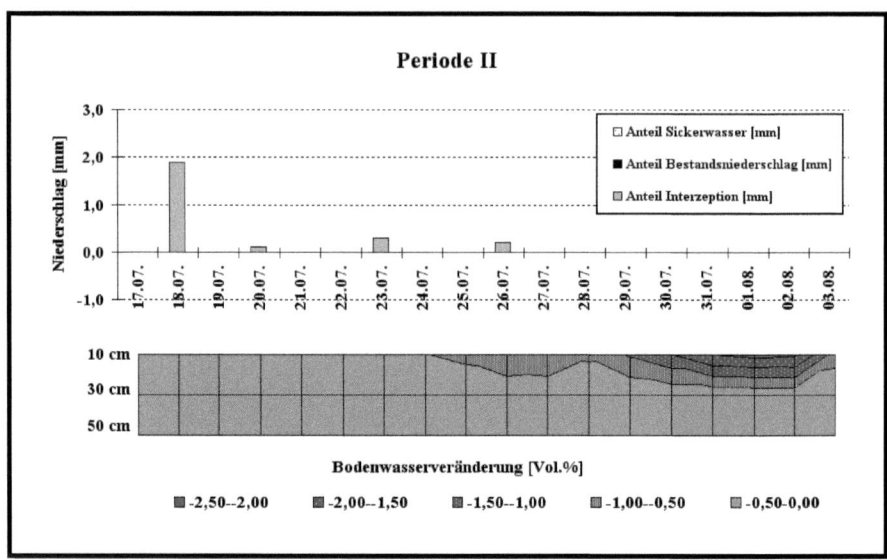

Abbildung 93: Angaben zu Interzeptionsverlust [mm], Bestandsniederschlag [mm], Sickerwasseranteil [mm] sowie Bodenwasserveränderung [%] während Periode II für VF Auf

Ferner sollte erwähnt werden, dass die in der VF Alt ausgeprägte Moosschicht aufgrund ihres hohen Wasserspeichervermögens über längere trockene Zeiträume eine Abschwächung bzw. Reduktion des im Oberboden auftretenden Wassersogs bewirken kann. Demzufolge charakterisiert die VF Alt während hochsommerlicher Trockenheitsperioden eine höhere Wasserspeicherfähigkeit gegenüber der VF Auf, die sich überdies am relativ moderaten Verlauf der ermittelten Saugspannungskurven auszeichnen (vgl. Abb. 95).

Dem steht eine Entwicklung in der VF Auf (10 cm) gegenüber, die durch vollständigen Wasserverlust aller Grobporen gekennzeichnet wird (Abb. 95). Der für Pflanzen verfügbare Wasserbedarf im Zeitraum 26.07.-03.08. in der VF Auf (10 cm) kann demzufolge nur aus Mittelporen erfolgen (Abb. 95). Der Wasserverlust setzt sich für die VF Auf in 30 cm sowie 50 cm Bodentiefe fort, wobei die Entleerung des Porenraum gegenüber der 10 cm Bodentiefe moderat abläuft (Abb. 95).

Studien zum Bestandsinterzeptionsvermögen borealer Waldflächen

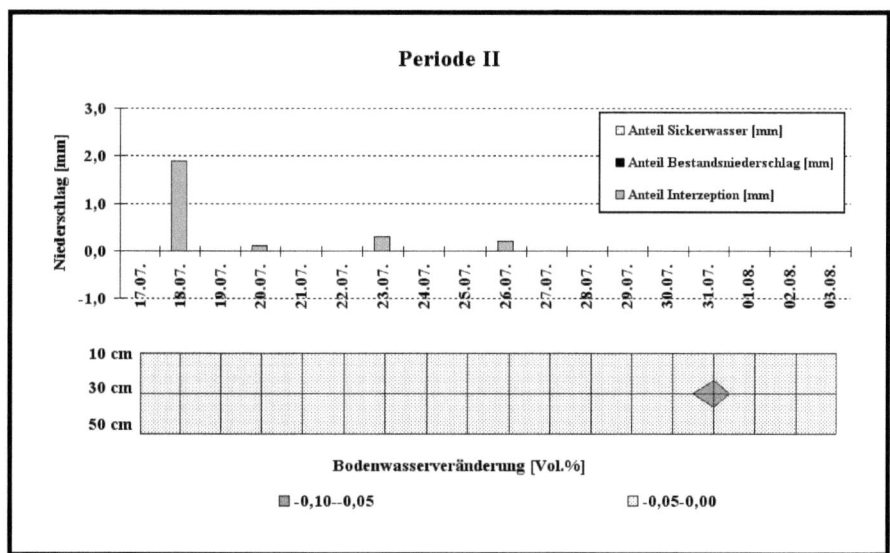

Abbildung 94: Angaben zu Interzeptionsverlust [mm], Bestandsniederschlag [mm], Sickerwasseranteil [mm] sowie Bodenwasserveränderung [%] während Periode II für VF Alt

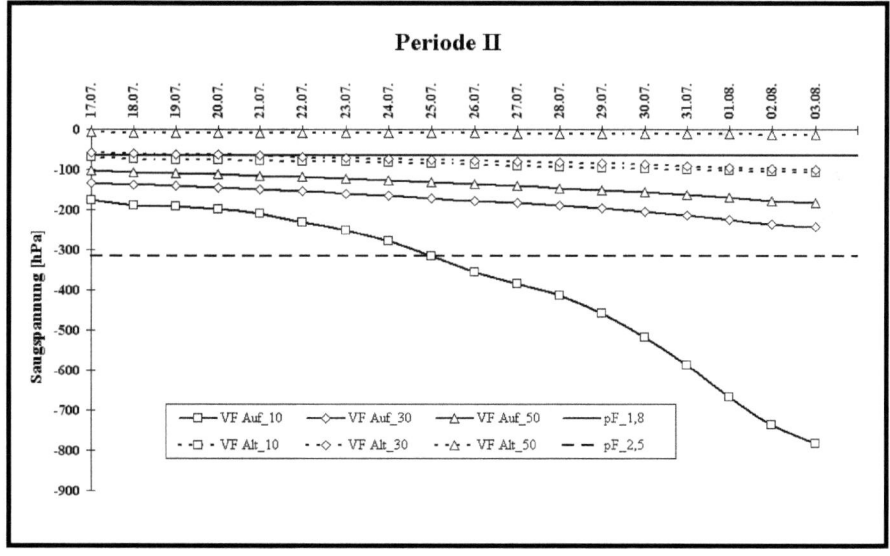

Abbildung 95: Verlauf der Bodensaugspannungen in 10 cm, 30 cm sowie 50 cm [hPa] Bodentiefe während Periode II für VF Auf bzw. VF Alt

5.3.2.3 Periode III

Zunächst wird Periode III für die VF Auf und die VF Alt (jeweils 10 und 30 cm Bodentiefe) durch tägliche Volumenzunahmen von 0,20-0,40 Vol.% charakterisiert, die vermutlich auf Sickerwassereinträge aus Niederschlagsereignissen, die vor Messperiode III erfolgten, zurückzuführen sind (Abb. 96 und 97).

Tägliche Bodenwasserverluste bis -0,40 Vol.% prägen für beide Versuchsflächen indessen den Zeitraum 15.09.-21.09. (Abb. 96 und 97).

Ein aus mehreren Niederschlagsereignissen vom 22.09. resultierender Sickerwassereintrag hat dagegen zur Folge, dass deutliche Volumenzunahmen im täglichen Bodenwassergehalt (22.09.-24.09.) für die VF Auf (10 cm Bodentiefe) sowie für die VF Alt (10 und 30 cm Bodentiefe) bis +0,80 Vol.% erfolgten (Abb. 96 und 97).

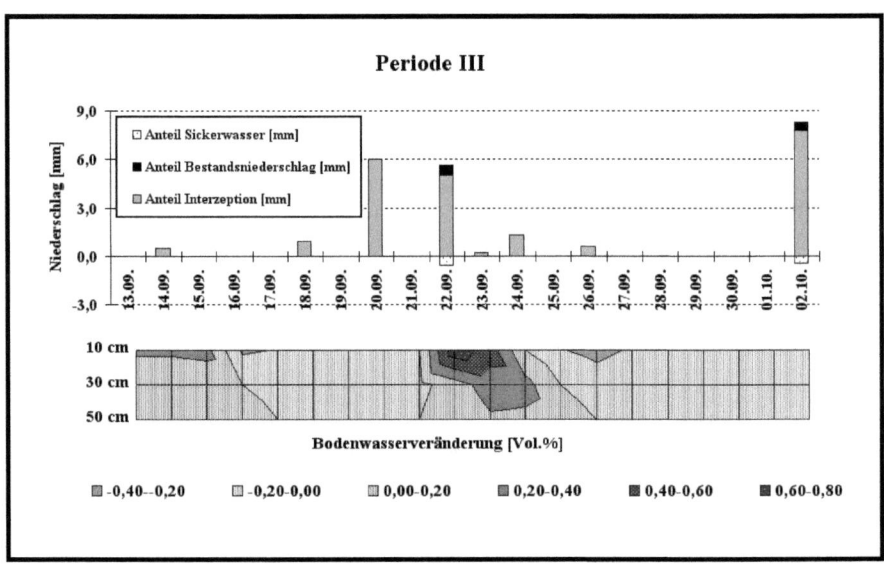

Abbildung 96: Angaben zu Interzeptionsverlust [mm], Bestandsniederschlag [mm], Sickerwasseranteil [mm] sowie Bodenwasserveränderung [%] während Periode III für VF Auf

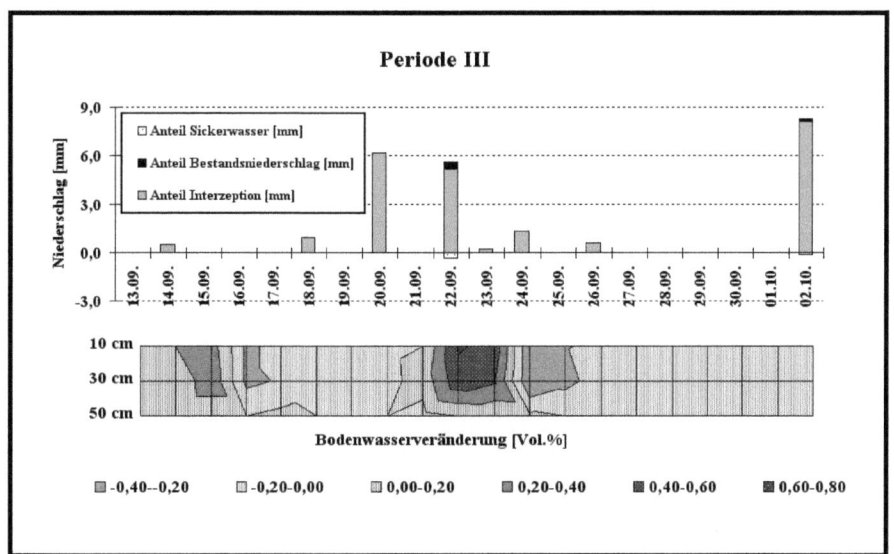

Abbildung 97: Angaben zu Interzeptionsverlust [mm], Bestandsniederschlag [mm], Sickerwasseranteil [mm] sowie Bodenwasserveränderung [%] während Periode III für VF Alt

Bezüglich der zeitlichen Erfassung auftretender Änderungen im Bodenwassergehalt ist zudem festzuhalten, dass für die VF Auf eine mit zunehmender Tiefe beobachtende Verzögerung einsetzender Bodenwasserströme erfolgt (Abb. 96). Zudem geht aus dem Verlauf der für die VF Auf in 10 cm Bodentiefe ermittelten Saugspannung eine Abnahme des Potenzials (ca. 60 hPa) infolge des Sickerwassereintrags (22.09.) hervor (Abb. 98). Dieser Trend lässt sich jedoch erst mit etwa einem Tag Verzögerung in deutlich abgeschwächter Intensität (30 hPa) für die VF Auf in 30 cm Bodentiefe verfolgen (Abb. 98). Veränderte Saugspannungen infolge der Sickerwassereinträge können für die VF Auf in 50 cm Bodentiefe nach etwa zwei bis drei Tagen festgestellt werden (Abb. 98).

Im Vergleich zu VF Auf tragen Sickerwassereinträge, die hinsichtlich ihrer erfassten Menge in der VF Alt deutlich geringer ausfallen, zu einer relativ raschen Änderung des Bodenwassergehalts bei. Dies äußert sich dahingegen, dass für die VF Alt insbesondere in 10 cm und 30 cm Bodentiefe eine deutliche Reaktion des Bodenwasserhaushalts nach Sickerwassereinträgen erfolgt (Abb. 98).

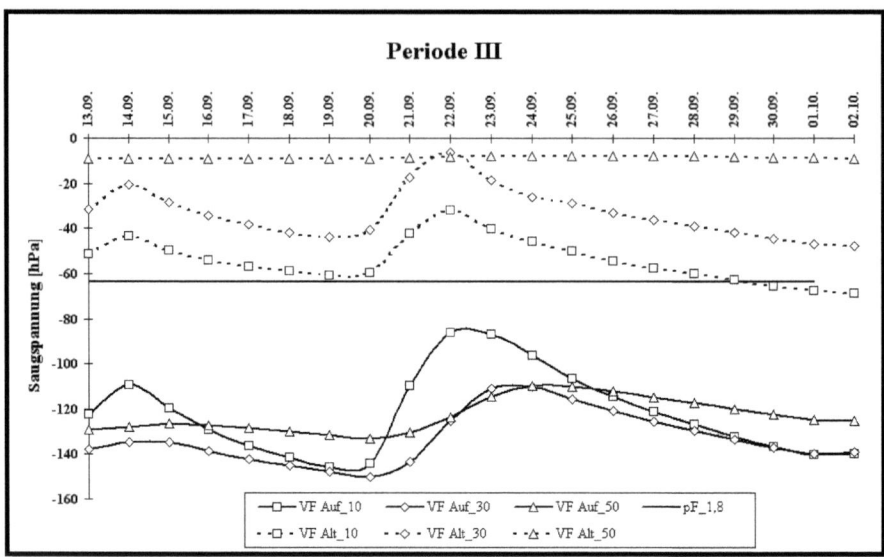

Abbildung 98: Verlauf der Bodensaugspannungen in 10 cm, 30 cm sowie 50 cm [hPa] Bodentiefe während Periode III für VF Auf bzw. VF Alt

5.3.2.4 Periode IV_1

Die ersten beiden Untersuchungswochen (11.06.-24.06.) der Periode IV (11.06.-10.07.) werden durch eine geringe Anzahl geringer Niederschlagsereignisse gekennzeichnet, aus denen kein entsprechender Sickerwassereintrag hervorgeht (Abb. 99 und 100). Demzufolge prägen tägliche Wasserentnahmen bis -0,20 Vol.% die VF Auf, während maximale Wassereinbußen bis -1,00 Vol.% das Bodenwasserregime der VF Alt in 10 cm Bodentiefe (13.06./14.06.) charakterisieren (vgl. Abb. 99 und 100).

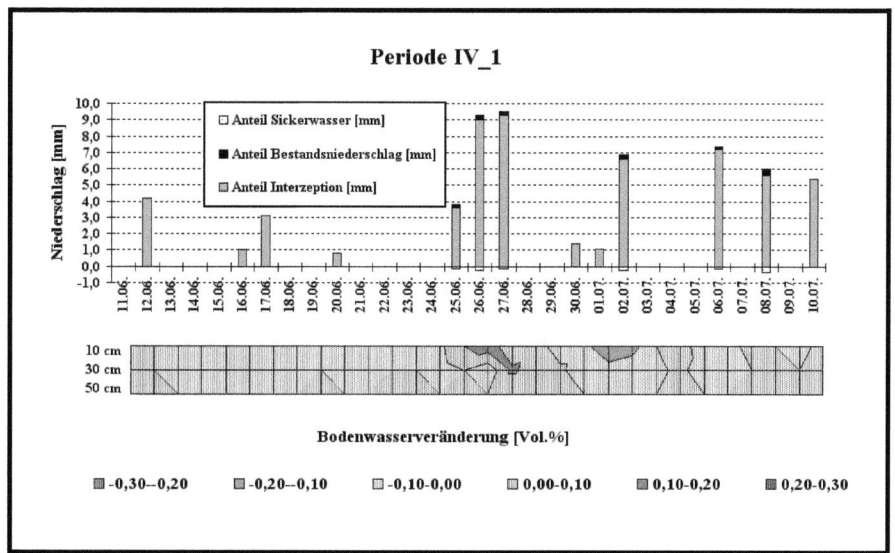

Abbildung 99: Angaben zu Interzeptionsverlust [mm], Bestandsniederschlag [mm], Sickerwasseranteil [mm] sowie Bodenwasserveränderung [%] während Periode IV_1 für VF Auf

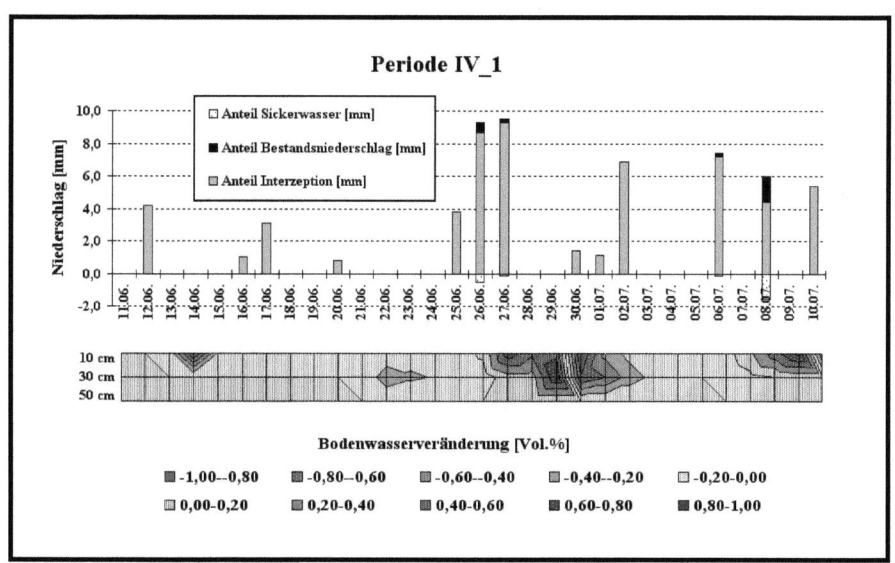

Abbildung 100: Angaben zu Interzeptionsverlust [mm], Bestandsniederschlag [mm], Sickerwasseranteil [mm] sowie Bodenwasserveränderung [%] während Periode IV_1 für VF Alt

Studien zum Bestandsinterzeptionsvermögen borealer Waldflächen

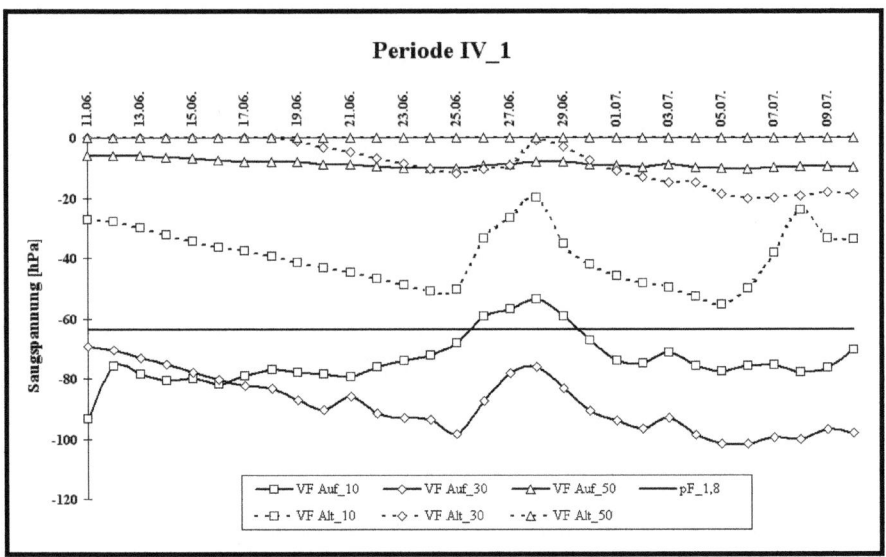

Abbildung 101: Verlauf der Bodensaugspannungen in 10 cm, 30 cm sowie 50 cm [hPa] Bodentiefe während Periode IV_1 für VF Auf bzw. VF Alt

Der Bodenwassergehalt in 30 cm Bodentiefe von der VF Alt wird um den 22.06./23.06. durch Wasserentzug gekennzeichnet, dessen Beträge gegenüber denen in 10 cm Bodentiefe leicht erhöht sind (vgl. Abb. 100). Vermutlich könnte eine für die VF Alt (30 cm Bodentiefe) zeitlich verzögerte Bodenwasserreaktion infolge der anhaltenden Trockenheit eine Entleerung von Wasserreserven im Grobporenraum bewirken. Damit geht ein schnellerer Verbrauch an Wasser im weiten Grobporenbereich für die VF Alt (30 cm Bodentiefe) gegenüber der VF Alt (10 cm Bodentiefe) einher (Abb. 100).

Im zweiten Beobachtungsabschnitt von Periode IV_1 wechseln niederschlagsaktive und regenarme Phasen ab (vgl. Abb. 99 und 100). Sickerwassereinträge aus Niederschlagsereignissen der Zeiträume 25.06.-27.06. und 06.07.-08.07. tragen entsprechend zu den Bodenwassergewinnen bei (Abb. 99 und 100). Dazu führt ein im Vergleich zu der VF Alt geringerer Sickerwasserzuschuss zu entsprechend geringen Bodenwasserzunahmen in der VF Auf (ca. 0,20-0,30 Vol.%; vgl. Abb. 99). Hingegen betragen die mittleren Zugewinne für die VF Alt bis +1,00 Vol.% (vgl. 25.06.-27.06. in Abb. 100).

Indessen geht aus den Ergebnissen hervor, dass Sickerwassereinträge in 30 cm Bodentiefe mit einem zeitlichen Verzug von ein bis zwei Tage in der VF Auf bzw. drei bis vier Tage in der VF Alt zu ersehen sind (Abb. 99 und 100).

Eine deutlich höhere Feuchtigkeit in der VF Alt äußert sich auch dahingehend, dass Sickerwassereinträge aus dem Zeitraum 25.06.-27.06. zu einer Wiederauffüllung des Porenraumes in 30 cm Bodentiefe mit Wasser führte, während der Grobporenraum in der VF Auf (10 cm und 30 cm Bodentiefe) bereits vor Beginn von Periode IV_1 vollständig entleert wurde (Abb. 101).

5.3.2.5 Periode IV_2

Periode IV_2 (11.07.-10.08.) zeichnet sich zunächst durch einen täglichen Wechsel von Niederschlagstagen geringer sowie hoher Mengen aus (vgl. 14.07.-18.07. in Abb. 102 und 103). Die aus der Verteilung von Starkregenereignissen resultierenden Sickerwassereinträge führen in der VF Auf (10 cm und 30 cm Bodentiefe) zu einem zeitlich verzögerten Anstieg (etwa ein bis zwei Tage) des Bodenwassergehalts bis +0,20 Vol.% (Abb. 102).

Im Vergleich zur VF Auf kennzeichnen die VF Alt geringere Sickerwassereinträge; dennoch übertreffen die mittleren Bodenwasserzugewinne (10 cm Bodentiefe) denen aus der VF Auf um das Vier- bis Fünffache (vgl. Abb. 102 und 103).

Aus den geringen Niederschlagsereignissen vom 15.07. und 17.07. geht indessen hervor, dass infolge beständiger Interzeption bereits eine Austrocknung der oberen Bodeneinheiten einsetzt, deren Intensität hinsichtlich der Bodenwasserabnahme jener der Bodenwasserzunahme gleichgestellt werden kann (vgl. Abb. 102 und 103).

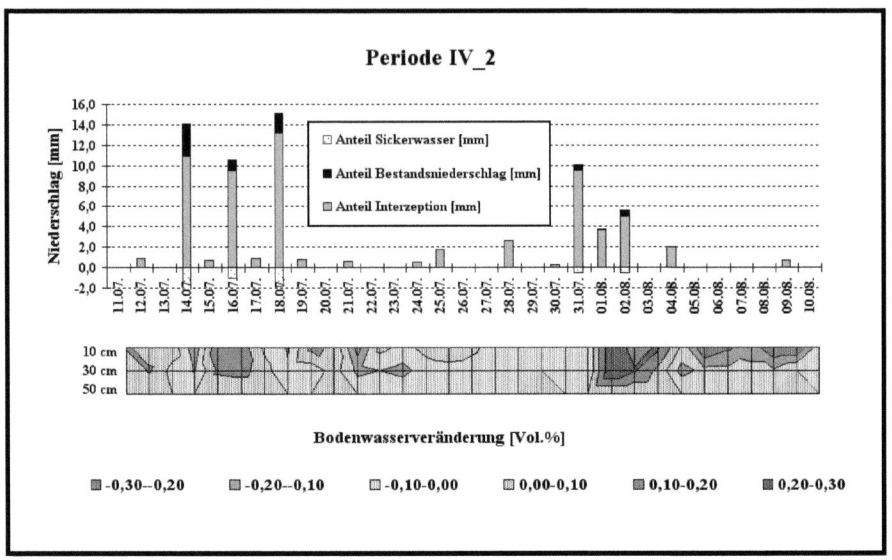

Abbildung 102: Angaben zu Interzeptionsverlust [mm], Bestandsniederschlag [mm], Sickerwasseranteil [mm] sowie Bodenwasserveränderung [%] während Periode IV_2 für VF Auf

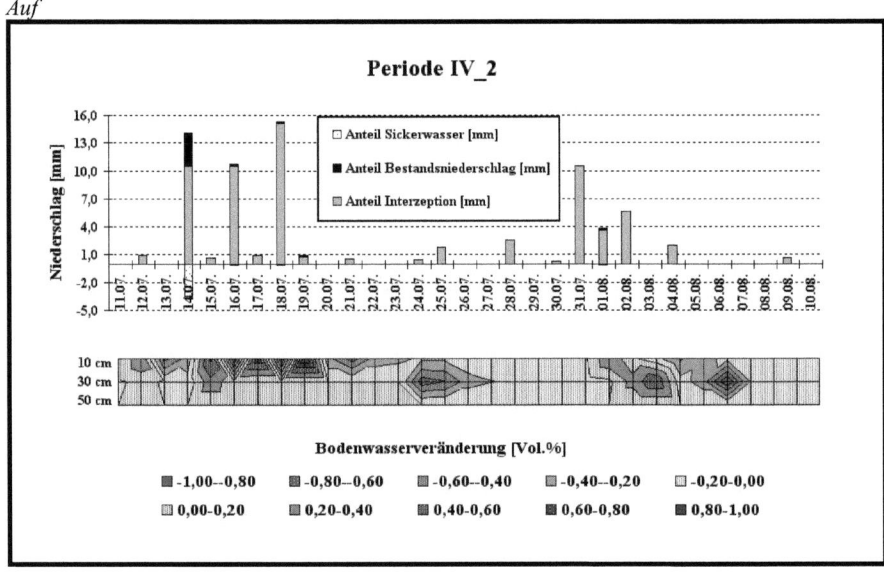

Abbildung 103: Angaben zu Interzeptionsverlust [mm], Bestandsniederschlag [mm], Sickerwasseranteil [mm] sowie Bodenwasserveränderung [%] während Periode IV_2 für VF Alt

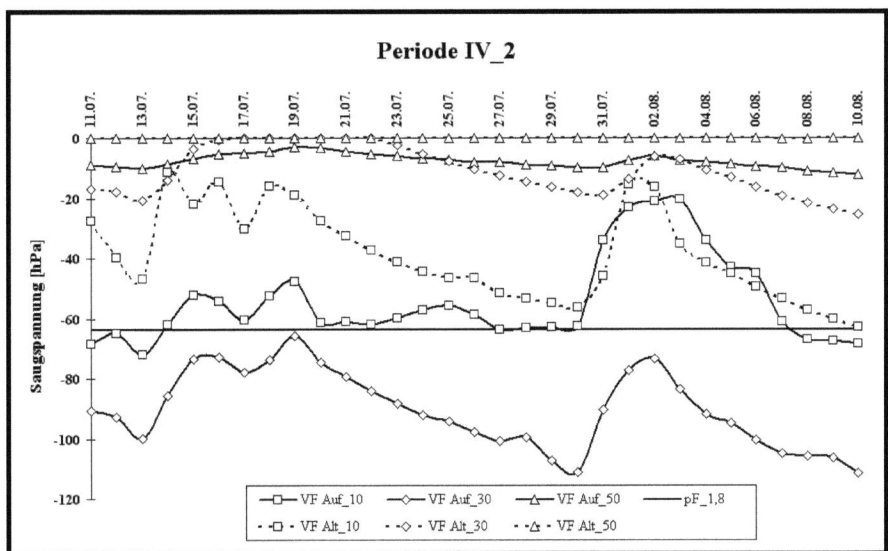

Abbildung 104: Verlauf der Bodensaugspannungen in 10 cm, 30 cm sowie 50 cm [hPa] Bodentiefe während Periode IV_2 für VF Auf bzw. VF Alt

Aus dem Verlauf der Saugspannungskurven kann grundsätzlich festgehalten werden, dass insbesondere für die VF Alt (10 cm Bodentiefe) eine unmittelbare Reaktion der Bodenwasserbewegung nach Eintrag von Sickerwasser bzw. Trockenheit erfolgt (Abb. 104). Hingegen erweist sich eine exakte Zuordnung der registrierten Bodenwasserzunahmewerte bzw. Bodenwasserabnahmewerte anhand der Kurven für VF Auf_10 bzw. VF Auf_30 als bedeutend schwerer (Abb. 104). Somit lassen sich freilich die beiden Saugspannungsmaxima vom 15.07. und 19.07. in VF Auf_10 bzw. in VF Auf_30 auf Sickerwassereinträge der Niederschlagsereignisse vom 14.07., 16.07. und 18.07. zurückführen; eine eindeutige Zuteilung bleibt dennoch aus (Abb. 104).

Eine hohe Wassersättigung in geringer Bodentiefe der VF Alt lässt sich am Verlauf der Saugspannungskurven von VF Alt_50 ablesen (Abb. 104). Überdies tragen die zu Beginn von Periode IV_2 registrierten Sickerwassereinträge zu einer höheren Bodenfeuchte in VF Alt_30 gegenüber VF Auf_30 bei (Abb. 104).

Ein etwa zwei Wochen umfassender niederschlagsarmer Zeitraum (19.07.-31.07.) führt hingegen zu erheblichen Austrocknungstendenzen im Oberboden beider Versuchsflächen (Abb. 102 und 103).

Die Niederschlagsereignisse im Zeitraum 31.07.-02.08., die für die VF Auf höhere Sickerwassereinträge im Vergleich zu der VF Alt ergeben, haben nunmehr zur Folge, dass für die VF Auf in 10 cm Bodentiefe sowie mit eintägiger Verzögerung in 30 cm Bodentiefe tägliche Zunahmewerte im Bodenwassergehalt bis +0,30 Vol.% registriert worden sind (Abb. 102). Ähnliche Entwicklungsstrukturen gehen aus dem Bodenwassermilieu der VF Alt hervor. Hierbei erfolgt eine gegenüber der VF Auf erhöhte Intensität hinsichtlich der Bodenwasserzunahme trotz des geringen Sickerwasseranteiles (Abb. 103).

Festzuhalten bleibt, dass mit zunehmender Bodentiefe eine verzögerte Reaktion des vorherrschenden Bodenwassergehalts auf Sickerwassereinträge einhergeht, andererseits eine Abnahme in der Intensität verändernder Bodenwasserpotenziale bei erfassten Sickerwassereinträgen erfolgt (vgl. Saugspannungskurven von VF Auf_50 bzw. VF Alt_50 in Abb. 104).

5.3.2.6 Periode IV_3

Aus den Ergebnissen der Untersuchungen zu den Bodenwasserverhältnissen in Periode IV_3 lässt sich entnehmen, dass die für die VF Auf (10 cm und 30 cm Bodentiefe) erheblichen Wasserverluste das Ergebnis einer lang andauernden Trockenperiode (03.08.-14.08.) infolge fehlender Sickerwassereinträge bzw. einer geringen Anzahl an Niederschlagsereignissen mit jeweils hohem Bestandsinterzeptionsvermögen widerspiegeln (vgl. dazu Abb. 102 und 105). Dieser Trend äußert sich dahingehend, dass insbesondere für die VF Auf (10 cm Bodentiefe) tägliche Wasserverluste bis -0,30 Vol.% bzw. für die VF Auf (30 cm Bodentiefe; vgl. Abb. 105).

Die in der VF Auf verzeichneten Bodenwasserzunahmen resultieren aus Sickerwassereinträgen, die vermutlich aus den jeweiligen Niederschlagsereignissen vom 19.08., 22.08. sowie 26.08. entstammen (Abb. 105). Indes konnten für die VF Alt fünf bodenwasserrelevante Niederschlagseinträge (14.08., 17.08., 19.08., 22.08. und 26.08.) verzeichnet werden, deren jeweilige Sickerwassereinträge gegenüber der VF Auf jedoch deutlich niedriger lagen (Abb. 106).

Aus einem vermehrten Sickerwassereintrag der Niederschlagsereignisse vom 19.08., 22.08. und 26.08. lässt sich im Hinblick auf den veränderten Bodenwassergehalt ein neuer Entwicklungsstrang herleiten. Demnach führt für die VF Auf (30 cm Bodentiefe) eine hohe Dichte an Niederschlagsereignissen mit relevantem Bodenwassereintrag (19.08.-28.08.) zu einer raschen Perkolation in größere Bodentiefen und damit zu einer Auflösung zeitlicher Verzögerungen (Abb. 105).

Eine Vielzahl an Sickerwassereinträgen aus Niederschlagsereignissen im Zeitraum 14.08.-26.08. führt insbesondere in der VF Alt (10 cm Bodentiefe) zu einem erheblichen Anstieg der Bodenfeuchte, dessen jeweilige Werte von +0,20 Vol.% (15.08.) auf +1,00 Vol.% (27.08.) ansteigen (Abb. 106 und 107).

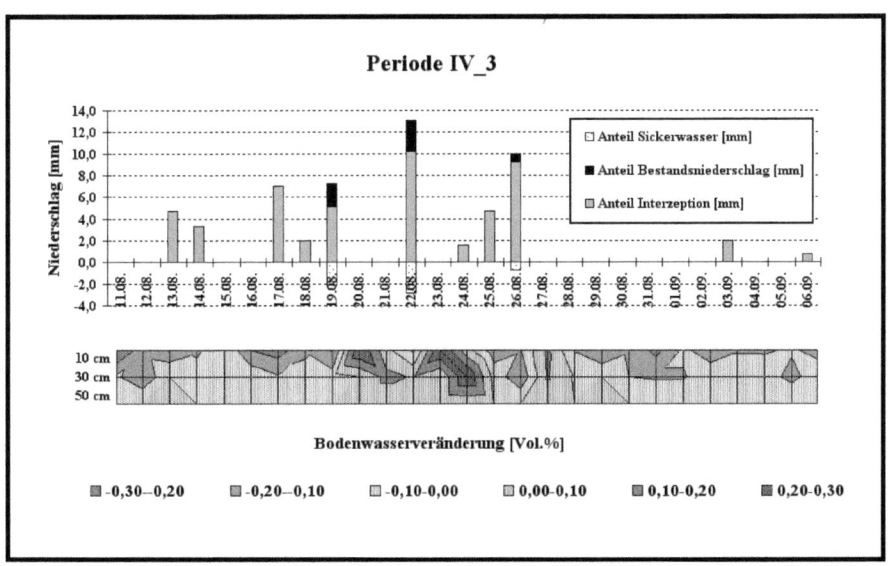

Abbildung 105: Angaben zu Interzeptionsverlust [mm], Bestandsniederschlag [mm], Sickerwasseranteil [mm] sowie Bodenwasserveränderung [%] während Periode IV_3 für VF Auf

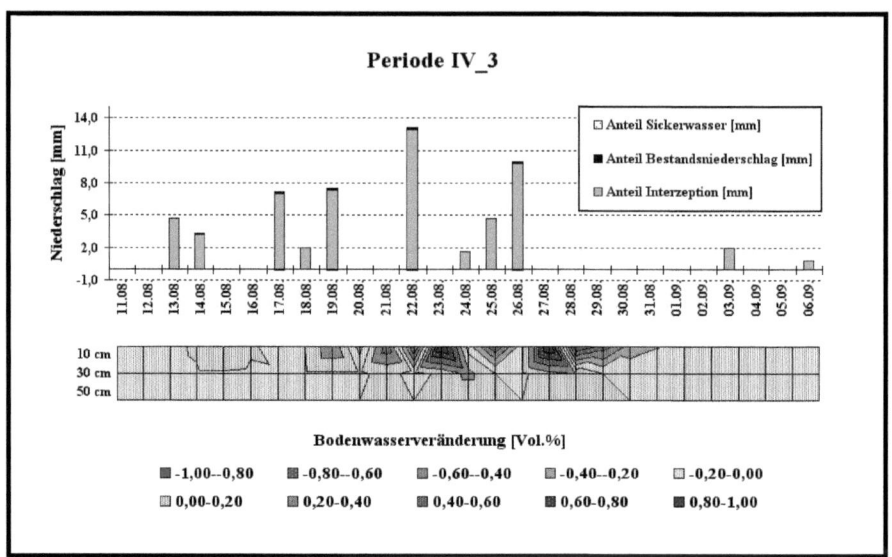

Abbildung 106: Angaben zu Interzeptionsverlust [mm], Bestandsniederschlag [mm], Sickerwasseranteil [mm] sowie Bodenwasserveränderung [%] während Periode IV_3 für VF Auf

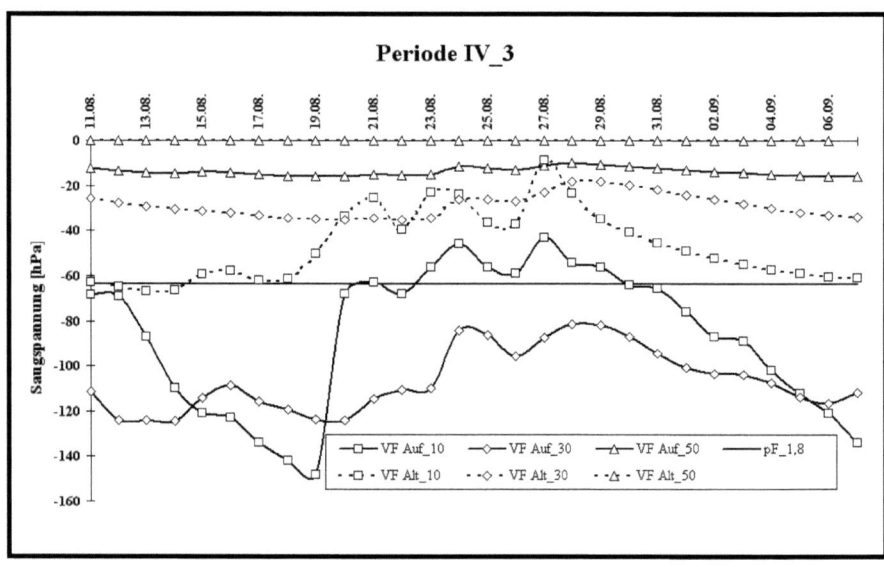

Abbildung 107: Verlauf der Bodensaugspannungen in 10 cm, 30 cm sowie 50 cm [hPa] Bodentiefe während Periode IV_3 für VF Auf bzw. VF Alt

6 Bedeutung des Bestandsinterzeptionsvermögens für die wetterlagenabhängige Grundwasser- und Abflussbildung im Sommer

Das Verständnis der standörtlich unterschiedlichen Abflussprozesse stellt eine Grundvoraussetzung insbesondere für die Planung und Durchführung des dezentralen Hochwasserschutzes dar. Soweit die maximale Speicherkapazität eines Waldstandortes noch nicht erreicht ist, wird die Abflussmenge reduziert und der eigentliche Abfluss zeitlich verzögert. Demnach sind die aus dem Wald zu ermittelnden Abflussmengen in hohem Maße von den Eigenschaften der jeweiligen Waldstandorte abhängig (SCHÜLER et al. 2002).

Hohe Verdunstungswerte, die sich aus den Einzelgliedern Interzeption, Transpiration und Evaporation zusammensetzen, sowie eine Abhängigkeit von physikalischen Eigenschaften der Bodenstreuauflage, des Bodens und der darunter liegenden geologischen Ausgangssubstrate können zu einer deutlichen Hemmung bzw. zeitlichen Verzögerung anstehender Wasserabflüsse aus dem Wald führen (HOFFMANN 1980, HOFFMANN 1982, PECK & MAYER 1996).

Aus den Ergebnissen dieser wissenschaftlichen Studie geht hervor, dass ein Großteil der erfassten Niederschläge insbesondere in der Baum- (ca. 15% FN) und in der Moosschicht (ca. 55-60% FN) abgefangen werden. Dieser Umstand lässt sich auf den im Baumkronenbereich deutlich ausgeprägten Überschirmungsgrad infolge eines hohen Blattflächenindex' zurückführen (vgl. auch Arbeiten von PECK & MAYER 1996). Eine extrem hohe Speicherkapazität in der Moosschicht (z. B. *Sphagnen*: bis zu 25 mm, vgl. MÄGDEFRAU & WUTZ 1951) führt u. a. auch dazu, dass ein erheblicher Anteil gespeicherten Niederschlagswassers an die Atmosphäre abgegeben werden kann. Daraus wird ersichtlich, dass denen im Bestand vorherrschenden Straten eine Bedeutung als Wasserspeicher (insb. bei Trockenperioden) bzw. Abgabelieferant von Feuchte an die Atmosphäre beigemessen werden muss.

Aufgrund eines im Bestand ausgeprägten stockwerkartigen Aufbaus geht für beide Versuchsflächen eine zeitlich verzögerte geringe Oberflächenabflussbereitschaft hervor (etwa 5-10% FN; vgl. dazu Abb. 65). Für die Forstwirtschaft ist dies von besonderem Interesse, da eine hemmende bzw. verzögerte Abflussbildung insbesondere bei Starkregenereignissen eine Verzögerung möglicher Hochwassermaxima bewirkt (vgl. BADOUX et al. 2006). Die auf Abflussspitzen bei Hochwasser dämpfende Wirkung des Waldes geht bereits aus frühen wissenschaftlichen Untersuchungen von ENGLER hervor (1919). Demnach erfolgt bei Gewitterniederschlägen eine Reduktion auftretender Abflussspitzen in vollständig bewaldeten Einzugsgebieten um 30-50% (ENGLER 1919). Neben Starkregenereignissen wie Gewitterregen oder Wolkenbrüche, in welchem das Retentionsvermögen des Waldes gegenüber dem Freiland sehr groß ist, erweist sich bei Landregen die Wasseraufnahmefähigkeit des Bodens je nach der vorangegangenen Witterung bzw. je nach Wassergehalt des Bodens und dem Verlauf des Regens sehr verschieden. Bei entsprechender Wassersättigung des Bodens ist die Einflussnahme des Waldes wirkungslos und bewirkt demzufolge ein Abfließen derselben Wassermenge wie im Freiland (ENGLER 1919).

Aus den eigenen Studien zur Niederschlagsstruktur im Bestand geht hervor, dass der größte Anteil an Niederschlag sowohl bei Starkregenereignissen als auch bei Landregen in den jeweiligen Straten des stockwerkartigen Bestands zurückgehalten wird. Die Abflussbildung bzw. Grundwasserneubildung wird dementsprechend durch eine deutlich reduzierte Niederschlagsmenge sowie durch eine zeitliche Verlagerung gekennzeichnet, die unter extremen Voraussetzungen bis zu vier Tage andauern kann.

Das Abflussverhalten kann von der Beschaffenheit des jeweiligen Regentropfenaufpralls, der die ersten Bodenablösungsvorgänge einleitet, gesteuert werden. ELLISON (1944) fand heraus, dass bei auftretenden Wolkenbrüchen ein Regentropfenaufprall auftreten kann, der mehr als 100 t Druck pro Hektar auf die Bodenoberfläche ausüben kann. Wissenschaftliche Untersuchungen speziell zur Regentropfengröße und ihrer Aufprallstärke in einem Kiefernbestand haben ferner ergeben, dass die allgemein verbreitete Auffassung, dass der Wald allein den Boden vor einer mechanischen Beanspruchung des Regens zu schützen vermag, widerlegt werden müsste (CHAPMAN 1948). Demnach fließt das in den Kiefernkronen gespeicherte Niederschlagswasser bei entsprechender Schwere zusammen, löst sich von der Baumkrone ab und fällt als wesentlich größerer und schwerer Tropfen zu Boden, der bei entsprechender Niederschlagsdichte eine hohe Erosionskraft ausübt (CHAPMAN 1948). Die auf diese Weise ermittelten Regenfallverhältnisse und die dadurch ausgelöste Erosion können eine Vielgestaltigkeit annehmen, die völlig vom jeweiligen Standort, also vom Boden und Klima sowie den gegebenen Vegetationsverhältnissen abhängen. Sie haben daher vielfach eine lokale Bedeutung, so dass deren Ergebnisse nur unter Berücksichtigung dieser lokalen Verhältnisse beurteilt werden können.

Bedeutung des Bestandsinterzeptionsvermögen für die wetterlagenabhängige Grundwasser- und Abflussbildung im Sommer

Aus diesen frühen Erkenntnissen liegt die Vermutung nahe, dass die im Zusammenhang mit Starkregenereignissen erhöhten Durchlasswerte in der VF Auf das Ergebnis einer mechanischen Deformation auftreffender Regentropfen widerspiegeln könnte. Darüber hinaus stellt sich die Frage, inwieweit ein im Vergleich zum Altbestand erhöhter Oberflächenabfluss infolge zunehmender Regentropfengröße ein denkbarer Anlass für die Ausprägung relativ geringer Perkolation in der VF Auf hergibt. Aufgrund fehlender Messtechnik können diese Interpretationsansätze nur unzureichend beantwortet werden.

Rauhigkeit und Höhe der Waldvegetation verbessern den aerodynamischen Austausch zur Atmosphäre, da sie den turbulenten Wasserdampftransport vom Kronendach zur Atmosphäre beschleunigt. Dadurch kann mehr Wasser im Kronenraum direkt verdunsten, der Interzeptionsverlust wird größer. Aufgrund eines stockwerkartigen Aufbaus im Bestand und demzufolge einer erhöhten photosynthetischen Pflanzenproduktion wirkt aber nicht nur der passive Transport von benetzten Blatt- oder Nadeloberflächen; die Kontrolle der Spaltöffnungen in den Blättern (Transpiration) erlangt zudem an Bedeutung und kann damit gewährleisten, dass in Zeiten ohne Niederschläge unter sonst gleichen Bedingungen weniger Wasser zu verbrauchen (ZIMMERMANN 2007, SCHRÖDTER 1985, SCHMIDT 1993, BAUMGARTNER 1990). Neben wissenschaftlichen Untersuchungen zur Bedeutung unterschiedlicher Verdunstungsformen auf Waldklima bzw. Waldhydrologie gehen etwa 60% aller jährlich auftretenden Verdunstungswerte auf Transpirations-, 30% auf Interzeptions- und 10% auf Evaporationsvorgänge zurück (vgl. BAUMGARTNER 1979). Die von PECK (1995) durchgeführte Literaturrecherche über die Abhängigkeit der Verdunstung von Wäldern von Bestandsparametern ergab ferner, dass die meisten Einzeluntersuchungen nur für die Nadelbaumarten Fichte und Kiefer sowie für die Laubbaumarten Eiche und Buche vorliegen. Wissenschaftliche Untersuchungen von LYR et al. (1967) ergaben für Kiefernbäume demnach eine mittlere jährliche Transpirationsrate von 342 mm, während der jährliche Wert für Fichte mit 287 mm deutlich niedriger liegt. Diese Diskrepanz verschärft sich bei der Betrachtung der maximalen Transpirationswerte, in denen Kiefern jährlich bis zu 765 mm und Fichten 592 mm Wasser verbrauchen (LYR et al. 1967).

Aus den Untersuchungen eines möglichen Zusammenhangs zwischen Bestandesalter und Transpiration geht indessen hervor, dass Kiefern die höchsten absoluten und relativen Transpirationswerte im Alter zwischen 20 und 35 Jahren erreichen, während Fichten im Alter zwischen 60 und 65 Jahren am meisten transpirieren (MOLCHANOV 1960).

Bei der Bewertung der selbt gemessenen Sickerwasserbewegungen lässt sich bedingt eine Übereinstimmung des hohen Wasserverbrauchs des jungen Kiefernforsts insbesondere für Periode II mit einem erhöhten Transpirationsvermögen feststellen. Hinsichtlich der Bodenwasserveränderung übertreffen die ermittelten Werte von der VF Auf die von der VF Alt um das Fünffache (vgl. Kapitel 5.3.2.2).

Abgesehen von einer hohen Blatt- bzw. Nadeloberfläche zeichnen sich stockwerkartige Waldökosysteme durch ein weit verzweigtes Wurzelwerk aus. Eine hohe Wurzelaktivität sowie eine vermehrte Bioturbation im Bereich des Waldbodens schaffen einen hohen Anteil an weiten und engen Grobporen. Diese ermöglichen einen raschen Ablauf anstehender Sickerwassereinträge, die sich aus den Niederschlagsdurchlasswerten der jeweiligen Straten zusammensetzen. Aus den Ergebnissen der eigenen Untersuchungen hinsichtlich der bodenphysikalischen Beschaffenheit und der daraus resultierenden Abflussbewegungen beider Versuchsflächen geht hervor, dass insbesondere für die VF Alt ein deutlich höherer Anteil an Grobporen zur Verfügung steht, dessen verbesserte Drainagebedingungen ein rasches Abfließen anfallender Niederschläge bis zum Grundwasserstand ermöglicht (vgl. Kapitel 5.3). Inwieweit diese natürlich geschaffenen Sickerwasserbahnen das Ergebnis einer intensiven oberflächennahen Fichtentellerwurzelaktivität widerspiegelt, lässt sich nur vermuten. Im Vergleich zur VF Alt, dessen Bestand größtenteils von alten Fichtenbäumen dominiert wird, zeichnet die VF Auf insbesondere junge Kiefernbäume (ca. 20 Jahre) mit einem typisch ausgeprägtem Pfahl-/Senkerwurzelsystem aus (vgl. dazu DIERSSEN 1996). Über diese Wurzelstränge werden tiefe Gänge in das lockere Bodensubstrat angelegt, in denen vermehrt Niederschlagswasser infiltrieren und zugleich ein hoher Anteil verfügbaren Bodenwassers bei Verdunstung entzogen werden kann. Daher liegt die Vermutung nahe, dass mit zunehmender Entfernung zum Kiefernstamm den oberflächennahen Bodenbereich eine reduzierte Auflockerung des Porenraumes infolge punktuell entwickelter Wurzelaktivität kennzeichnet. Im Vergleich zu der VF Alt kennzeichnet die VF Auf ein damit deutlich verzögerter bzw. in seiner Menge geringerer Sickerwasseranteil geprägter Bodenwasserhaushalt und dürfte demnach in Bezug auf Grundwasserneubildungsrate von deutlicheren Schwankungen unterworfen sein.

7 Ableitung möglicher zukünftiger Forststrukturmaßnahmen zur Verbesserung des Landschaftswasserhaushaltes bei sich verändernden klimatischen Verhältnissen

Aus den statistischen Untersuchungen zur Entwicklung sommerlicher Niederschläge für Finnisch-Lappland (1978-2007) geht eine Erhöhung der Temperaturen und Niederschläge insbesondere im Mai und Juli hervor. Hingegen werden August und September durch Niederschlagsverluste gekennzeichnet (vgl. Kap. 4.2.1). Überdies wird das Untersuchungsgebiet durch eine veränderte Niederschlagsstruktur gekennzeichnet, die eine Erhöhung in der absoluten Anzahl an Niederschlagstagen geringer Mengen (0,1-1,0 mm) zuungunsten Tage mittlerer bzw. hoher Mengenangaben zeigt (vgl. Kap. 4.2.2). Hinzugefügt werden sollte, dass die klimatischen Verhältnisse im August und September immer häufiger lang andauernde Trockenperioden aufweisen (vgl. Kap. 4.2.3).

Zu diesen statistischen Untersuchungen reihen sich Entwicklungstrends, die aus eigenen empirischen Studien zum Bestandsinterzeptionsvermögen borealer Waldstandorte hervorgehen. Abgesehen von hochvariablen Messgrößen wie Menge oder Zeit wirkt ein differenziert ausgeprägtes Vegetationsstockwerk mit seinen typischen Bestandseigenschaften auf die Niederschlagsstruktur. Dabei bilden die Baum- und die Moosschicht diejenigen Straten, in denen jeweils die höchsten Niederschlagsanteile verbleiben. Während unter Niederschlagsereignissen mit geringen Mangen, die den häufigsten aller untersuchten Niederschlagstypen bildet, insbesondere die Baumschicht als Interzeptionsspeicher (bis 60% FN) an Bedeutung hinzugewinnt, tritt die Moosschicht als größter Wasserverbraucher hingegen erst bei Niederschlägen hoher Dauer und Menge zunehmend in Erscheinung (vgl. Kap. 5.2).

Aus dem Bestandsinterzeptionsvermögen beider Versuchsflächen geht hervor, dass unter Niederschlagsereignissen mit geringen Mengen die VF Auf durch einen höheren Interzeptionsverlust sowie geringerem Sickerwassereintrag gegenüber der VF Alt gekennzeichnet ist. Dem steht eine höhere Durchlasskapazität bei Niederschlagsereignissen mit mittleren sowie hohen Mengen in der VF Auf gegenüber (vgl. Kap. 5.2).

Aus den Untersuchungen zum Bodenwasserhaushalt kann indessen festgehalten werden, dass speziell in Verbindung mit Niederschlagsereignissen mit geringen Mengen für die VF Auf eine deutliche Reduzierung des Sickerwassereintrags gegenüber der VF Alt hervorgeht (vgl. Kap. 5.3). In Anlehnung an lang andauernde Trockenperioden erwächst für die VF Auf ein

Ableitung möglicher zukünftiger Forststrukturmaßnahmen zur Verbesserung des Landschaftswasserhaushaltes bei sich verändernden klimatischen Verhältnissen

ausgeprägtes Austrocknungspotenzial insbesondere für 10 cm und 30 cm Bodentiefe (vgl. Kap. 5.3).

In Anbetracht der gegenwärtigen Klimaentwicklung und der eigenen Untersuchungen zum Bestandsinterzeptionsvermögen borealer Waldstandorte im Hinblick auf zukünftige Forststrukturmaßnahmen zur Verbesserung des Landschaftswasserhaushalts lassen sich folgende Zukunftsszenarios ableiten:

1. Eine Zunahme der sommerlichen Niederschlagsaktivität geht insbesondere aus einer Erhöhung der absoluten Anzahl an Niederschlagstagen mit geringen Mengen zuungunsten von Niederschlagstagen mit mittleren bzw. hohen Mengen hervor.
2. Niederschlagstage mit geringen Mengenangaben ergeben hohe Interzeptionsverluste bereits in der Baumschicht (VF Auf >VF Alt).
3. Ein ausdrücklich unter geringen Niederschlagsmengen deutlich ausgeprägter Interzeptionsverlust in der Strauchschicht der VF Auf (*Sorbus aucuparia*, *Juniperus communis*, *Ledum palustre*) tritt infolge anteilsmäßiger Erhöhung geringer Niederschlagsmengen zukünftig stärker in Erscheinung.
4. Der absolute Anteil an Niederschlagsereignissen mit mittleren sowie hohen Mengen, der insbesondere für die VF Auf durch eine Erhöhung der Kronendurchlasswerte bzw. einem Anstieg des Sickerwassereintrags gegenüber der VF Alt gekennzeichnet ist, wird dementsprechend zurückgehen.
5. Der relative Anteil fehlender Sickerwassereinträge infolge hoher Interzeptionsverluste während der Niederschlagsereignisse mit geringen Mengen wird in Zukunft weiter ansteigen und könnte demzufolge zu einer Absenkung des sommerlichen Grundwasserspiegels führen.
6. Signifikante Lufttemperaturzunahmen sowie verlängerte Trockenperioden infolge abnehmender Niederschlagsaktivität im August und September erhöhen das Verdunstungspotenzial borealer Waldstandorte (Interzeption, potentielle Evaporation und Transpiration; VF Auf >VF Alt in Kap. 5.3). Daraus ergeben sich verschlechterte Bedingungen für die Grundwasserneubildungsrate im Sommer.
7. Für die VF Auf ergeben sich infolge höherer Sommertemperaturen bzw. verlängerter Trockenperioden und einer damit einhergehenden hohen Transpirationsfähigkeit von *Pinus sylvestris* im Vergleich zur VF Alt mit *Picea abies* zusätzliche Einbußen im Bodenwasserhaushalt.

Ableitung möglicher zukünftiger Forststrukturmaßnahmen zur Verbesserung des Landschaftswasserhaushaltes bei sich verändernden klimatischen Verhältnissen

8. Ein nach derzeitigen Klimaberechnungen prognostizierter sommerlicher Temperaturanstieg in Verbindung mit lang anhaltenden Trockenperioden begünstigt die Entstehung konvektiver Niederschlagsereignisse, die speziell für die VF Auf gegenüber der VF Alt hohe Interzeptionsverluste aufweisen können.

9. Als ein modifizierender Faktor könnte Wind zu einer Erhöhung des Interzeptionsvermögens insbesondere für die VF Auf beitragen.

10. Die hohe Wasserspeicherkapazität in der Moosschicht von der VF Alt könnte für den Bodenwasserhaushalt zukünftig an Bedeutung hinzugewinnen, indem unter lang anhaltenden sommerlichen Trockenperioden auf gespeicherte Feuchte zurückgegriffen werden und damit einem schnellen Austrocknungsprozess der oberflächennahen Bodeneinheiten entgegengesteuert werden kann.

Ableitung möglicher zukünftiger Forststrukturmaßnahmen zur Verbesserung des Landschaftswasserhaushaltes bei sich verändernden klimatischen Verhältnissen

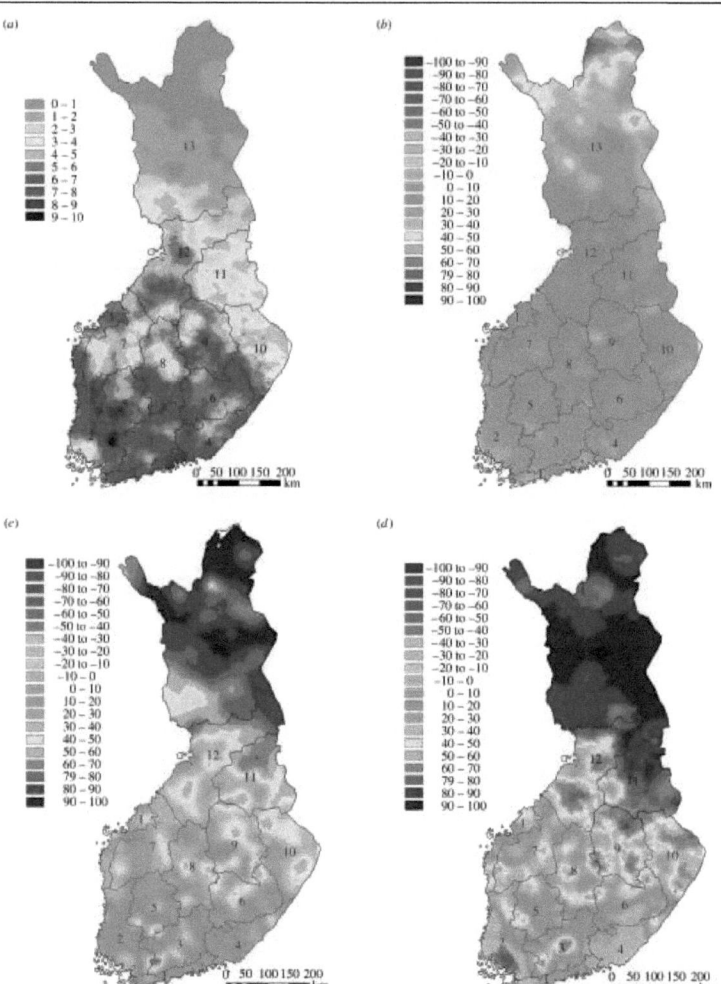

Abbildung 108: Wachstumsverhalten aller Baumarten nach derzeitigen Klimaverhältnissen sowie Wachstum unter veränderten Klimabedingungen: a) derzeitiges jährliches Wachstum (m^3/ha); prozentuale Veränderung für b) 1991-2020, c) 2021-2050 und d) 2070-2099 (nach KELLOMÄKI et al. 2008b)

Aus diesen Szenarien wird ersichtlich, dass unter veränderten klimatischen Bedingungen sich insbesondere für die VF Auf deutliche Engpässe im sommerlichen Landschaftswasserhaushalt ergeben können. Um möglichen Risiken wie verstärktem Wasserstress, Verminderung der Biomasseproduktion, Vitalitätsverlust, Insektenkalamitäten sowie verstärktem Konkurrenzverhalten entgegenzuwirken, bedarf es in Zukunft eines Wald- und Forstmanagements, in dessen ökonomisch ausgerichteten Fokus die Bedeutung des

Waldwasserhaushalts stehen sollte. Um mögliche Risiken, die heute noch nicht abzuschätzen sind, zu minimieren bzw. zu verteilen, wäre eine Erweiterung der Baumartenvielfalt ökologisch sinnvoll. Weitere Adaptionsstrategien beinhalten u. a. die Förderung von Baumarten, die sich unter künftigen Klimabedingungen als geeignet erweisen. Zudem gehören Maßnahmen wie Naturverjüngung bzw. Förderung von Biodiversität zu einem langjährigem „Wald-Forst-Monitoring" (KELLOMÄKI et al. 2008a; JUNTUNEN & NEUVONEN 2006).

Modellierungen zu künftigen forstwirtschaftlichen Maßnahmen, die unter veränderten Temperatur-, Niederschlag-, CO_2- sowie N_2-Haushalt ablaufen (vgl. FINNFOR in KELLOMÄKI & VÄISÄNEN 1997, MATALA et al. 2005, MATALA et al. 2006), ergeben deutliche Zugewinne im Wachstumsverhalten von *Pinus sylvestris*, *Picea abies* und *Betula pendula* insbesondere in Nordfinnland bis zum Jahr 2050 (Abb. 108). In Verbindung mit der für Finnland charakteristischen 30%-igen Ausdünnungsfällung erhöht sich demnach die jährliche Stammholzrate (m^3/ha) für *Pinus sylvestris* in Südfinnland um 28% bzw. in Nordfinnland um 54%, für *Picea abies* in Südfinnland um 24% bzw. in Nordfinnland um 40% sowie für *Betula pendula* in Südfinnland um 21% bzw. in Nordfinnland um 34% (BRICEÑO-ELIZONDO et al. 2007b). Im Vergleich zu geringfügigen forstwirtschaftlichen Eingriffen verbessern nach diesem Modell intensive Ausdünnungsmaßnahmen (bis zu 42%) angeblich die Wasserversorgung im Bestand (GARCIA-GONZALO et al. 2006b).

Inwieweit sich forstliche Maßnahmen auf die spezifischen Niederschlags- bzw. Interzeptionsverhältnisse auswirken können, belegen geländeklimatologische Untersuchungen aus den Jahren 1985 und 1986 von VENZKE (1990) im borealen Nordschweden. Demnach konnte sich in einem etwa 70-jährigen Kiefernforst eine zweite (untere) Baumschicht aus Fichten sukzessionskonform einstellen, die mit ihren Spitzen bereits deutlich in die Kiefernkronen hineinragte. Im Frühsommer 1986 – noch vor der eigentlichen Messperiode – erfolgte eine sog. 30%-ige Ausdünnungsfällung. Da aber vor allem die Bäume herausgeschlagen wurden, die andere in die Krone durchdrangen, bewirkte die forstwirtschaftliche Entfernung von etwa einem Drittel aller Kiefern sowie aller Fichten eine Reduzierung der Kronenschlussdichte nur um ca. 10% (VENZKE 1990). Die Auswertung der Messdaten belegt eine Zunahme der Bestandsinterzeption von etwa 23% vor dem forstwirtschaftlichen Eingriff auf ca. 38% nach der Ausdünnungsfällung (VENZKE 1990). Aufgrund dieser Beobachtungen vermutet VENZKE (1990) folgendes Phänomen: Von relativ geringen, in den Kiefernkronen interzipierten Niederschlagsmengen wird recht bald während und nach dem Niederschlagsereignis – also noch vor der Verdunstung – ein gewisser Teil durch die schwankenden Spitzen der in die Kiefernkronen hineinragenden Fichten herausgeschlagen bzw. ausgeschüttelt. Durch diese mechanische Beanspruchung wird die Kronenspeicherkapazität herabgesetzt.

Aus dieser Studie geht hervor, dass intensive forstwirtschaftliche Maßnahmen wie 30%-ige Ausdünnungsfällung die Wasserversorgung im Bestand aufgrund erhöhter Interzeption im Kronenraum deutlich reduziert und damit eine völlig konträre Entwicklungstendenz gegenüber exakt berechneten Simulationen aufweist. Überdies wird deutlich, dass formelmäßig errechnete Modellansätze zweifelsohne Tendenzen zukünftiger Waldentwicklungsstadien aufzeigen können, dennoch hinsichtlich limitierter Untersuchungsparameter gewisse Einschränkungen erfahren.

Um eine Erhöhung der Wasserlieferung in sommerlichen Trockenperioden zu gewährleisten, sollte bei allen waldbaulichen Maßnahmen darauf geachtet werden, dass trotz verstärkter Kronendurchbrechung ein damit erhöhter Wasserbetrag, der durch das lichte Kronendach dringt, nicht durch eine dichte, sich infolge des stärkeren Lichteinfalls einfindende Bodenvegetationsdecke wieder aufgehoben wird. Möglicherweise sind Holzarten zu bevorzugen, die neben einer geringen Interzeption gleichzeitig wenig Wasser transpirieren. In Regionen mit lang anhaltenden Trockenperioden sollte der Unterbau von Lichtholzarten nach Möglichkeit unterbleiben, da der Waldboden infolge eines doppelten Kronendachs nur bei lang anhaltenden Niederschlagsereignissen Wasser empfängt. Dabei wären Laubhölzer aufgrund ihrer geringen Interzeption zu bevorzugen.

Hinzugefügt sei, dass nach diesen Untersuchungen Sommer- und Herbstniederschläge künftig weniger Einfluss auf den Wasserhaushalt ausüben werden, da sie sich aus Niederschlagsereignissen mit geringen Mengen sowie langen Trockenpausen zusammensetzen. Um diesen Defiziten in der Bodenfeuchtigkeit entgegenzuwirken, bedarf es aus forstwirtschaftlicher Sicht einer Erhöhung des Abflusses durch die Herabsetzung von Winter- und Frühjahrsinterzeption. Demnach wäre es ratsam, bevorstehende forstwirtschaftliche Eingriffe nicht nur aus der Betrachtungsweise negativer sommerlicher bzw. frühherbstlicher Bodenwasserbilanzen zu ersehen, sondern mögliche

Ableitung möglicher zukünftiger Forststrukturmaßnahmen zur Verbesserung des Landschaftswasserhaushaltes bei sich verändernden klimatischen Verhältnissen

Umstrukturierungsmaßnahmen sowie Waldumbaustrategien im Hinblick auf veränderte Bedingungen im Landschaftswasserhaushalt für Winter und Frühjahr zu prüfen.

Lang zurückliegende wissenschaftliche Studien zur Interzeption in nordkanadischen Kiefernbeständen (vgl. WILM & DUNFORD 1948) belegen einen Anstieg des Schneefalls um +20% sowie einer Zunahme sommerlicher Niederschläge um +15,5% bei stärkerer Durchforstung in Form von Einzelstammentnahme oder Löcherhieb. Aus diesen Studien geht ebenso hervor, dass gefällte Bäume, die im Bestand liegen blieben, einen beträchtlichen Anteil des Sommerregens zurückhielten und damit die praktische Wirkung der Durchforstung zunichte machte (WILM & DUNFORD 1948).

Eine unterschiedliche Benadelungs- und Belaubungsdichte der einzelnen Baumkronen kann zu einer erheblichen Beeinflussung der Interzeptionswerte führen. Aus den eigenen Untersuchungen geht hervor, dass zu Beginn und am Ende der jeweiligen Vegetationsperiode insbesondere bei Laubhölzern in der VF Alt aufgrund unterschiedlicher Phänologie geringe Interzeptionsverluste auftreten (vgl. Kap. 5.2). Hingegen führt eine homogene Bestandsstruktur aus vorwiegend *Pinus sylvestris* in der VF Auf zu annähernd gleich bleibenden Interzeptionsverlusten (vgl. Kap. 5.2). Im Hinblick auf zunehmende Niederschläge im Winter sowie Frühjahr bilden Laubhölzer aufgrund ihrer geringeren Interzeption in diesen Jahreszeiten eine aus forstwirtschaftlicher Sicht durchaus mögliche Alternative zur Erhöhung der Abflusswerte und demzufolge verbesserter Bedingungen im Landschaftswasserhaushalt.

Der Nebenbestand kann einen ganz erheblichen Einfluss auf die Höhe der Interzeption ausüben. Nach eigenen Messungen hält in der VF Auf die Vegetationsbedeckung in der Strauchschicht insbesondere bei Niederschlagsereignissen mit geringen Mengen sowie bei Regenfällen nach lang anhaltender Trockenperiode bis zu 15% der Niederschläge zurück (vgl. Ereignisklasse 1.X bzw. 3.3 in Kap. 5.2). Hingegen entfällt für die VF Alt ein derartiger Wasserverlust aufgrund fehlender Ausprägung einer flächendeckenden Strauchformation. Demnach sollte eine auf ökonomischen Nutzen ausgerichtete VF Auf in Anbetracht künftig zunehmender Wasserverluste während langer sommerlicher Trockenperioden eine mögliche Ausdünnung (leichter Hiebschlag) bzw. völlige Eliminierung der in der Strauchschicht typischen Pflanzen wie *Sorbus aucuparia*, *Juniperus communis* oder *Ledum palustre* in ihre Überlegungen einbeziehen.

Ableitung möglicher zukünftiger Forststrukturmaßnahmen zur Verbesserung des Landschaftswasserhaushaltes bei sich verändernden klimatischen Verhältnissen

Bei allen Maßnahmen, die den Wasserhaushalt des Waldes beeinflussen sollen, muss man sich immer vergegenwärtigen, dass es sich um eine Komplexwirkung handelt. Bei einer Verminderung von Interzeption und Transpiration sollte darauf geachtet werden, dass die Infiltrationsfähigkeit des Bodens erhalten bleibt, so dass kein Oberflächenabfluss und keine Erosion entstehen. Zugleich sollte einer übermäßigen Oberflächenverdunstung entgegengewirkt werden. Das Ziel aller Messungen zum Bestandsinterzeptionsvermögen ist es, die Kenntnisse des Wasserverbrauchs bei den einzelnen Holzarten so zu vervollkommnen, dass die Forst- und Wasserwirtschaft in der Lage ist, die Waldvegetation wichtiger Wasserlieferungsgebiete so zu bewirtschaften, dass eine positive forstliche und wasserhaushaltsmäßige Bilanz hervorgeht.

8 Zusammenfassung

Die mittlerweile unbestrittene und durch mehrere tragfähige Modelle belegte zukünftige Erwärmung der Erdatmosphäre prognostiziert für die hohen Breiten der nördlichen Hemisphäre einen Anstieg der Lufttemperaturen von 4 bis 7 K bis zum Jahr 2100. Eine Erwärmung der Atmosphäre wird in der Folge durch veränderte Bedingungen für Verdunstung sowie Niederschlagsbildung und -verteilung erhebliche Auswirkungen u. a. auf den Landschaftswasserhaushalt haben.

Dabei spielt der Wald für die Wasserspeicherung in den meisten humiden Ländern eine sehr wichtige Rolle. Der Einfluss der Waldvegetation auf den Wasserkreislauf besteht unter anderem darin, dass nur ein gewisser Teil des Niederschlags durch den Kronenraum auf den Waldboden gelangt, während der andere Teil von den Blättern, Nadeln, Zweigen und Stämmen zurückgehalten wird und verdunstet (Interzeption).

Die borealen Nadelwälder unterliegen trotz ihrer peripheren Lage in vielen Regionen einer intensiven forstwirtschaftlichen Nutzung. Grundlage dieser Einschlagtätigkeiten bildet der Bedarf an Nutzholz für die Versorgung der industriellen Produktion von Papier, Verpackungen und Baumaterial. Insbesondere die wirtschaftliche Entwicklung vieler fernöstlicher Schwellenländer wie China oder Südkorea ist mit einem gesteigerten Bedarf an Nutzholz seit Ende der 1990-er Jahre verbunden und verstärkt somit den Nutzungsdruck in der Borealis. Prognosen von Consulting-Unternehmen sowie der United Nations Economic Commission for Europe (UNECE) gehen darüber hinaus von einem längerfristig ansteigenden Holzbedarf aus.

Vor diesem Hintergrund entstanden Fragestellungen zur Entwicklung der Klimaverhältnisse in Finnisch-Lappland sowie zur geländeklimatologischen bzw. hydrologischen Relevanz von borealen Waldstandorten:

- Zunächst versteht sich die vorliegende Arbeit als Bestandsaufnahme der klimatischen Verhältnisse (Temperatur und Niederschlag) in Finnisch-Lappland.
- Darüber hinaus erfolgt eine Einschätzung der sommerlichen Niederschlagsstruktur sowie des Bestandsinterzeptionsvermögen borealer Waldstandorte.

Zusammenfassung

Im Rahmen der ersten Fragestellung erfolgten umfangreiche statistische Auswertungen zu Temperatur- und Niederschlagsentwicklung in Finnisch-Lappland während des Untersuchungszeitraumes 1978-2007. Grundlage dieser Beurteilung bildeten Daten, die an zwölf nordfinnischen Klimastationen täglich erhoben worden sind. Zur Vergleichbarkeit bzw. Interpolation wurden weitere Messstationen aus dem lappländischen Untersuchungsgebiet (Norwegen: drei Stationen; Schweden: sieben Stationen; Russland: sieben Stationen) hinzugezogen.

Aus der statistischen Analyse zur Entwicklung sommerlichen Temperaturen gehen mittlere Anstiegsraten von 3,0 K für Juli und August sowie 1,5 K für Juni und September bzw. geringe Temperaturabnahmen von -0,5 K für Mai hervor. Dieses hochsignifikante Trendverhalten zeigt sich in leicht abgewandelter Form (kontinental > maritim) ebenso in der sommerlichen Temperaturentwicklung der übrigen Untersuchungsstationen Lapplands. Darüber hinaus treten für eine Vielzahl untersuchter Messstationen insbesondere in D1 (1978-1987) die Jahre mit den geringsten Lufttemperaturen auf, während in D3 (1998-2007) vermehrt Jahre mit hohen Lufttemperaturen zu verzeichnen sind. Diese zeitliche Verlagerung ermittelter Extremtemperaturen bildet ein weiteres Indiz einer gegenwärtig ablaufenden Klimaerwärmung.

Das Niederschlagsverhalten in Nordfinnland unterliegt einer hohen jährlichen Variabilität, deren große Spannweiten nur bedingt eine statistisch signifikante Aussage erlauben. Dennoch ist festzuhalten, dass innerhalb des Untersuchungszeitraumes eine Zunahme der jährlichen Niederschlagsmenge zu beobachten ist, die insbesondere auf niederschlagsreiche Jahre in D3 zurückzuführen ist. Aus der jahreszeitlichen Betrachtung sind deutliche Zugewinne hinsichtlich der Menge für Winter und Frühjahr zu ersehen, während Sommer und Herbst durch deutliche Niederschlagsverluste gekennzeichnet sind.

In Bezug auf die sommerlichen Niederschlagsmengen (Mai-September) lassen sich flächendeckend Zunahmen für Mai (+105%) und Juli (+98%) herausstellen, während August (-65%) und September (-77%) durch deutliche Abnahmetendenzen geprägt werden. Ähnlich verläuft die Entwicklung der ermittelten Niederschlagstage unterschiedlicher Mengenangaben im Beobachtungszeitraum 1978-2007. Demnach ist eine Erhöhung in der Gesamtanzahl registrierter Niederschlagsereignisse insbesondere von D2 nach D3 zu ersehen, dennoch gewinnt ein zuungunsten von Niederschlagstagen mit mittleren bzw. hohen Mengen erfasster

Zusammenfassung

Anstieg in der absoluten Anzahl an Niederschlagsereignissen mit geringen Mengen während der Sommerperiode zukünftig an Bedeutung.

Inwieweit Veränderungen der großskaligen Zirkulationsformationen, die in Mitteleuropa als Großwetterlagen den mittleren Atmosphärenzustand beschreiben, einen erheblichen Einfluss auf veränderte Temperatur- und Niederschlagsverhältnisse ausüben können, oblag der Analyse aufgetretener zonaler, meridionaler sowie gemischter Zirkulationsformationen. Dabei konnten für einige Untersuchungsdekaden der Monate Mai-September bedingt statistische Zusammenhänge zwischen der Niederschlagsmenge bzw. der Anzahl registrierter Niederschlagstage unterschiedlicher Mengen sowie dem relativem Anteil auftretender Zirkulationsmuster herausgearbeitet werden. Als Erklärungsansatz dient die für August charakteristische Mengenabnahme mit einem eingeschränkten Zirkulationsgeschehen zonalen Ursprungs. Ferner wurden verschiedene Telekonnektionsmuster (NAO-, AO- und SCAN-Index) als Ausdruck veränderter großräumiger Druckgebilde mögliche Erklärungsansätze hochvariabler sommerlicher Niederschlagsmengen diskutiert.

Zu diesen statistischen Untersuchungen erfolgten eigene empirische Studien zum Bestandsinterzeptionsvermögen borealer Waldstandorte. Dabei wurden zwei Versuchsflächen untersucht, die anthropogen überprägte Waldsukzessionsstadien darstellen. Die Erfassung der stratenspezifischen Bestandsniederschläge erfolgte im Einzugsgebiet des Oulankajoki im Osten Finnlands in den Vegetationsperioden der Jahre 2006 (drei Untersuchungszeiträume zu je drei Wochen) und 2007 (drei Monate). Die in relativer Nähe gelegenen Versuchsflächen repräsentieren einen im Untersuchungsraum weit verbreiteten *Empetrum-Myrtillus*-Altbestand (VF Alt) sowie eine *Pinus sylvestris*-Aufforstung (VF Auf). Die Standorte wurden hinsichtlich ihres Interzeptionsvermögens in der Baum-, Strauch-, Kraut-, Moos- und Streuschicht sowie des Wasserhaushalts in drei Bodentiefen (10, 30 und 50 cm) untersucht und in den Kontext früherer Untersuchungen aus dem borealen Raum eingeordnet.

Die Auswertung der erhobenen Messdaten zum Bestandsinterzeptionsvermögen ergab hohe Verluste insbesondere für die Moosschicht (55-60%). 17% der Gesamtniederschlagssumme wurden jeweils in der Baumschicht zurückgehalten, während weitere 4% in der Strauchschicht von der VF Auf interzipiert wurden. Einen ähnlich geringen Anteil interzipierter Niederschläge (3-4%) verbuchte die Krautschicht beider Versuchsflächen, während etwa ein Zehntel der Gesamtmenge in der Streuschicht abgefangen wurde. Der in den Oberboden infiltrierende Sickerwassereintrag auf der VF Auf (8,5%) lag hingegen geringfügig über dem auf der VF Alt (5,2%).

Eine zusätzliche Einteilung aller registrierten Niederschlagsereignisse in Klassen unterschiedlicher Mengen- und Zeitangabe ermöglicht eine weitaus detailliertere Betrachtungsweise der ermittelten Ergebnisse zum Bestandsinterzeptionsvermögen borealer Waldstandorte. Demnach können bei Niederschlagsereignissen mit geringen Mengen der Klassen 1.X Interzeptionsverluste bis zu 100% eintreffen, die das Ergebnis einer bereits in der Baumschicht erfolgten Niederschlagszurückhaltung bildet. Der für den Waldwasserhaushalt relevante Sickerwassereintrag erreicht während und nach den Niederschlagsereignissen der Klasse 1.X in der VF Alt höhere Werte im Vergleich zu denen in der VF Auf.

Anhand dieser Klassifizierung wird deutlich, dass bei Niederschlagsereignissen mittlerer sowie hoher Mengen der Einfluss der Baumschicht auf Niederschlagszurückhaltung aufgrund maximal erreichter Kronenspeicherkapazität an Bedeutung verliert. Vielmehr ist eine Verlagerung der Niederschläge über die Strauch- und Krautschicht in die Moosschicht zu erkennen. Gegenüber der Strauch- oder Krautschicht, die durch eine zeitlich begrenzte Speicherfähigkeit und damit eher als Transportmedium fallender Niederschlagsanteile fungieren, kennzeichnet hingegen die Moosschicht eine hohe Speicherkapazität für Niederschlagswasser, die in der VF Alt deutlich ausgeprägter ist.

Abgesehen von Höhe und Dauer der Niederschläge, die einen erheblichen Einfluss auf die Zusammensetzung der errechneten Interzeptionsverluste in den jeweiligen Straten ausüben, wurden eindeutig belegbare statistische Zusammenhänge zwischen Klimaparametern (Temperatur, Evaporation, Windverhältnisse und relative Luftfeuchte) und Bestandsinterzeptionsvermögen nur bedingt herausgestellt. Vielmehr wird aus diesen Untersuchungen die Komplexwirkung sichtbar.

Aus den Untersuchungen zum Sickerwasserverhalten borealer Waldstandorte kann festgehalten werden, dass insbesondere für die VF Auf während lang anhaltender Trockenperioden (vgl. Periode II in 2006) bedeutende Defizite im Wasserhaushalt des Oberbodens auftreten, die vermutlich auf erhöhte Evaporation und Transpiration im *Pinus sylvestris*-Bestand zurückgeführt werden. Eine erhöhte Sensibilität des Oberbodens gegenüber dem infiltrierenden Sickerwassereintrag lässt sich für die VF Auf zudem an eine nach längerer

Zusammenfassung

Trockenperiode verzögerter Perkolation festmachen. Hingegen verlaufen Bodenwasserverluste für die VF Alt unter trockenen Bedingungen gegenüber der VF Auf moderater ab. Zudem ist die Befeuchtungskapazität des Oberbodens nach langen Trockenperioden in der VF Alt (auch aufgrund erhöhtem Porenvolumen) gegenüber der VF Auf deutlich herabgesetzt, so dass eine Infiltration bereits bei der Bereitstellung geringer Niederschlagsmengen erfolgen kann.

Im Hinblick auf die Bedeutung des wetterlagenabhängigen Bestandsinterzeptionsvermögens auf die sommerlichen Abfluss- bzw. Grundwasserverhältnisse lässt sich aus dieser Studie entnehmen, dass eine Zunahme an Niederschlagstagen mit geringen Mengen hohe Interzeptionsverluste (bis 100%) bewirken. Ein daraus resultierender Wasserstress infolge erhöhter Evaporation bzw. Transpiration könnte demzufolge für die VF Auf zu einem Anstieg der Bodenwasserverluste führen. Im Vergleich dazu könnte die in der VF Alt mächtigere Moosschicht als zukünftiger Wasservorratsbehälter an Bedeutung hinzugewinnen.

Aus diesen Ergebnissen wird deutlich, dass unter den gegenwärtigen Klimabedingungen sowie dieser empirischen Wasserhaushaltsstudie eine primär auf Exportökonomie ausgerichtete forstwirtschaftliche Versuchsfläche, so wie es die VF Auf darstellt, einen gegenüber der VF Alt prägnanten Standortnachteil aufweist. Inwieweit forstwirtschaftliche Maßnahmen, die zu einer Reduzierung von stratenspezifischen Interzeptionsverlusten bzw. zu einer Erhöhung von Abflussbedingungen in borealen Waldstandorten führen, greifen, bedarf es weiterer intensiver geoökologischer bzw. –hydrologischer Forschung.

9 Summary and concluding assessment of the results

The global increase of air temperatures since the Late-Glacial and during the Holocene is well-documented by means of proxy-data and meteorological monitoring. In addition a global warming is documented meanwhile by sustainable models (CGCM2, CSM_1.4, ECHAM4/OPYC3, GFDL-R30_c, HadCM3) (KÄLLÉN & KATTSOV 2005, LECKEBUSCH et al. 2006). These model calculations show a more intensive global warming in high latitudes in comparison to the rest of the world: While the global average for increasing air temperatures is arranged between 3 und 5 Kelvin in 2100; the amount of global warming in areas northern of 60° N will ascend to 7 Kelvin in 2100.

The influence of forest-vegetation to the water balance is of that importance as only a part of a rainfall-event is falling down to the forest soil via canopy. That part of rainfall which is not directly falling to the ground is hold by different vegetation layers and can be evaporated from them. Thus, the needed energy for evaporation in the canopy is not available for soil warming. However, the water amount that evaporates from the upper tree layer does not normally achieve the soil and ground water and discharge, respectively.

The boreal forests are defeated in spite of her peripheral position in many regions by an intensive forest use. The need forms basis of these impact operations in timber for the care of the industrial production of paper, packaging and building material. The economic development of many Far Eastern countries as China or South Korea is connected with an increased need in timber since the 1990s. In addition, predictions of consulting enterprises as the United Nations Economic Commission for Europe (UNECE) expect a rising need in timber for a longer period of time.

These questions originated for the development of the climatic relations in Finnish Lapland to field climatologic or hydrologic relevance of boreal forests locations:
- the structure of the climate in Finnish Lapland (temperature, precipitation),
- an appraisal of summer precipitation structure and strata specific interception of boreal forests.

Within the scope of the first question extensive statistical evaluations occurred for temperature and precipitation development in Finnish Lapland during the investigation period 1978-2007. The data which have been raised in 12 North-Finnish climate stations daily formed basis of this judgement. In addition stations from investigation areas in Norway (3), Sweden (7) and Russia (7) were included. Increasing temperatures of 3.0 K were analyzed for summer temperatures in July and August as well as 1.5 K for June and September. Low temperature decreases (-0.5 K) result for May. This high-significance-level appears in modified form (continental > maritime) in the summer temperature structure. In addition, the years with the slightest air temperatures appear for a huge number of examined measuring stations especially in D1 (1978-1987). An increase of years with high air temperatures are registered in D3 (1998-2007). This temporal misalignment of ascertained extreme temperatures forms another clue of a climate warming running off at the present.

Precipitation in Northern Finland is hold by a high annual variability whose big spans permit a statistical significance. Within the investigation period an increase of the annual amount of precipitation is observed, which is to be held back by rich precipitation years in D3. In addition, an increase of winter and spring precipitation amounts is carried out, while summer and autumn suffer high precipitation losses.

In relation to summer precipitation amount (May-September) an increase can be found for May (105%) and July (98%), while August (-65%) and September (-77%) follow high decreasing trends. Similarly the development of the ascertained precipitation days with different intensities flew into the observational period 1978-2007. Therefore, a rise in the total number of registered precipitation events from D2 to D3 is clearly seen. While the number of precipitation events with middle and high intensity decreased, the low-intensity precipitation events increased during the summer period.

From the analysis of zonal, meridional and mixed circulation formations causes statistical connections between amount of precipitation and registered precipitation days with different intensities to relative appearing of different circulation patterns. Thereby a decrease of precipitation amount in August is connected to a limiting appearance of zonal circulation patterns. Further, different teleconnection patterns (NAO, AO, SCAN) became possible explanation attempts to more highly variability of summer amounts of precipitation.

Besides this range of statistical investigations empirical studies to strata specific interception of boreal forests were included. Thereby, two boreal stands were selected to explain the anthropogenic impact on forest succession stages as they are typically for European plantation economy with cycling, following soil melioration and reforestation. The capture of strata

Summary an concluding assessment of the results

specific precipitation occurred in the catchment area of Oulankajoki in the Eastern part of Finland during the growing season in 2006 (3x3 weekly investigation periods) and in 2007 (1x3 monthly investigation period). The boreal stands included an *Empetrum-Myrtillus*-Old Growth Forest (VF Alt) as well as one *Pinus sylvestris*-reforested area (VF Auf). The locations were examined concerning interception property in tree-, shrub-, dwarf-, moss- and litter-layer and the soil water content in three different soil depths (10, 30 and 50 cm).

The evaluation of measuring data to strata specific interception results in very high losses in moss layer (55-60%). 17% of the precipitation sum were intercepted by the tree-layer in both stands, while 4% were caught by shrub layer of VF Auf. Low amount of precipitation were held back by the dwarf-layer (3-4%) in VF Auf, while one tenth of totally precipitation sum were intercepted by litter layer in both boreal stands. However, the seeping water entry varied from 8.5% in VF Auf to 5.2% in VF Alt (5.2%).

Additionally, a registration of all precipitation events to classes of different amounts and duration allows a more detailed approach of ascertained results to strata specific interception of boreal forests. Therefore, precipitation events of class 1.X results in high interception losses up to 100%. In contrast, for VF Alt the amount of seeping water during and after precipitation events reached higher values compared to VF Auf.

The misalignment of precipitation in shrub-layer and dwarf-layer is to be connected to moss-layer. However, compared to shrub-layer or dwarf-layer, that both acted as a transport medium for water, moss layer marked a high storage capacity in precipitation water which is much more distinctive in VF Alt.

Amount and duration of precipitation events which exercise a considerable influence on the composition of calculated interception loss in the respective strata were put outside between climate measuring parameters (temperature, evaporation, wind speed and direction, relative humidity) and strata specific interception.

The different studies to soil water content shows huge deficits in the water balance of the top soil layer during long dry periods especially in VF Auf (period II in 2006). A raised sensitivity of the top soil compared with infiltrating seeping water entry can be fixed for VF Auf, besides, to a percolation delayed after longer dry spell. However, in VF Auf ground

Summary an concluding assessment of the results

water losses due to long dry conditions are much higher compared to VF Alt. Besides, the water capacity of the top soil-layer after long dry spells in VF Alt (also on account of raised pore volume) compared with VF Auf is much lower, so water infiltration into the upper soil-layer can occur.

Strata specific interception in dependence to different weather conditions and high ground water releases can be taken from this study that caused an increase of precipitation days with a small amount and a high interception loss (to 100%). A resulting water stress caused by high evaporation or transpiration could lead an increase of the ground water losses especially in VF Auf. The mighty moss-Layer in VF Alt could lead to a gain in of water store containment in the future.

To what extent these kind of measuring lead to a reduction from strata specific interception loss or to a rise of drain terms in boreal forests stands, it requires more intensively geo-ecological or hydrologic researches.

10 Literaturverzeichnis

10.1 Literatur allgemein

AALTONEN, V. T. (1952): Soil formations and soil types. – Fennia 72, S. 65-73.

AARIO, R., FORSSTRÖM, L. & LAHERMO, P. (1974): Glacial landforms with special reference to drumlins and fluting in Koillismaa, Finland. - Geological Survey Finland, Bulletin 273, S. 1-30.

AARIO, R. (1977): Classification and terminology of morainic landforms in Finland. – Boreas 6, S. 87-100.

AARIO, R. & FORSSTRÖM, L. (1979): Glacial stratigraphy of Koillismaa and North Kainuu, Finland. – Fennia 157, S. 1-49.

AASA, A., JAAGUS, J., AHAS, R. & MAIT, S. (2004): The influence of atmospheric circulation on plant phenological phases in Central and Eastern Europe. – International Journal of Climatology 24, S. 1551-1564.

AHAS, R., AASA, A., MENZEL, A., FEDOTOVA, V. G. & SCHEIFINGER H. (2002): Changes in European spring phenology. – International Journal of Climatology 22, S. 1727-1738.

AHTI, T., HÄMET-AHTI, L. & JALAS, J. (1968): Vegetation zones and their sections in Northwestern Europe. - Annales Botanici Fennici 5, S. 169–211.

ALEXANDERSSON, H. (1996): Recent changes in the precipitation distribution over Western Europe. – European Conference on Applied Climatology, Abstract Volume, 7-10 May, Norrköping, Sweden, S. 59-60.

AUSSENAC, G. (2000): Interactions between forest stands and microclimate. - Ann. For. Sci. 57, S. 287–301.

BADOUX, A., JEISY, M., KIENHOLZ, H., LÜSCHER, P., WEINGARTNER, R., WITZIG, J. & HEGG, C. (2006): Influence of storm damage on the runoff generation in two subcatchments of the Sperbelgraben. Swiss Emmental. European Journal of Forest Research 125, S. 27.41.

BARDOSSY, A. & CASPARY, H. J. (1990): Detection of climate ch'ange in Europe by analyzing European circulation patterns from 1881 to 1989. – Theoretical and Applied Climatology 42, S. 155-167.

BARNER, J. (1961): Die Wechselwirkungen von Wald und Wasser im Lichte amerikanischer Fortschungen. – Mitteilungen des Arbeitskreises „Wald und Wasser. Selbstverlag, Koblenz. 63 S.

BARNSTON, A. G. & LIVEZEY, R. E. (1987): Classification, seasonality and persistence of low-frequency atmospheric circulation patterns. – Monthly Weather Review 115, S. 1083-1126.

BARRY, R. G. & CHORLEY, R. J. (1992): Atmosphere, Weather & Climate. 6th Edition, Routledge, London, 474 S.

BAUMGARTNER, A. (1979): Verdunstung im Walde - Schriftenreihe des Deutschen Verbandes für Wasser, Wirtschaft und Kulturbau. Wald und Wasser 41, S. 39–53.

BAUMGARTNER, A. (1990): Verdunstung. – In: LIEBSCHER, H.-J. (Hrsg.): Lehrbuch der Hydrologie, Bd. 1. Berlin. Gebrüder Borntraeger, S. 327-372.

BAUR, F., HESS, P. & NAGEL, H. (1944): Kalender der Großwetterlagen Europas 1881-1939. Bad Homburg v. d. H.

BAUR, F. (1947): Musterbeispiele europäischer Wetterlagen. Wiesbaden.

BAUR, F. (1963): Großwetterkunde und langfristige Witterungsvorhersage. Frankfurt.

BEIER, C. & HANSEN, K. (1993): Spatial variability of throughfall fluxes in a spruce forest. – Environmental Pollution 81, S. 257-267.

BENDIX, J. (2004): Geländeklimatologie. – Bornträger, Berlin (u. a.), 282 S.

BRATSEV, S. A. & BRATSEV, A. P. (1979): The change of river-water resources in Komi ASR subsequent to forest management. – Trans. Komi Branch of the Academy of Sciences of the USSR 42, S. 48-61.

BRAUN-BLANQUET, J. (1964): Pflanzensoziologie. Springer, Wien, 865 S.

BRECHTEL, H. M. (1969): Wald und Abfluß – Methoden zur Erforschung der Bedeutung des Waldes für das Wasserdargebot. - Deutsche Gewässerkundliche Mitteilungen 13; S. 24–30.

BRECHTEL, H. M. (1971): Zur Bedeutung der gebietshydrologischen Forschung für die Landschaftsplanung. – Landschaft und Stadt 3, S. 97-109.

BRINGFELT, B. (1982): A Forest Evapotranspiration Model Using Synoptic Data. – SMHI Report (Meteorology and Climatology) 36, 62 S.

BRINGFELT, B. & HÅRSMAR, P. O. (1974): Rainfall interception in a forest in the Velen hydrological representative basin. – Nordic Hydrology 5, S. 146-165.

BRICEÑO-ELIZONDO, E., GARCIA-GONZALO, J., PELTOLA, H. & KELLOMÄKI, S. (2006a): Carbon stocks and timber yield in two boreal forest ecosystems under current and changing climatic conditions subjected to varying management regimes. – Environmental Science & Policy 9, S. 237-252.

BRICEÑO-ELIZONDO, E., GARCIA-GONZALO, J., PELTOLA, H., MATALA, J & KELLOMÄKI, S. (2006b): Sensitivity of growth of Scots pine, Norway spruce and Silver birch to climate change and forest management in boreal conditions. – Forest Ecology and Management 232, S. 152-167.

BUKTA, E. (2001): Bewertung des Landschaftshaushaltes und Vergleich naturnaher borealer Wälder und Forstwirtschaftsflächen im Bereich des Oulanka Nationalparks, Nord-Finnland. Ergebnisse einer geoökologischen Kartierung im Maßstab 1:25000. – Unveröffentlichte Diplomarbeit, Institut für Geographie, Universität Bremen, 88 S.

BURGER, H. (1943): Einfluss des Waldes auf den Stand der Gewässer. Der Wasserhaushalt der Sperbelgräben. – Mitt. d. Schweiz. Anst. D. Forstl. Versuchsw. Zürich, Band 18 & 23.

BURGER, H. (1945): Einfluss des Waldes auf den Stand der Gewässer. - Mitt. d. Schweiz. Anst. D. Forstl. Versuchsw. Zürich, Band 24, H. 1.

BURGER, H. (1954): Einfluss des Waldes auf den Wasserhaushalt. - Mitt. Des Arbeitskreises „Wald und Wasser", Nr. 1. Koblenz.

CAJANDER, A. K. (1909): Über Waldtypen. – Acta Forestalia Fennica 1 (1), 175 S.

CAJANDER, A. K. (1949): Forest types and their significance. – Acta Forestalia Fennica 56.

CARLSON, D. W. & GROOT, A. (1997): Microclimate of clear-cut, forest interior, and small openings in trembling aspen stands. - Agric. For. Meteorol. 87, S. 313–329.

CARTER, T., POSCH, M. & TUOMENVIRTA, H. (1995): SILMUSCEN and climatic scenarios and use of a stochastic weather generator in the Finnish Research Programme on Climate Change (SILMU). – Publications of the Academy of Finland 5/95, 65 S.

CASPARIS, P. E. (1959): 30 Jahre Wassermessstationen im Emmental. – Mitt. Schweiz. Anst. für Forstw. 35.

CHAPMAN, G. (1948): Size of raindrops and their striking force at the soil surface in a Red Pine plantation. – Transactions American Geophysical Union, Vol. 29, No. 5.

CHEN, J., FRANKLIN, J. F. & SPIES, T. A. (1993): Contrasting microclimates among clearcut, edge, and interior of old-growth Douglas-fir forest. - Agric. For. Meteorol. 63, S. 219–237.

CIENCALA, E., KUČERA, J., LINDROTH, A., ČERMAK, J., GRELLE, A. & HALLDIN, S. (1997): Canopy transpiration from a boreal forest in Sweden during a dry year. – Agricultural and Forest Meteorology 86, S. 157-167.

CLARK, O. R. (1937): Interception of rainfall by herbaceous vegetation. - Science 86; S. 591–692.

CROCKFORD, R. H. & RICHARDSON, D. P. (2000): Partitioning of rainfall into throughfall, stemflow and interception: effect of forest type, ground cover and climate. - Hydrological Processes 14, S. 2903–2920.

DE GROOT, R. S. (1987): Assessment of the potential shifts in Europe's natural vegetation due to climatic change and implication for conservations. – Young Scientist Summer Programme 1987: Final Report, Laxeburg, Austria. International Institute for Applied Systems.

DELFS, J. (1955): Die Niederschlagszurückhaltung im Walde (Interception). – Mitteilungen des Arbeitskreises "Wald und Wasser", Selbstverlag Koblenz, 226 S.

DELFS, J., FRIEDRICH, W., KIESEKAMP, H. & WAGENHOFF, A. (1958): Der Einfluß des Waldes und des Kahlschlages auf den Abflußvorgang, den Wasserhaushalt und den Bodenabtrag. - Aus dem Walde 5, 230 S.

DIERSSEN, K. (1996): Vegetation Nordeuropas. – Stuttgart, 838 S.

DIERSSEN, K. & DIERSSEN B. (2001): Moore. – Stuttgart, 230 S.

DYCK, S. & PESCHKE, G. (1989): Grundlagen der Hydrologie. Verlag für Bauwesen, Berlin, 536 S.

EIDMANN, F. E. (1961): Über den Wasserhaushalt von Buchen- und Fichtenbeständen. - Bericht vom Internationalen Verband Forstlicher Forschungsanstalten, Wien.

ELLISON, W. D. (1944): Studies of raindrop erosion. – Agric. Engr., April-May.

ENGLER, A. (1919): Einfluss des Waldes auf den Stand der Gewässer. - Mitteilungen der Schweizerischen Anstalt für das forstliche Versuchswesen 12, 626 S.

EUROLA, S. & RUUHIJÄRVI, R. (1961): Über die regionale Einteilung der finnischen Moore. – Archivum Societatis Zoologica Botanicae Fennicae ,Vanamo' 16, S. 49-63.

FORD, E. D. & DEANS, J. D. (1978): The effects of canopy structure on stemflow, throughfall and interception loss in a young Sitka Spruce plantation. – Journal of Applied Ecology 15, S. 905-917.

Literaturverzeichnis

FRAZER, G. W., FOURNIER, R. A. ,TROFYMOW, J. A. & HALL, R. J. (2001): A comparison of digital and film fisheye photography for analysis of forest canopy structure and gap light transmission. – Agricultural and Forest Meteorology 109 (4), S. 249-263.

GARCIA-GONZALO, J., PELTOLA, H., ZUBIZARRETA GERENDIAIN, A. & KELLOMÄKI, S. (2007a): Impacts of forest landscape structure and management on timber production and carbon stocks in the boreal forest ecosystem under changing climate. – Forest Ecology and Management 241, S. 243-257.

GARCIA-GONZALO, J., PELTOLA, H., BRICEÑO-ELIZONDO & KELLOMÄKI, S. (2007b): Effects of climate change and management on timber yield in boreal forests, with economic implications: A case study. – Ecological Modelling 209 (2-4), S. 209-228.

GEOLOGINEN TUTKIMUSLAITOS (Geological Survey) (Toim.) (1981): Suomen Geologinen Yleiskartta Maaperäkartta (General geological map of Finland. Quarternary deposits). – No. 36 Rovaniemi, No. 46 Salla. Yleiskartta 1: 400000. Helsinki.

GERSTENGARBE, F.-W. & WERNER, P.C. (1993): Katalog der Großwetterlagen Europas nach Paul Hess und Helmuth Brezowsky 1881-1992. 4., vollständig neu bearbeitete Auflage, Bericht des Deutschen Wetterdienstes 113.

GERTEN, D., LUCHT, W., SCHAPHOFF, S., CRAMER, W., HICKLER, T., WAGNER, W. (2005): Hydrologica resilience of the terrestrial biosphere. – Geophysical Research Letters 32, L12703.

GERTEN, D. (2008): Klimawandel und Verschiebung der Vegetationszonen. – In: LOZÀN, J. L., GRASSL, H., JENDRITZKY, G., KARBE, L. & REISE, K (Hrsg.) (2008): Warnsignal Klima: Gesundheitsrisiken – Gefahr für Menschen, Tiere und Pflanzen. Verlag Wissebschaftliche Auswertungen, Hamburg, S. 89-92.

GLÜCKERT, G. (1973). Two large drumlin fields in Central Finland. – Fennia 120, S. 1-37.

GOLDBERG, V. & BERNHOFER, C. (2005): Wasserhaushalt bewaldeter Einzugsgebiete. In: LOZÀN, J. L. (Hrsg.): Warnsignale Wasser, S. 74-78.

GOTTSCHALK, L., LUNDAGER-JENSEN, LUNDQVIST, D., SOLANTIE, R. & TOLLAN, A. (1978): Hydrologiske regioner i Norden. – Nord. Hydr. Konf. Helsinki 1978, II, S. 12-32.

GRUNOW, J. (1955): Der Niederschlag im Bergwald, Niederschlagszurückhaltung und Nebelzuschlag. – Forstw. Cbl. 74, S. 21-36.

GRUNOW, J. (1965): Die Niederschlagszurückhaltung in einem Fichtenbestand am Hohenpeissenberg und ihre messtechnische Erfassung. – Forstw. Cbl. 84, S. 212-229.

HAGNER, M. & HALLSTRÖM, M. (1997): Crown closure meter: a computer model for automatic estimation of forest density from fish-eye-photos. – Working reports / Department of Silviculture, Swedish University of Agricultural Sciences 124. Umeå.

HAKE, G. (2008): Kartographie. – 8. Auflage, Walter de Gruyter, Berlin, New York, 604 S.

HÄKKILÄ, M. (1999): Zu den Veränderungen landwirtschaftlicher Nutzflächen in Finnland und deren Zukunftsperspektiven. – Europa regional 7 (2), Leipzig, S. 19-26.

HALL, R. L. (2003): Interception loss as a function of rainfall and forest types: stochastic modelling for tropical canopies revisited. - Journal of Hydrology 280; S. 1–12.

HÄMET-AHTI, L. (1981): The boreal zone and its biotic subdivisions. – Fennia 159 (1), S. 69-75.

HANNELIUS, S. & KUUSELA, K. (1995): Finnland ein Land der borealen Nadelwälder. – IUFRO World Congress 20. Tampere, 192 S.

HÄNNINEN, K. (1912): Havaintoja Paanajärvestä (Referat: Beobachtungen betreffs des Paanajärvi-Sees). – Meddelanden av Geografiska Föreningen i Finland IX, 33 S.

HÄRME, M. (1986): The history of the petrologic study in Finland. – Geol. Surv. Fin. Bull. 336; S. 41-78.

HARE, F. K. (1956): The climate of the American Northlands. Michigan, London.

HARE, F. K. & HAY, J. R. (1974): The climate of Canada and Alaska. – In: BRYSON, R. A. & HARE, F. K. (Hrsg): World survey of Climatology, 11: Climates of North America. Amsterdam, London, New York.

HARTGE, K-H., HOHN, R. (1992): Die physikalische Untersuchung von Böden. 3. Auflage. Enke Verlag, Stuttgart, 177 S.

HASHINO, M., YAO, H. & YOSHIDA, H. (2002): Studies and evaluation on interception processes during rainfall based on a tank model. - Journal of Hydrology 255, S. 1–11.

HAVAS, P. (1961): Vegetation und Ökologie der ostfinnischen Hangmoore. – Annales Botanici Societatis `Vanamo` 31, 181 S.

HEDSTROM, N. R. & POMEROY, J. W. (1998): Measurements and modelling of snow interception in the boreal forest. - Hydrological Processes 12, S. 1611–1625.

HEIKKINEN, O. & KURIMO, H. (1977): The postglacial history of Kitkajärvi, North-eastern Finland, as indicated by trend-surface analysis and radiocarbon dating. – Fennia 153, S. 1-32.

HEIKKINEN, O. (1988): Human impacts on the forests in Finland. – NORDIA 22 (1). Oulu, S. 17-25.

HEINO, R. (1983): On climatic changes in Finland. – Danska Meteorologisk Institute Klimatologiske Meddelser 4, S. 68-75.

HELIMÄKI, U. I. (1967): Tables and Maps of Precipitation in Finland, 1931-1960. – Supplement to the Meteorological Yearbook of Finland 66 (2). Helsinki, 24 S.

HERWITZ, S. R. & SLYE, R. E. (1995): Three-dimensional modeling of canopy tree interception of wind-driven rainfall. - Journal of Hydrology 168, S. 205–226.

HESS, P. & BREZOWSKY, H. (1952): Katalog der Großwetterlagen Europas. Bericht Deutscher Wetterdienst in der US-Zone 33.

HESS, P. & BREZOWSKY (1969): Katalog der Großwetterlagen Europas. 2. neu bearbeitet und ergänzte Auflage. Bericht Deutscher Wetterdienst 15 (113).

HESS, P. & BREZOWSKY (1977): Katalog der Großwetterlagen Europas 1881-1976. 3. verbesserte und ergänzte Auflage. Bericht Deutscher Wetterdienst 15 (113).

HIRVAS, H., KORPELA, K. & KUJANSUU, R. (1981): Weichselian in Finland before 15,000 B. P. – Boreas 10, S. 423-431.

HOFFMANN, D. (1980): Der Einfluss von Bestockungsunterschieden (Baumart, Bestockungsdichte) auf den Wasserhaushalt des Waldes und seine Wasserspende an die Landschaft. Abschl.-Ber. Zum DFG-Forschungsvorh. Ho 304, 3-tlg. (unveröffentl.)

HOFFMANN, H.-D. (1982): Die Interzeption einer Fichtenstreudecke im Freiland und im Bestand.- In: DE HAAR, U. & HOFFMANN, D. (Hrsg.): Wasser aus dem Wald, Wasser für den Wald. Beitr. Zur Hydrologie, Kirchzarten, S. 103-116.

HOPPE, E. (1896): Regenmessung unter Baumkronen. - Mitteilungen aus des Forstlichen Versuchswesen Österreichs 21, S. 1-75.

HORTON, R. E. (1919): Rainfall Interception. – Monthly Weather Review 47 (9), S. 603-623.

HUANG, Y. S., CHEN, S. S. & LIN, T. P. (2004): Continuous monitoring of water loading of trees and canopy rainfall interception using the strain gauge method. - Journal of Hydrology 289, S. 1–7.

HURREL, J. W. (1995): Decadal trends in the North Atlantic Oscillation regional temperatures and precipitation. – Science 269, S. 676-679.

HURREL, J. W. (1996): Influence of variations of extratropical wintertime teleconnections on Northern Hemisphere temperatures. – Geophysical Research Letters 23, S. 665-668.

HURREL, J. W. & VAN LOON, H. (1997): Decadal variations in climate associated with the North Atlantic Oscillation. – Climate Change 36, S. 301-326.

HURREL, J. W., KUSHNIR, Y., OTTERSEN, G. & VISBECK, M. (2003): An Overview of the North Atlantic Oscillation. – In: North Atlantic Oscillation, Climatic Significance and Environmental Impact. Geophysical Monograph 134, S. 1-35.

HYVÄRINEN, H. (1973): The deglaciation history of eastern Fennoscandia- recent data from Finland. – Boreas 2, S. 85-102.

IPCC (2007): Summary for Policymakers. – In: SOLOMON, S., QIN, D., MANNIG, M., CHEN, Z., MARQUIS, M., AVERYT, K. B., TIGNOR, M., MILLER, H. L. (ed.): Climate Change 2007: The Physical Science Basis. Contribution of Working Group I to the Fourth Assessment Report of the Intergovernmental Panel on Climate Change. Cambridge University Press, Cambridge, United Kingdom and New York, NY, USA.

JAAGUS, J. (2006): Climatic changes in Estonia during the second half of the 20th century in relationship with changes in large-scale atmospheric circulation. – Theoretical Applied Climatology 83, S. 77-88.

JOHANNESSON, T. W. (1970): The climate of Scandinavia. – In: WALLEŃ, C. C. (ed.): Climates of the Northern and the Western Europe. World Survey of Climatology, Vol. 5. Amsterdam, London, New York. S. 23-80.

JUNTUNEN, V. & NEUVONEN, S. (2006): Natural Regeneration if Scots Pine and Norway Spruce Close to the Timberline in Northern Finland. – Silva Fennica 40 (3), S. 443-458.

KÄLLÉN, E. & KATTSOV, V. M. (2005): Future Climate Change: Modeling and scenarios for the Arctic. - In: ACIA (ed.): UNEP-ATLAS, S. 99–150.

KALELA, A. (1958): Über die Waldvegetationszonen Finnlands. – Botaniska notiser 111. Gleerup. Lund.

KALELA, A. (1961): Waldvegetationszonen Finnlands und ihre klimatischen Paralleltypen. – Arch. Soc. Vanamo 16 (suppl.), S. 65-83.

KALLIOLA, R. (1980): Kuusamon kasvot. – Teoksessa: VIRAMO, J., HELMINEN, M. & LAMPI, M. (Toim.): Oulangan kansallispuisto: 5-7, Metsähallitus. Valtion painatuskeskus, Helsinki.

KELLOMÄKI S. (1995): Computations on the influence of changing climate on the soil moisture and productivity in Scots pine stands in southern and northern Finland. – Climatic Change 29, S. 35-51.

KELLOMÄKI, S & VÄISÄNEN, H. (1997): Modelling the dynamics of the forest ecosystem for climate change in the boreal conditions. – Ecological Modelling 97 (1/2), S. 121-140.

KELLOMÄKI, S., ROUVINEN, I., PELTOLA, H., STRANDMANN, H. & STEINBRECHER, R. (2008a): Impact of global warming on the tree species composition of boreal forests in Finland and effects on emissions of isoprenoids. – Global Change Biology 7 (5), S. 531-544.

KELLOMÄKI, S., PELTOLA, H., NUUTINEN, T., KORHONEN, K. T. & STRANDMANN, H. (2008): Sensitivity of managed boreal forests in Finland to climate change, with implications for adaptive management. – Phil. Trans. R. Soc. B. 363, S. 2341-2351.

KIRWALD, E. (1952): Der Einfluss des Waldes auf die Wasserwirtschaft des Landes. – Allg. Forstzeitung 7, 48 S.

KIRWALD, E. (1965): Die hydrologische Bedeutung der Wälder in der Sowjetunion. Allg. Forstzeitschr. 30/31, S. 466-472.

KITTREDGE, J., LOUGHEAD, H. J. & MAZURAK A. (1941): Interception and stemflow in a pine plantation. – Journal of Forestry 39, S. 505-522.

KOLKKI, O. (1981): Tables and Maps of Temperature in Finland during 1931-1960. - Supplement to the Meteorological Yearbook of Finland 65 (1a). Heslinki, 44 S.

KÖPPEN, W. & GEIGER, R. (1936): Handbuch der Klimatologie. Verlag der Gebrüder Bornträger. Berlin, 388 S.

KORSMON, K., KOISTINEN, T., KOHONEN, J., WENNERSTRÖM, M., EKDAHL, E., HONKAMO, M., IDMAN, H. & PEKKALA Y. (1997): Suomen Kallioperäkartta. Berggrundskarta över Finland. Bedrock Map of Finland. – Geological Survey of Finland. Yleiskartta 1:5000000. Espoo.

KOUTANIEMI, L. (1979): Late-glacial and post-glacial development of the valleys of the Oulanka river basin, orth-eastern Finland. - Fennia 157; S. 13–73.

KOUTANIEMI, L. (1983): Climatic characteristics of the Kuusamo Uplands. - Oulanka Reports 3, S. 3–29.

KOUTANIEMI, L. (1987): Little Ice Age flooding in the Ivalojoki and Oulankajoki valleys, Finland? – Geogr. Ann. 69, S. 71-83.

KOUTANIEMI, L. (1987): The geosciences and and the Koillismaa region of NE-Finland. – Oulanka Reports 7, S. 25-37.

KOUTANIEMI, L. (1999): Physical characteristics of Oulanka-Paanajärvi region on the Finnish-Karelian border. - Fennia 177 (1), S. 3–9.

KOUTANIEMI, L. & RONKAINEN, R. (1983): Palaeocurrents from 5000 amd 1600-1500 B.P. in the main rivers of the Oulanka basin, North-Eastern Finland. – Quart. Stud. Poland 1983 (4), S. 145-158.

KOUVU, O. (1958): Radioactive age of some pre-Cambrian minerals. – Bull. Comm. Géol. Finlande 182.

KRASOVSKAIA, I. (1995): Quantification of the stability of river flow regimes. – Hydrological Sciences – Journal de Sciences Hydrologiques 40, S. 587-598.

KRESTOVSKY, O. I. (1969): Investigation of runoff and water balance of watersheds (in russ.). – Trans. GGI 176, S. 22-50.

KRESTOVSKY, O. I. & SOKOLOVA, N. V. (1980): Spring runoff and the loss of melt water in the forest and in the field (in russ.). – Trans. GGI 265, S. 32-60.

KUJALA, M. (1961): Über die Waldtypen der südlichen Hälfte Finnlands. – Arch. Soz. Vanamo 16 (suppl.). Helsinki.

KUJALA, A. (1979): Suomen metsätyypit (Summary: Forest site types of Finland). – Commun. Inst. For. Fenn. 92 (8), 45 S.

LANGER, M. (2004): Entwicklung von klimaökologischen Parametern in Nordost-Sibirien seit Beginn der Instrumentenmessung. - Diplomarbeit, FB08, Universität Bremen, 84 S.

LATIF, M. & BARNETT, T. P. (1996): Decadal climate variability over the North Pacific and North America: dynamics and predictability. – Journal of Climate 9, S. 2407-2423.

LAW, F. (1957): Measurement of rainfall, interception and evaporation losses in a plantation of Sitka Spruce. – Internat. Assoc. Hydrol. 11. General Assembly. Toronto 2, S. 397-411.

LECKEBUSCH, G. C., KASPAR, F., SPANGEHL, T. & COBASCH, U. (2006): Die Erwärmung in den Polarregionen im Vergleich zu globalen Veränderungen. In: LOZÁN, J.L., GRASSL, H., HUBBERTEN, H.-W., HUPFER, P., KARBE, P. & PIEPENBURG, D. (Hrsg.): Warnsignale aus den Polargebieten. Wissenschaftliche Fakten, S. 191–195.

LAW, F. (1957): Measurement of rainfall, interception and evaporation losses in a plantation of Sitka spruce trees. – Ass. Int. d' Hydrol. Sci., Assembl. Gen. De Toronto, 2, S. 397-411.

LESER, H & KLINK, H.-J. (Hrsg.) (1988): Handbuch und Kartieranleitung Geoökologische Karte 1:25000 (KA GÖK 25). – Forschungen zur deutschen Landeskunde 228. Trier. 349 S.

LEYTON, L. & CARLISLE, A. (1959): Measurement and interpretation of interception of precipitation by forest stands. – International Association of Science Hydrology, Symposium Hann.-Münden, Pub. Nr. 48, S. 111-119.

LINDAHL, K. (1998): Waldnutzung in der Taiga – Richtung Nachhaltigkeit? – In: FENNER (Hrsg.): Taiga: die borealen Wälder – Holzmine für die Welt, Ökozid 14. Gießen. S. 83-96.

LOEWE, F. (1966): The temperature see-saw between western Greenland and Europe. – Weather 21, S. 241-246.

LOZÁN, J.L. & KAUSCH, H (1998): Angewandte Statistik für Naturwissenschaftler. 2., überarbeitete und ergänzte Auflage, Pareys Studientexte 74, Parey Buchverlag, Berlin, 287 S.

LOZÀN, J. L., GRASSL, H., HUPFER, P., MENZEL, L. & SCHÖNWIESE, C. D. (2005): Warnsignal Klima: Genug Wasser für alle? Wissenschaftliche Auswertungen, Hamburg. 352 S.

LUNDBERG, A. & KOIVUSALO, H. (2003): Estimation of winter evaporation in boreal forests with operational snow course data. - Hydrological Processes 17, S. 1479–1493.

LYR, H., POLSTER, H. & FIEDLER, H. J. (1967): Gehölzphysiologie. Jena, Fischer, 444 S.

MAANMITTAUSHALLITUS (National Board of Survey) (ed.) (1988): Suomen kartasto – Ilmasto (Atlas of Finland – Climate). – Teil 131. Helsinki. 12 S.

MÄGDEFRAU, K. & WUTZ, A. (1951): Die Wasserkapazität der Moos- und Flechtendecke des Waldes. – Forstw. Centralbl. 70, S. 103–117.

MÄKINEN H., NÖJD, P & MIELEKÄINEN, K. (2000): Climatic signal in annual growth variation of Norway spruce [*Picea abies* (L.) Karst.] along a transect from central Finland to the Arctic timberline. – Canadian Journal of Forest Research 30, S. 769-777.

MÄKINEN H., NÖJD, P & MIELEKÄINEN, K. (2001): Climatic signal in annual growth variation in damaged and healthy stands of Norway spruce [Picea abies (L.) Karst.] in southern Finland. – Trees 15, S. 177-185.

MÄKINEN H., NÖJD, P, KAHLE, H.-P., NEUMANN, U., TVEITE, B., MIELEKÄINEN, K., RÖHLE, H. & SPIECKER, H. (2003): Large-scale climatic variability and radial increment variation of Picea abies (L.) Karst. in central and northern Europe. – Trees 17, S. 173-184.

MAKROGIANNIS, T. J. (1984): Local Zonal Index and Circulation Change in the European Area, 1873-1972. – Archives for Meteorology, Geophysics, and Bioclimatology 34, S. 39-48.

MARTYN, D. (1992): Climates of the world. – Elsevier. Amsterdam. 492 S.

MATALA, J., OJANSUU, R., PELTOLA, H., SIEVÄNEN, R. & KELLOMÄKI, S. (2005): Introducing effects of temperature and CO_2 elevation on tree growth into a statistical growth and yield model. – Ecological Modelling 181 (2-3), S. 173-190.

MATALA, J., OJANSUU, R., PELTOLA, H., RAITIO, H. & KELLOMÄKI, S. (2006): Modelling the response of tree growth to temperature and CO_2 elevation as related to the fertility and current temperature sum of a site. – Ecological Modelling 199 (1), S. 39-52.

MATUSZKIEWICZ, W., MATUSZKIEWICZ, A. & MATUSZKIEWICZ, J.-M. (1995): Zur Syntaxonomie der Waldgesellschaften Im Nationalpark Oulanka, Nordost-Finnland. – Aquilo Series Botanica 35, S. 1-29.

MILITZ, E. (2002): Finnland – Schnittstelle zwischen den Mächten am Rande Europas. Gotha. 277 S.

MITSCHERLICH, G. (1971): Wald, Wachstum und Umwelt. 2. Band: Waldklima und Wasserhaushalt. J.D. Sauerländer's Verlag, Frankfurt a. M. 365 S.

MOEN, A. (1999): National Atlas of Norway – Vegetation – Norwegian Mapping Authority. Hønefoss, 200 S.

MOLCHANOV, A. A. (1960): The hydrological role of forests. (Gidrologicheskaya rol'lesa) Trans. From Russian by Prof. A. Gourevitch. Israel Program Scientific Translations (1963). Jerusalem.

NAKAI, Y., SAKAMOTO, T., TERAJIMA, T., KITAMURA, K. & SHIRAI, T. (1999a): The effect of canopy-snow on the energy balance above a coniferous forest. – Hydrological Processes 13, S. 2371–2382.

NAKAI, Y., SAKAMOTO, T., TERAJIMA, T., KITAMURA, K. & SHIRAI, T. (1999b): Energy balance above a boreal coniferous forest: a difference in turbulent fluxes between snow-covered and snow-free canopies. – Hydrological Processes 13, S. 515–529.

NORDSETH, K. (1987): Climate and hydrology of Norden. – In: VARJO, U. & TIETZE, W. (Hrsg.) (1987): NORDEN. Man and Environment. Gebr. Bornträger. Stuttgart. S. 120-128.

ODIN, H. (1976): Skogsmeteorologiska faktorers förändring med kalhuggning. Del I: Vinden och avdunstingen. Biometeorologisk introduktionen. – Inst. F. Skogsföryngring, Rapporter och Uppsatser, Nr. 73, Stockholm, 237 S.

ÖSTLUND, L., ZACKRISSON, O. & AXELSSON, A.-L. (1997): The history and transformation of a Scandinavian boreal forest landscape since the 19th century. – Canadian Journal of Forest Research 27, S. 1198-1206.

OZENDA, P. & BOREL, J. L. (1990): The possible responses of vegetation to a global climatic change – scenarios for Western Europe, with special reference to the Alps. – In: BOER & DE GROOT (ed.): Proc. Europ. Conf. on landscape ecological impact of climatic change, Amsterdam. IOS Press, S. 221-249.

PATRIC, J. H. (1966): Rainfall interception by mature coniferous forests in Southeast Alaska. – Journal of Soil and Water Conservation 21 (6), S. 229-231.

PECK, A. K. (1995): Verdunstung von Wäldern in Abhängigkeit von Bestandsparametern. Diplomarbeit. Meteorol. Inst. Univ. Freiburg.

PECK, A. & MAYER, H. (1996): Einfluß von Bestandsparametern auf die Verdunstung von Wäldern. - Forstw. Centralbl. 115, S. 1–9.

PERTTU, K., BISHOP, W., GRIP, H., JANSSON, P.-E., LINDGREN, A., LINDROTH, A. & NORÉN, B. (1980): Micrometeorology and hydrology of pine forest ecosystems. 1. Field studies – In: PERSSON, T. (Hrsg.): Structure and function of northern coniferous forest. – An ecosystem Study. Ecological Bulletins 32, S. 75-121.

POMEROY, J. W., GRAY, D. M., HEDSTROM, N. R. & JANOWICZ, J. R. (2002): Prediction of seasonal snow accumulation in cold climate forests. - Hydrological Processes 16, S. 3543–3558.

POMEROY, J. W., PARVIAINEN, J., HEDSTROM, N. R. & GRAY, D. M. (1998): Coupled modeling of forest snow interception and sublimation. - Hydrological Processes 12, S. 2317–2337.

PRZYBYLAK R. (2000): Diurnal temperature range in the Artic and its relation to hemispheric and arctic circulation patterns. – International Journal of Climatology 20, S. 231-251.

PUDAS, E., TOLVANEN, A., POIKOLAINEN, J., SUKUVAARA, T. & KUBIN, E. (2008): Timing of plant phenophases in Finnish Lapland in 1997-2006. – Boreal Environmental Research 13, S. 31-43.

RAPP, J. (2000): Konzeption, Problematik und Ergebnisse klimatologischer Trendanalyen für Europa und Deutschland. – Berichte des Deutschen Wetterdienstes (DWD) 212, Selbstverlag des Deutschen Wetterdienstes (DWD), Offenbach am Main, 145 S.

RAPP, J. & SCHÖNWIESE, C.-D. (1996): Atlas der Niederschlags- und Temperaturtrends in Deutschland 1890-1990. – Frankfurter Geowissenschaftliche Arbeiten, Serie B, Meteorologie und Geophysik, Band 5, Frankfurt am Main, 253 S.

RICHTER, M. (2001): Vegetationszonen der Erde. Klett Verlag. Gotha. 448 S.

RIKKINEN, K. (1992): A Geography of Finland. – Lahti. 143 S.

ROGERS, J. C. (1990): Patterns of low-frequency monthly sea level pressure variability (1899-1986) and associated wave cyclone frequencies. – Journal of Climatology 3, S. 1364-1379.

ROGERS, J. C. & VAN LOON, H. (1979): The seesaw in winter temperatures between Greenland and Northern Europe. Part II: Some oceanic and atmospheric effects in middle and high altitudes. – Monthly Weather Reviews 107, S. 509-519.

RUTTER, A. J. (1963): Studies in the water relations of Pinus sylvestris in plantation conditions. I: Measurements of rainfall and interception. – The Journal of Ecology 51, S. 191-203.

RUUHIJÄRVI, R. (1960): Über die regionale Einteilung der nordfinnischen Moore. – Annales Botanici Societatis ‚Vanamo' 31 (1), S. 367-384.

SAARI, V. (1978): Special features of the flora of northern Kuusamo. – Acta Univ. Oul. A. 68, S. 85-90.

SAARI, V. (1984): The flora and vegetation of the Oulanka national park. – Oulanka Reports 5.

SÄPPÄLÄ, M. (1984): Geomorphological development of the Finnish landscape – a general review. – Fennia 162, S. 43-51.

SCEICZ, G., PETZOLD, D. E. & WILSON, R. G. (1979): Wind in the subarctic forest. – Journal of Applied Meteorology 18, S. 1268-1274.

SCHAPHOFF, S., LUCHT, W., GERTEN, D., SITCH, S., CRAMER, W. & PRENTICE, I. C. (2006): Terrestrial biosphere carbon storage under alternative climate projections. – Climatic Change 74, S. 332-336.

SCHEFFER, F., SCHACHTSCHABEL, P., BLUME, H.-P., BRÜMMER, G., HARTGE, K.-H. & SCHWERTMANN, U. (1998): Lehrbuch der Bodenkunde. Enke Verlag. Stuttgart. 494 S.

SCHMIDT, H. (1953): Kronen- und Zuwachsuntersuchungen an Fichten des bayrischen Alpenvorlandes. – Forstw. Centralblatt, S. 276-286.

SCHMIDT, W. (1921): Der Einfluss derEntwaldung auf die verborgenen Niederschläge. – Cent. F. d. Gesamte Forstw. 47 (1-2), S. 44-46.

SCHMIDT, J. P: (1993): Eine Einführung in die hydrologischen Untersuchungen von Waldökosystemen. – Forstarchiv 64, S. 159-163.

SCHMITH, T. (2001): Global Warming signature in observed winter precipitation in Northwestern Europe? – Climate Research 17, S. 263-274.

SCHÖNWIESE, C.-D. (2000): Praktische Statistik für Meteorologen und Geowissenschaftler. 3. Auflage, Berlin, Stuttgart,

SCHÖNWIESE, C.-D., RAPP, J., FUCHS, T., DENHARD, M. (1993): Klimatrendatlas Eurpa 1891-1990. Frankfurt am Main.

SCHÖNWIESE, C.-D. & RAPP, J. (1997): Climate Trend Atlas of Europe. Based on Observations 1891-1990. Kluwer Academic Publishers. Dordrecht, Boston, London, 228 S.

SCHOLZE, M., KNORR, W., ARNELL, N. W., PRENTICE, I. C. (2006): A climate-change risk analysis for world ecosystems. – PNAS 103, S. 13116-13120.

SCHRÖDTER, H. (1985): Verdunstung: Anwendungsorientierte Messverfahren und Bestimmungsmethoden. Berlin. Springer, 186 S.

SCHUBERT, J. (1914): Die Höhe der Schneedecke im Wald und im Freien. – Zeitschrift für Forst- und Jagdwesen 46, S. 567-572.

SCHUBERT, J. (1917): Niederschlag, Bodenfeuchtigkeit, Schneedecke in Waldbeständen und im Freien. – Meteor. Zeitschrift 34, 145 S.

SCHÜLER, G., BOTT, W. & SCHENK, D. (2002): Hochwasservorsorge durch Waldbewirtschaftung. – Forst und Holz 57, S. 3-9.

SCHULTZ, J. (2002): Die Ökozonen der Erde. UTB-Verlag. Stuttgart. 462 S.

SCHWANTZ, S. (1999): Untersuchungen zu Veränderungen des Standortklimas durch Kompostaufbringung auf landwirtschaftlichen Nutzflächen der Wildeshauser Geest, Niedersachsen. – Diplomarbeit, Universität Bremen, FB 08, Institut für Geographie, 152 S., unveröffentlicht.

SCHWANTZ, S. (2003): Untersuchungen zur regionalklimatischen Relevanz von Kahlschlagflächen im Bereich des Oulanka Nationalparks in Nordfinnland. – Norden 15, Beiträge zur geographischen Nordeuropaforschung, S. 87-101.

SCHWANTZ, S. (2004): „Ein bisschen Norden, ein Stückchen Osten!". Der Oulanka Nationalpark, Nordfinnland. – Norden 16, Beiträge zur Nordeuropaforschung, S. 105-115.

SCHWANTZ, S. (2006): Studien zur geländeklimatologischen Relevanz von Abholzungen in borealen Wäldern im Bereich des Oulanka Nationalparks, Nordfinnland. – Dissertation, Universität Bremen, FB 08, Institut für Geographie, 171 S.

SCHWEDLER, F. (1993): Klimatische Differenzierung und dynamische Einordnung Finnlands in die nordeuropäische Klimazone. – In: ACHENBACH, H. (Hrsg.): Suomi/Finnland – Naturpotential und Lebensräume im Hohen Norden Europas. Kieler Arbeitspapiere zur Landeskunde und Raumordnung 27. Kiel. S. 32-42.

SEIFFERT, V. (1981): Zur Bodenbildung auf Karbonat unter kalt-borealen Klimabedingungen. – Mitteilungen Deutscher Bodenkundlicher Gesellschaft 32, S. 599-608.

SEMKIN, R. G., HAZLETT, P. W., BEALL, F. D. & JEFFRIES, D. S. (2002): Development of stream water chemistry during spring melt in a northern hardwood forest. – Water, Air and Soil Pollution 2, S. 37-61.

SEPPÄ, H. (1996): The morphological features of the Finnish peatlands. – In: VASANDER, H. (Hrsgb.): Peatlands in Finland. S. 27-33

SERRATO, F. B. & DIAZ, A. R. (1998): A simple technique for measuring rainfall interception by small shrub: "interception flow collection box". - Hydrological Processes 12, S. 471–481.

SERREZE, M. C., CARSE, F. & BARRY, R. G. (1997): Icelandic low cyclone activity: climatological features, linkages with the NAO, and relationships with recent changes in the Northern Hemisphere circulation. – Journal of Climatology 10, S. 453-464.

SILVENNOINEN, A. (1972): On the stratigraphy and srtructural geology of the Rukatunturi area, Norteastern Finland. – Geol. Surv. Of Finl., Bull. 257, 48 S.

SILVENNOINEN, A. (1991): Suomen geologinen kartta – Geological map of Finland, 1:100000. Geological Survey of Finland. Espoo.

SIMONEN, A. (1971): Das finnische Grundgebirge. – International Journal of Earth Sciences 60, S. 1406-1421.

SIMULA, S.-K & LAHTI, K (2005): Nationalparks Oulanka and Paanajärvi – a natural history and tour guide. Kainuun Sanomat oy, Kajaani, 140 S.

SIREN, G. (1955): The development of spruce forest on raw humus site in Northern Finland and its ecology. – Acta Forestalia Fennica 62, 363 S.

SÖYRINKI, N. (1960): Probleme und Leistungen des finnischen Naturschutzes. – Jahrbuch des Vereins zum Schutze der Alpenpflanzen und –tiere 25, S. 96-103.

SÖYRINKI, N. (1970): Das Kuusamo-Gebiet, ein Refugium für arktische Pflanzen in der Nadelwaldstufe in Finnland. – Jahrbuch des Vereins zum Schutze der Alpenpflanzen und – tiere 35, S. 221-226.

SÖYRINKI, N. & SAARI, V. (1980): Die Flora im Nationalpark Oulanka, Finnland. - Acta Botanica Fennica 114. 150 S.

SOLANTIE, R. (1975): Talvikauden sademäärän ja maaliskuun lumensyvyyden alueellinen jakautuma Suornessa (Summary: The areal distribution of winter precipitation and snow depth in March in Finland). - Ilmatieteen laitoksen tiedonantoja 28. 66 S.

SOLANTIE, R. K., JOUKOLA, M. P. J. (2001): Evapotranspiration 1961-1990 in Finland as function of meteorological and land-type factors. – Boreal Environment Research 6, S. 261-273.

STAFFORD, J. M., WENDLER, G. & CURTIS, J. (2000): Temperature and precipitation of Alaska: 50 year trend analysis. – Theoretical and Applied Climatology 67, S. 33-44.

STEINECKE, K. (1995): Stadtökologische Untersuchungen in Reykjavik, Island. – Essener Ökologische Schriften 7, Essen. 289 S.

STÅLFELT, M.G. (1944): Granens vatten förbrukning. - Kungl. Lant-bruksakad. Tidsk. 83. 83 S.

STRÄSSER, M. (1998): Klimadiagramme zur Köppenschen Klimaklassifikation. Perthes Verlag. Gotha. 95 S.

SYKES, M & PRENTICE, I. (1995): Boreal forest futures: modelling the controls on tree species range limits and transient responses to climate change. – Water, Air and Soil Pollution 82, S. 415-428.

TALKKARI A. (1998): The development of forest resources and potential yield in Finland under changing climatic conditions. – Forest Ecology and Mangement 106, S. 97-106.

THIES CLIMA (Hrsg.) (1995): Strahlungsbilanzgeber, Bedienungsanleitung 7.1415.03.000. – Adolf Thies GmbH & Co. KG, 020611/01/95, Göttingen, 4 S.

THIES CLIMA (Hrsg.) (1996): Niederschlagsgeber, Bedienungsanleitung 5.4032.30.007. - Adolf Thies GmbH & Co. KG, 020762/10/96, Göttingen, 4 S.

THIES CLIMA (Hrsg.) (1997a): Hygro-Thermogeber-compact, Bedienungsanleitung 1.1005.54.141. - Adolf Thies GmbH & Co. KG, 020887/02/97, Göttingen, 4 S.

THIES CLIMA (Hrsg.) (1997b): Wetter- und Strahlungsschutz-compact, Bedienungsanleitung 1.1025.55.000. - Adolf Thies GmbH & Co. KG, 020887/02/97, Göttingen, 2 S.

THIES CLIMA (Hrsg.) (1997c): Kombinierter Windgeber, Bedienungsanleitung 4.336.31.000/.001. - Adolf Thies GmbH & Co. KG, 020907/01/97, Göttingen, 6 S.

THIES CLIMA (Hrsg.) (1997d): Erdoberflächen-Temperaturgeber, Bedienungsanleitung 2.1241.00.000/2.1241.00.900. - Adolf Thies GmbH & Co. KG, 020598/02/97, Göttingen, 4 S.

THIES CLIMA (Hrsg.) (1997e): Temperaturgeber, Bedienungsanleitung 2.1235.00.000. - Adolf Thies GmbH & Co. KG, 020749/12/97, Göttingen, 1 S.

THIES CLIMA (Hrsg.) (1997f): Tensiogeber, Bedienungsanleitung 1.0226.51.073. - Adolf Thies GmbH & Co. KG, 020754/12/97, Göttingen, 6 S.

THIES CLIMA (Hrsg.) (1997g): Datalogger DL 15 V. 2.01, Dokumentation/Bedienungsanleitung. - Adolf Thies GmbH & Co. KG, 767.0 Kn D3.09/97, Göttingen, 34 S.

THOMPSON, D. W. & WALLACE, J. M. (1998): The Arctic Oscillation signature in the wintertime geopotential height and temperature fields. – Geophysical Research Letters 25, S. 1297-1300.

TOLVANEN, A. & KUBIN E. (1990): The effect of clear felling and site preparation on microclimate, soil frost and forest regeneration at elevated sites in Kuusamo. – Aquilo Series Botanica 29, S. 77-86.

TÖRN, A., SIIKAMÄKI, P., TOLVANEN, A., KAUPPILA, P. & RÄMET, J. (2007): Local People, Nature Conservation, and Tourism in Northeastern Finland. – Ecology and Society 13 (1). 18 S.

TRETER, U. (1993): Die borealen Waldländer. Westermann Verlag. Braunschweig. 250 S.

TUHKANEN, S. (1984): A circumboreal system of climatic-phytogeographical regions. – Acta Bot. Fenn. 127, 50 S.

TUOMENVIRTA, H., ALEXANDERSSON, H., DREBS, A., FRICH, P. & NORDLI, P. O. (2000): Trends in Nordic and Arctic temperature extremes and ranges. – Journal of Climate 13, S. 977-990.

TVEITO, O. E., FØRLAND, E. J., ALEXANDERSSON, H., DREBS, A., JONSSON, T. & VAARBY-LAURSEN, E. (2001): Nordic climate maps.- DNMI-Report 06/2001, Norwegian Meteorological Institute, Oslo. 28 S.

VAN EIMERN, J. & HÄCKEL, H. (1984): Wetter- und Klimakunde. Ein Lehrbuch der Agrarmeteorologie. – Ulmer Verlag, Stuttgart. 275 S.

VAN LOON, H. & ROGERS, J. C. (1978): The seesaw in winter temperatures between Greenland and Northern Europe. Part I: General description. – Monthly Weather Review 106, S. 296-310.

VASARI, Y. (1969): Suomen myöhäisjääkautinen kasvillisuus. (Summary: The late-glacial vegetation in Finland.) – Terra 81, S. 267-273.

VASARI, Y. (1990): The ecological background of the livehood of peasants in Kuusamo (NE Finland) during the period 1670-1970. – In: BRIMBLECONE, P & PFISTER, C. (ed.): The silent Countdown. Springer Verlag. Bedrlin, Heidelberg, S. 125-134.

VENZKE, J.-F. (1990): Beiträge zur Geoökologie der borealen Landschaftszone. Geländeklimatologische und pedologische Studien in Nord-Schweden. – Essener Geographische Arbeiten 21, Paderborn. 254 S.

VENZKE, J.-F. (2008): Die Borealis. Die Zukunft der nördlichen Wälder. WBG, Darmstadt. 180 S.

VESELOWSKY, K. S. (1857): About the climate of Russia (O klimate Rossii). St. Petersburg.

VUORELA, I. & KANKAINEN, T. (1993): Luonnon- ja kulttuurimaiseman kehitys Taipalsaaressa. – Geological Survey of Finland, unpublished report P 34.4.107. 46 S.

WAGNER, S. & NAGEL, J. (1992): Ein Verfahren zur PC-gesteuerten Auswertung von Fisheye-Negativ-Photos für Strahlungsschätzungen. – Allgemeine Forst- und Jagdzeitung 163, S. 100-116.

WALKER, G. T. (1924): Correlation in seasonal variations of weather. IX: A further study of world weather. – Mem. Indian Meteorology Dep. 24, S. 275-332.

WALKER, G. T. & BLISS, E. W. (1932): World Weather V. – Mem. R. Meteorology Soc. 4, S. 53-84.

WALLEŃ, C. C. (1974): Das Klima. – In: SÖMME, A. (Hrsg.): Die nordischen Länder. Braunschweig, S. 52-63.

WASHINGTON, R., HODSON, A., ISAKSSON, E. & MACDONALD, O. (2000): Northern hemisphere teleconnections indices and the mass balance of Svalbard glaciers. – International Journal of Climatology 20, S. 473-487.

WEIHE, J. (1976): Benetzung und Interzeption von Buchen- und Fichtenbeständen - III. Die Regenmessung im Wald. – Allgemeine Forst- und Jagdzeitung (AFJZ) 147, S. 235-240.

WEIHE, J (1984): Benetzung und Interzeption von Buchen- und Fichtenbeständen – IV. Die Verteilung des Regens unter Fichtenkronen. – Allgemeine Forst- und Jagdzeitung (AFJZ) 155, 10/11, S. 241-252.

WEISCHET, W. (1991): Einführung in die Allgemeine Klimatologie. Teubner Verlag. Stuttgart. 275 S.

WETHERILL, G. W., KOUVU, O., TILTON, G. R. & GAST, P. W. (1962): Age measurements on rocks from the Finnish Precambrian. – Journal of Geology 70, 74 S.

WIBIG, J. (1999): Precipitation in Europe in relation to circulation patterns at the 500 hPa level. – International Journal of Climatology 19, S. 253-269.

WILD, H. (1887): Die Regenverhältnisse des russischen Reiches. Supplementband zum Repertorium für Meteorologie. St. Petersburg. 286 S.

WILM, H. G. (1943): Determining net rainfall under a conifer forest. – J. Agric. Res. 67, S. 501-512.

WILM, H. G. & DUNFORD, E. G. (1948): Effect of Timber Cutting in a Lodgepole Pine Forest on the Storage and Melting of Snow. – Amer. Geophys. Union Trans. Pt. I, S. 153-155.

WYSZKOWSKI, O. (1987): Microclimatic temperature characteristics of around the Oulanka Biological Station. – Oulanka Reports 7, S. 3-24.

YRJÖLA, T. (2002): Forest Management Guidelines and Practices in Finland, Sweden and Norway. – European Forest Institute, Internal Report 11, 2002. 46 S.

ZENG, N., SHUTTLEWORTH, J. W. & GASH, J. H. C. (2000): Influence of temporal variability of rainfall on interception loss. Part I. Point analysis. - Journal of Hydrology 228, S. 228–241.

ZIMMERMANN, L. (2007): Besonderheiten der Waldverdunstung. – In: MIEGEL, K., KLEEBERG, H.-B. (Hrsg.): Verdunstung. Beiträge zum Seminar Verdunstung am 10./11. Oktober in Potsdam. Forum für Hydrologie und Wasserbewirtschaftung Heft 21, S. 81-96.

10.2 Weitere Datengrundlagen

FMI – FINNISH METEOROLOGICAL INSTITUTE (ed. 2008a): Weather stations. - http://www.fmi.fi/weather/stations_36.html. (28.08.2008).

FMI – FINNISH METEOROLOGICAL INSTITUTE (ed. 2008b): Automated weather stations. - http://www.fmi.fi/weather/stations_20.html. (28.08.2008).

FMI – FINNISH METEOROLOGICAL INSTITUTE (ed. 2008c): Climate stations. - http://www.fmi.fi/weather/stations_24.html. (28.08.2008).

FMI – FINNISH METEOROLOGICAL INSTITUTE (ed. 2008d): Precipitation stations. - http://www.fmi.fi/weather/stations_39.html. (28.08.2008).

FMI – FINNISH METEOROLOGICAL INSTITUTE (ed. 2008e): Mast stations. - http://www.fmi.fi/weather/stations_32.html. (28.08.2008).

FMI – FINNISH METEOROLOGICAL INSTITUTE (ed. 2008f): Sunshine duration/solar radiation stations. - http://www.fmi.fi/weather/stations_43.html. (28.08.2008).

FMI – FINNISH METEOROLOGICAL INSTITUTE (ed. 2008g): Radiosonde stations. - http://www.fmi.fi/weather/stations_28.html. (28.08.2008).

FMI – FINNISH METEOROLOGICAL INSTITUTE (ed. 2008h): Weather radars. - http://www.fmi.fi/weather/stations_47.html. (28.08.2008).

FMI – FINNISH METEOROLOGICAL INSTITUTE (ed. 2008i): Weather stations. - http://www.fmi.fi/weather/stations_71.html. (28.08.2008).

FMI – FINNISH METEOROLOGICAL INSTITUTE (ed. 2008j): Automated weather stations. - http://www.fmi.fi/weather/stations_51.html. (28.08.2008).

FMI – FINNISH METEOROLOGICAL INSTITUTE (ed. 2008k): Climate stations. - http://www.fmi.fi/weather/stations_56.html. (28.08.2008).

FMI – FINNISH METEOROLOGICAL INSTITUTE (ed. 2008l): Precipitation stations. - http://www.fmi.fi/weather/stations_75.html. (28.08.2008).

FMI – FINNISH METEOROLOGICAL INSTITUTE (ed. 2008m): Mast stations. - http://www.fmi.fi/weather/stations_66.html. (28.08.2008).

FMI – FINNISH METEOROLOGICAL INSTITUTE (ed. 2008n): Sunshine duration/solar radiation stations. - http://www.fmi.fi/weather/stations_80.html. (28.08.2008).

FMI – FINNISH METEOROLOGICAL INSTITUTE (ed. 2008o): Radiosonde stations. - http://www.fmi.fi/weather/stations_61.html. (28.08.2008).

FMI – FINNISH METEOROLOGICAL INSTITUTE (ed. 2008p): Weather radars. - http://www.fmi.fi/weather/stations_85.html. (28.08.2008).

HUTTUNEN, A. (2005): Erhebungen aus Probebohrungen. – Mündliche Mitteilungen (ehemaliger Mitarbeiter aus der Forschungsstation Oulanka).

NCDC – NATIONAL CLIMATE DATA CENTER (ed. 2008): http://www.ncdc.noaa.gov/oa/mpp/freedata.html. (30.08.2008).

NLS NATIONAL LAND SURVEY OF FINLAND (Hrsg.) (1999): Land Cover and Forest Classification, Datensatz für den Raum des Kartenblatts 4613 (1:50000).

Die VDM Verlagsservicegesellschaft sucht für wissenschaftliche Verlage abgeschlossene und herausragende

Dissertationen, Habilitationen, Diplomarbeiten, Master Theses, Magisterarbeiten usw.

für die kostenlose Publikation als Fachbuch.

Sie verfügen über eine Arbeit, die hohen inhaltlichen und formalen Ansprüchen genügt, und haben Interesse an einer honorarvergüteten Publikation?

Dann senden Sie bitte erste Informationen über sich und Ihre Arbeit per Email an *info@vdm-vsg.de*.

Sie erhalten kurzfristig unser Feedback!

VDM Verlagsservicegesellschaft mbH
Dudweiler Landstr. 99
D - 66123 Saarbrücken
www.vdm-vsg.de

Telefon +49 681 3720 174
Fax   +49 681 3720 1749

Die VDM Verlagsservicegesellschaft mbH vertritt

Printed by Books on Demand GmbH, Norderstedt / Germany